河南省科技著作出版项目

近水平复杂层状岩体质量分级与评价研究

闫长斌　吴伟功　王贵军　李文雅　著

河南科学技术出版社

·郑州·

内 容 提 要

本书立足层状岩体结构特点，在全面调研国内外相关文献资料的基础上，从层状岩体结构类型划分标准、层状岩体结构特征对岩体质量分级的影响、层间剪切带对复合岩体稳定性影响机制、含层间剪切带的岩体质量分级方法、岩体质量分级智能预测方法等方面对近水平复杂层状岩体质量分级与评价问题进行了系统深入的研究。结合黄河中游地区某大型水利枢纽工程地质条件，建立了适用于近水平层状岩体的质量分级指标体系和评价方法体系，并利用该体系完成了坝基岩体、地下洞室围岩质量分级的工程实践。本书研究成果丰富和完善了岩体质量分级理论方法与实践体系，可为层状岩体地区相关工程设计优化与施工安全提供参考依据和科学指导。

本书可供水利、土木、矿山、铁路、公路、国防等系统的广大科技工作者、工程技术人员以及该专业领域高等院校的教师、研究生和高年级本科生参考使用。

图书在版编目（CIP）数据

近水平复杂层状岩体质量分级与评价研究/闫长斌等著. —郑州：河南科学技术出版社，2017. 10

ISBN 978-7-5349-8856-1

Ⅰ. ①近…　Ⅱ. ①闫…　Ⅲ. ①层状构造-分级-研究 ②层状构造-评价-研究　Ⅳ. ①P583

中国版本图书馆 CIP 数据核字（2017）第 190187 号

出版发行：河南科学技术出版社
　　　　　地址：郑州市经五路 66 号　　邮编：450002
　　　　　电话：（0371）65737028　65788613
　　　　　网址：www. hnstp. cn
责任编辑：申卫娟
责任校对：柬华杰
封面设计：苏　真
版式设计：栾亚平
责任印制：张　巍
印　　刷：河南新华印刷集团有限公司
经　　销：全国新华书店
幅面尺寸：185 mm×260 mm　　印张：11. 75　　字数：270 千字
版　　次：2017 年 10 月第 1 版　　2017 年 10 月第 1 次印刷
定　　价：200. 00 元

如发现印、装质量问题，影响阅读，请与出版社联系并调换。

前　言

随着国家基础设施与经济建设的蓬勃发展，水利水电、公路与铁路交通、工业与民用建筑、矿山、核电、国防等领域的岩石工程越来越多，而且呈现出规模更加宏大、体型更加复杂、功能更加多样等特点，例如深埋特长隧道、大跨度复杂地下厂房群、复杂高陡岩质边坡等，给岩石力学与工程科技工作者带来了严峻的挑战。在复杂岩体中修建岩石工程必然面临经济与安全两个互相矛盾的难题，合理确定二者的最优结合点，有赖于岩体质量及其稳定性。对岩体质量做出准确而合理的评价，不仅可以很好地反映众多因素对岩体稳定性的影响程度，而且可以用简单的等级形式表达岩体对工程建筑物的适宜性，将复杂的地质体用简单的信息传递给工程设计人员。因此，岩体质量分级是当前工程地质评价的重要内容，在岩石力学、工程地质与工程设计、施工之间起着桥梁纽带的作用。

影响岩体质量的因素多种多样，主要体现在岩块质量和岩体结构两个方面，其中岩体结构是基础，是岩体稳定性的控制性因素，层状岩体质量分级与评价应充分重视层状岩体结构特征的影响。就岩体质量分级而言，层状岩体与其他结构岩体相比，既有共性和相同点，又存在个性和差异。在进行层状岩体质量分级与评价时，应在保留共性的基础上，突出层状岩体结构自身个性的影响。例如，层状岩体往往具有横观各向同性明显、软硬岩石相间、层面间距变化大等特点。另外，近水平层状岩体往往还存在层间剪切带（含泥化夹层）发育、岩石相变大等一系列复杂问题，给原本就十分复杂的岩体质量分级和评价带来许多困难。尽管现有的岩体质量分级方法已经很多，也大多考虑了岩体结构特征，然而这些方法并不是单独面向层状岩体的，无法突出层状岩体的鲜明特征，也很难全面系统地反映层状岩体质量的影响要素，特别是近水平复杂层状岩体，例如层状岩体结构划分、层间剪切带的影响等。鉴于诸多个性因素的影响，层状岩体质量分级与评价不宜完全照搬套用现有的岩体质量分级与评价方法。基于此，有必要在现有岩体质量分级方法的基础上，紧密结合层状岩体结构特征，开展近水平复杂层状岩体质量分级与评价研究，结合具体工程实践建立适用于近水平复杂层状岩体的质量分级与评价体系。

本书第 1 章概论部分主要给出了研究课题的重要意义、国内外研究现状、主要研究内容及关键技术路线。第 2 章在总结现有规程规范有关层状岩体结构划分标准的基础上，指出了层状岩体结构类型的划分标准存在的差异和不足，提出了基于结构面间

距的层状岩体结构分类方案。第3章探讨了层状岩体结构特征对岩体质量分级评价指标的影响，重点论述了层状岩体各向异性、层间剪切带等对岩体质量分级与评价带来的诸多影响。第4章论述了层间剪切带对复合岩体稳定性的影响，借助突变理论揭示了含层间剪切带的复合岩体失稳破坏非线性力学机制。第5章根据层状岩体结构分类方案和层间剪切带发育特征，建立了含层间剪切带的层状复合岩体质量分级与评价方法。第6章结合某大型水利枢纽坝址区具体地质条件和层状岩体结构特点，对坝基岩体和地下洞室围岩质量进行了初步分级研究。第7章指出了传统距离判别法和层次分析法应用于岩体质量分级存在的不足，建立了改进的距离判别-层次分析法预测模型，并结合某大型水利枢纽工程对其有效性进行了验证。第8章紧密结合层状岩体结构特点，建立了近水平复杂层状岩体质量分级动态指标体系和三步方法体系，并利用该体系完成了某大型水利枢纽坝基岩体、地下洞室围岩质量分级的工程实践。第9章对研究成果进行了系统的总结，并提出了进一步研究展望。

本书的研究内容是在国家自然科学基金-河南人才培养联合基金（编号：U1504523）、河南省高等学校重点科研项目（15A410001）、黄河勘测规划设计有限公司自主研究开发项目（编号：2009-ky01）以及河南省科技著作出版项目的联合资助下完成并出版的，在此特表示衷心的感谢！

由于本书的部分内容属于探索性研究，有些观点和结论尚不成熟，但愿能起到抛砖引玉的作用。由于水平所限，书中不妥之处，恳请读者批评指正！

闫长斌

2017年1月

目 录

第1章　概　论

1.1　引言

随着国家基础设施与经济建设的蓬勃发展，水利水电、公路与铁路交通、工业与民用建筑、矿山、核电、国防等领域的岩石工程越来越多。特别是近30年来，随着西部大开发战略的顺利实施，这些不同类型、不同用途的岩石工程开始呈现出规模更加宏大、体型更加复杂以及功能更加多样等特点，例如深埋特长隧道、大跨度复杂地下厂房群、复杂高陡岩质边坡等，给岩石力学与工程领域广大科技工作者带来了严峻的挑战，出现了一系列亟待解决的热点与难点问题，例如深埋特长隧洞施工关键技术、高地应力岩爆防治、复杂工程岩体质量分级方法等。

工程岩体是指岩石工程周围的、受岩石工程影响的岩体[1-2]，这些岩石工程包括地下工程、边坡工程以及与岩石有关的其他地面工程。严格地讲，工程岩体是工程结构的一部分，与建筑物共同承受荷载，是岩石工程整体稳定性评价的对象。一般而言，所有工程岩体均属于复杂岩体的范畴，而在复杂岩体中修建岩石工程必然面临经济与安全两个互相矛盾的难题。合理确定二者的最优结合点，有赖于工程岩体自身的质量及其稳定性[2]。岩体质量是岩体固有的、影响岩体稳定性的一种最基本的属性，是工程岩体物理力学性质的综合反映。

由于复杂岩体本身在组织结构和工程性质上千差万别，如何在工程建设的各个阶段（规划阶段、可行性研究阶段、初步设计阶段与施工图设计阶段）中区分出岩体质量的好坏和表现在稳定性上的差异，具有十分重要的工程价值和现实意义。质量好的岩体，稳定性就好，不需要或者只需要很少的加固支护措施，就能实现岩体自身稳定，保证施工安全，降低施工成本；而质量差的岩体，稳定性也差，往往对施工安全造成严重威胁，需要复杂昂贵的加固支护措施。因此，准确及时地对工程岩体质量和稳定性做出合理评价，是快速经济地利用岩体进行开挖、加固设计，保障岩石工程施工安全与运行安全的前提与基础工作，同时也是工程结构布置与参数选择、科学生产管理以及经济效益评价的基本依据之一。

针对不同类型岩石工程的具体特点，根据影响岩体稳定性的各种地质条件和岩石物理力学性质，将工程岩体划分为不同的质量等级，进而反映其稳定程度，以此为标尺进行岩体稳定性评价，这一过程或方法就是工程岩体质量分级。由此可见，工程岩体质量分级是基于岩石工程的实际需求应运而生的。Hoek 和 Brown[3]曾经提到："把具

体工程和别人的经验结合起来，岩体分类就起到了桥梁作用，使得工程师把从别的工程得来的经验和自己的工程结合起来。”根据岩石工程的用途、性质与要求，将工程岩体的某种属性加以概略的划分，称为岩体分类[4]。因此，工程岩体质量分级有时也称为工程岩体分类、工程岩体分级等。工程岩体质量分级的服务对象不同，由此派生出来的与工程类型有关的叫法也不同。例如，当岩体质量分级限于地下工程时，则称围岩分类或围岩分级；当岩体质量分级限于坝基工程时，则称坝基岩体分类或坝基岩体质量分级等；当岩体质量分级限于边坡工程时，则称边坡岩体分类或边坡岩体质量分级等。与《工程岩体分级标准》（GB/T 50218—2014）考虑的问题一致[5]，本书采用“分级”而不是“分类”，原因在于：“分类”一词通常指的是属性不同的类型之间的区分，是按照事物的性质划分不同的类别，一般是将无规律的、无序的事物划分为有规律的，各类别之间具有“质”的区别，例如姓氏的分类、论文题材的分类、按地质成因的岩石分类（岩浆岩、变质岩、沉积岩）；而“分级”则通常是针对同类事物在某种属性上的不同程度进行区分，事物之间仅仅具有“量”的差别，而不存在本质上的差异。因此，本书将划分岩体质量及其稳定性的过程统称为岩体质量分级。

工程岩体质量分级是建立在大量的岩石物理力学试验和以往工程实践的基础上的，是岩体稳定性评价的一种简易快速的方法。工程岩体质量分级的目的是评价工程岩体的稳定性。岩体稳定性的评价，不外乎三种基本方法[2]，即岩体物理模拟试验方法、岩体数值计算分析方法和岩体质量分级方法（图 1-1）。其中前两种方法是在地质勘察和详尽的岩石力学测试的基础上，通过合理的简化模型（包括荷载、边界条件、本构关系和材料等的简化），运用模型试验、数学与计算机手段来分析岩体稳定性，研究其支护措施。而岩体质量分级方法只需要进行少量简易的地质勘察和岩石力学试验就能确定岩体质量级别，做出岩体稳定性评价，给出相应的岩体物理力学参数，为加固支护措施提供参考依据。由此可见，岩体质量分级方法不需要详尽的地质勘察和岩石力

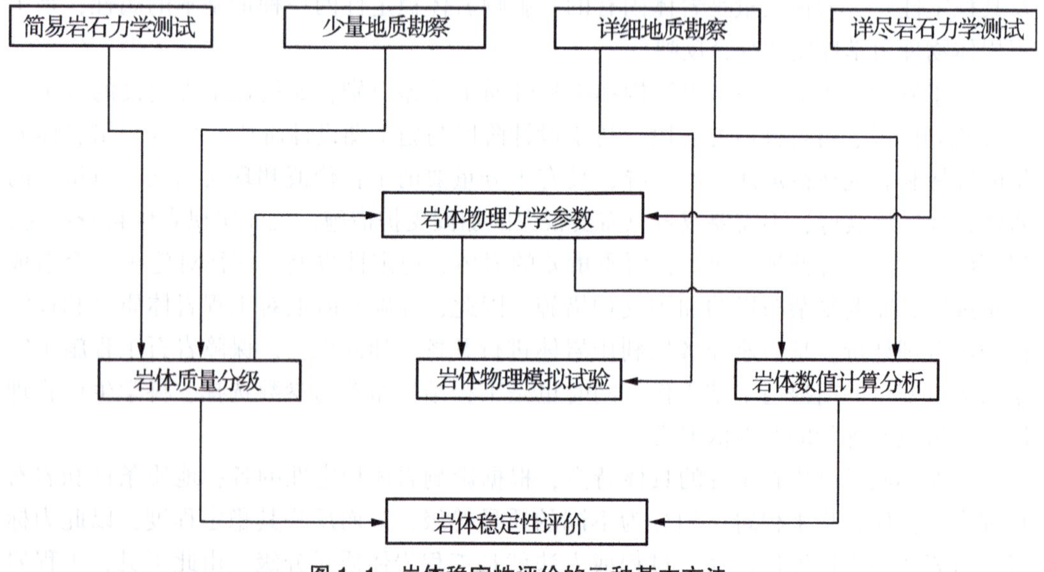

图 1-1　岩体稳定性评价的三种基本方法

学测试，尤其是现场大型测试，从而可以在大大减少勘察、试验工作量，缩短前期工作时间的情况下，为工程建设提供勘察、设计和施工等工作不可或缺的基本依据。

岩石工程的安全稳定与岩体工程地质特性密切相关，而岩体工程地质特性主要包括结构、强度、变形等，其中岩体结构是基础。从宏观上讲，岩体结构可分为块状结构和层状结构两大类[6]，其中层状结构岩体约占陆地面积的2/3，是工程建设中经常遇到的主要岩体结构类型。层状岩体是指分布有一组占绝对优势结构面（如层面、层理、片理等）的岩体，是典型的横观各向同性体。优势结构面大多属于物质分异面，平行优势结构面方向，岩体组成基本相同，而垂直优势结构面方向，岩体的组成则通常呈现频繁的软硬交替。层状岩体中的这种优势结构面多属原生结构面，当构造作用比较强烈时，会产生层间剪切错动，使得优势结构面的物理力学性质进一步弱化，甚至成为对岩体稳定性起控制作用的层间剪切带。另外，由于优势结构面多属物质分异面，层状岩体中的其他构造结构面（节理裂隙等）在很大程度上受控于优势结构面的发育和分布[7]。层状岩体以沉积岩为主，也包括许多变质岩，由于分布范围广，在人类工程建设活动中会大量遇到层状岩体稳定性问题。对层状裂隙岩体的工程地质特性缺乏足够的认识和了解，往往会造成许多重大工程事故或者延长工期、增加投资等。例如，意大利瓦依昂水库近坝库段的巨型滑坡就是沿层面发生的；我国葛洲坝水利枢纽由于对泥化夹层问题认识不足，导致工程曾经几度停工，不得不进行补充勘察、设计，造成投资大幅增加。

层状岩体由于是成层性沉积，往往具有横观各向同性明显、软硬岩石相间、层面间距变化大等特点。层状岩体中不但发育有原生层面、层理等，而且还有后期改造形成的节理裂隙，甚至断层、褶皱等构造以及次生、表生结构面等。另外，层状岩体中还存在剪切破碎带和泥化夹层发育、岩石相变大等一系列复杂问题。这些问题给原本就十分复杂的层状岩体质量分级和评价带来了许多困难。

岩体结构是岩体稳定性的控制性因素，层状岩体质量分级与评价应充分重视层状岩体结构特征及其与层状岩体结构有关的影响因素。就岩体质量分级而言，层状岩体与其他结构岩体相比，既有共性和相同点，又存在个性和差异。因此，在进行层状岩体质量分级与评价时，应在保留共性的基础上，突出层状岩体结构自身个性的影响。例如，决定层状岩体基本质量的主要因素，仍然是岩石坚硬程度和岩体完整程度，然而划分层状岩体类型的单层厚度或结构面间距指标也在很大程度上决定了层状岩体的完整程度。工程地质调查发现，与层面、层理相交的节理裂隙密度往往与层状岩体的单层厚度成反比，即单层厚度越大，节理裂隙发育越少；反之，则节理裂隙越发育。层间剪切带是层状岩体经常遇到的软弱结构面，如何考虑其对岩体质量等级的影响，也是层状岩体质量分级的一个特殊点。另外，在建立岩体质量分级结果与岩体物理力学参数估算时，应充分注意方向性带来的影响。

尽管现有的岩体质量分级方法已经很多，也大多考虑了岩体结构特征，但是这些方法并不是单独面向层状岩体的，无法突出层状岩体的个性特征，也很难全面系统地反映层状岩体质量与稳定性的影响要素，例如单层厚度（结构面间距）和层间剪切带等。鉴于诸多个性因素的影响，层状岩体质量分级与评价不宜完全照搬套用现有的岩体质量分级与评价方法。为此，层状岩体质量分级与评价应在现有岩体质量分级与评价方法的基础上，紧密结合层状岩体结构特征，针对具体工程类型和工程部位来进行，例如坝基层状岩体质量分级和地下洞室层状围岩质量分级。

由于不同区域的工程地质条件不同，现行通用岩体质量分级方法有时很难取得令人满意的效果，特别是对于一些地质条件复杂而又相对特殊的岩石工程。为此，国内外许多大型水利水电工程，基于通用分级方法，结合本工程具体特点和特定的地质条件，研究建立了适合于本工程的岩体质量分级与评价体系，例如黄河李家峡水电站、四川雅砻江二滩水电站、云南澜沧江小湾水电站和长江三峡水利枢纽等。

某大型水利枢纽作为黄河干流上的七大控制性骨干工程之一，在黄河治理开发和水沙调控体系方面具有极为重要的战略作用。该水利枢纽工程坝址区基岩主要为中生界三叠系中统的长石砂岩、钙泥质粉砂岩和少量的黏土岩，岩层为倾角0°~3°的单斜构造，近水平层状结构特征十分明显，且岩石相变和层间剪切带发育问题较突出。鉴于该水利枢纽工程的重要性，特别是针对层状岩体结构特征明显以及层间剪切带发育等相关特点，有必要开展近水平复杂层状岩体质量分级与评价研究，为工程优化设计和施工安全等提供基础支撑。

1.2　课题来源与研究意义

岩体质量的好坏直接关系到工程的安全性和经济性。对岩体做出准确而合理的质量评价，不仅可以较好地反映众多因素对岩体稳定性的影响程度，而且可以用简单的质量等级表达岩体对工程建筑物的适宜性，将复杂的地质体用简单的信息传递给工程设计人员。因此，岩体质量分级是当前工程地质评价的重要内容，在岩石力学、工程地质与工程设计、施工之间起着桥梁纽带的作用。

本课题瞄准岩体质量分级与评价研究前沿，立足层状岩体结构特点，紧密结合某大型水利枢纽工程实践，力争在层状岩体质量分级与评价方法的理论与应用方面取得创新性研究成果，为工程设计以及施工方案优化提供科技支撑与基础参考。本研究课题来源于某大型水利枢纽项目建议书和可行性研究阶段地质勘察与设计需求，得到国家自然科学基金-河南人才培养联合基金（编号：U1504523）和黄河勘测规划设计有限公司自主研究开发项目（编号：2009-ky01）立项支持。

本课题的总体目标是：针对层状岩体结构类型划分标准存在的差异和不足，提出合理的层状岩体结构类型划分方案；研究层状岩体结构特征对岩体质量分级的影响；结合某大型水利枢纽工程具体地质条件，研究层间剪切带对岩体质量分级与稳定性评价的力学机制，初步建立含层间剪切带影响的岩体质量分级方法；采用定性与定量相结合的多因素综合方法对某大型水利枢纽层状岩体进行初步质量分级，并对初步分级结果进行相关性分析；考虑岩体质量影响因素取值的模糊性、随机性和不确定性，对传统距离判别法应用于岩体质量分级研究中存在的不足进行改进，利用建立改进的距离判别-层次分析模型对岩体质量分级进行优化预测；最终建立适用于近水平层状岩体的质量分级指标体系和评价方法体系，并在此基础上对某大型水利枢纽坝基层状岩体

和地下洞室层状围岩质量进行具体分级实践。

本研究课题的应用范围涉及水利水电工程、隧道工程、矿山工程、土木工程和环境保护等多个领域，可为层状岩体质量分级与评价等提供技术参考。鉴于层状岩体在自然界岩石中所占的比例高达75%以上，在我国各个区域均有分布，是工程建设过程中经常遇到的岩体结构类型，特别是黄河中游地区，例如小浪底、万家寨、古贤、龙口、沙坡头等大型水利水电工程，都涉及层状岩体。因此，该项目研究成果不仅可以丰富和完善岩体质量分级与评价方法体系，为工程设计和施工优化提供基础支撑，而且可以为类似工程提供较好的参考依据，为黄河治理与开发、水沙调控体系建设提供技术服务，具有显著的理论意义和工程应用价值。

1.3 国内外研究现状

岩体分级的提出与发展，是随着人们工程意识的不断转变和适应工程建设的不同需求而不断进步的。自霍夫曼（Hoffman）1774年首先对石灰岩进行系统分级研究以来，岩体质量分级伴随着资源开发、工程建设的步伐走过了200多年的历史[8]。19世纪以前，岩体分级主要从施工角度出发，为施工服务。20世纪初，岩体分级将岩体视为荷载，还没有意识到岩体自身的承载能力。直到20世纪50年代，才陆续出现以岩体稳定性评价和支护方式确定为主要目的的分级方法。评价岩体稳定性和确定支护方式，是目前绝大多数分级方法的主要指导思想。岩体质量分级作为一种经验设计方法，已经成为岩石工程勘测设计领域的重要手段。随着世界范围内岩石工程建设的日益增多，岩体质量分级方法得到迅速发展。据不完全统计，迄今为止国内外已经提出的岩体质量分级方法不下百种。岩体质量分级与评价研究及其应用仍是当今岩石力学与工程领域的热点之一。

1.3.1 地下洞室围岩质量分级方法

1.3.1.1 国外有关地下洞室围岩质量分级的研究现状

岩体质量分级与评价研究最早始于地下工程，后来逐渐扩展到坝基工程和边坡工程中。从最初的岩石质量分级开始，地下工程围岩质量分级的发展经历了漫长的不断走向成熟的过程。国外有关地下洞室围岩质量分级研究起步较早，从起步到成熟大致经历了三个阶段：①萌芽与起步阶段（20世纪50年代以前）：主要包括苏联普氏岩石坚固系数分级（1906年）、Ф. М. Садренекий 分级（1937年）、Н. Н. Маспов 的岩石地质技术分类（1941年）、И. В. 波波夫分级（1948年）和美国的Terzaghi岩石载荷分级（1946年）。其中，以Terzaghi岩石载荷分级为代表，该方法是通过评估岩石载荷提出的第一个适用于钢支护设计的实用分类系统，将岩石从坚硬与原状岩石到膨胀岩石分为九级[9]，20世纪80年代以前曾在美国占据统治地位，在钢支护隧道方面取得巨大成功。②承启与过渡阶段（20世纪50~70年代）：主要包括H. Lauffer引入隧道无支护稳定时间概念，提出的围岩稳定时间分级（1958年）；经过对围岩稳定时间分级的修正，Pacher等人提出的新奥分类法（NATM，1964年）；D. U. Deere提出的岩石质量RQD分级方法（1967 年），用 RQD 值将岩体质量分为五级，由于 RQD 分级法简单实用，至今仍应用于各类岩石工程中。另外，还有日本电研式岩体分类（田中法，1960 年）、日本土质土工学会岩体分类（1969 年）和日本土研式岩体分类（1969 年），等等。③成熟与综合阶段（20 世纪 70 年代以后）：主要包括 Wickham 提出的岩石结构评价分类方法（RSR，1972 年），该方法是第一个将分类权值与分类参数相对重要性联系起来的系统；Z. T. Bieniawski 提出的 RMR 分类系统（1973 年），该方法根据岩石的单轴抗压强度、*RQD* 值、不连续面方向、不连续面的间距、不连续面性状和地下水条件等六个方面的特征分别评分，然后将各项评分相加，根据总得分评判岩体质量，将岩体质量分为五级；挪威学者 Barton 根据隧道围岩统计提出的 Q 系统法（1974 年），该方法用 *RQD* 值、节理组数 J_n、节理面的粗糙度 J_r、节理面的蚀变系数 J_a、节理水折减系数 J_w、应力折减系数 *SRF* 等六项参数计算岩体质量指标 Q 值，将岩体质量分为九级。另外，还有国际岩石力学学会（ISRM）提出的通用的岩体地质力学分类（20 世纪 80 年代）；美国农业部土壤保护局 Williamson 提出的统一的岩石分类系统（VRCS，1984 年）；以及挪威 Palmstrom 提出的 RMI 系统分类（1995 年），等等。其中，Q 系统法是专门为地下洞室工程提出的，RMR 分类尽管最初也是为隧道等地下工程提出的，但是后来也在岩石边坡、岩石基础、地层可剥离性及采矿问题中得到应用[9]。此后，在大量的工程实践与应用过程中，上述许多方法又得到进一步修正和改进。

1.3.1.2 国内有关地下洞室围岩质量分级的研究现状

20 世纪 70 年代以前，我国围岩质量分级主要引用苏联的普氏坚固系数分级方法。1972 年以后，随着我国岩石工程建设的广泛开展，结合我国岩石工程实践的需求，逐步提出了具有我国特色的地下工程围岩质量分级方法。其中，具有代表性的方法包括：谷德振、黄鼎成提出的岩体质量系数 Z 分级[6]（1979 年），利用岩体完整性系数、结构面抗剪强度特性和岩块坚硬程度来计算岩体质量系数 Z，根据 Z 值将岩体分为五种类型。陈德基[10]（1979 年）提出的岩体质量分级的新指标——块度模数法（M_K），由各级块度所占百分数和裂隙性状系数来计算，可用以表征不同尺寸块体组合及其出现的概率。杨子文等（1979 年）提出的岩体质量指标（M）分类[11]，以岩体完整性、岩石风化及含水性作为分级因子，通过各因子组合进行岩体分级。杨志法（1978 年）提出岩体结构定量分类方法（岩体结构指标 B）。孙万和、孔令誉（1984 年）也分别提出了以岩体结构为指导思想的工程岩体分类及评价方法。曹永成、杜伯辉（1995 年）在 RMR 体系基础上提出了修改的 CSMR 法。另外，还有王石春等人的 RMQ 分级，邢念信的坑道工程围岩分级，王思敬的岩体力学性能质量系数 Q 分级，东北大学的围岩稳定性动态分级，等等。除此之外，国家和各行业制定的有关规程、规范中提出了许多实用的围岩质量分级方法，例如《工程岩体分级标准》（GB/T 50218—2014）（BQ 分级法）、《水利水电工程地质勘察规范》（GB 50487—2008）（HC 分级法）、《铁道隧道设计规范》（TB 10003—2005）（TB 分级法），等等。纵观国内常用的分级方法，主要考虑了三大因素，即岩石强度、岩体完整性及不连续面性状、岩体赋存的环境条件，例如地下水、地应力等。

由此可见，国内外学者和专家对地下工程围岩质量分级十分重视，结合众多岩石

工程实践，提出了许多可行的地下工程围岩质量分级方法，地下工程围岩质量分级研究发展迅猛，取得了丰硕的理论与应用成果。纵观地下工程围岩质量分级发展历程，不难发现围岩质量分级经历了从单因素单指标到多因素多指标并列再到多因素多指标综合等三个不同的过程，经历了从定性描述到定量评价以及定性与定量相结合的发展过程。按照地下工程围岩质量分级考虑的影响因素、采用的分级指标及其评价方式，可将众多的分级方法概括归纳为以下四大类。

（1）单因素单指标分级。

早期的围岩质量分级，为便于不同隧道之间的对比分析，一般只考虑影响围岩稳定的最主要的某一个因素，采用某一个指标进行围岩质量分级，以简化分析评价工作。代表性的单因素单指标分级方法及其分级指标和说明见表1-1。

表 1-1　单因素单指标的围岩质量分级

围岩质量分级方法	分级指标	备注
普氏岩石坚固系数分级	f	坚固性系数 $f = R_C/100$ 或者 $f = \tan\varphi$
Ф. М. Садренекий 分级		
И. В. 波波夫分级		
Terzaghi 岩石载荷分级	H_P	隧道顶岩石载荷 H_P，与隧道宽 B、隧道高 H 有关
H. Lauffer 围岩稳定时间分级	t_s	隧道开挖后无支护状态下所能支撑的时间
D. U. Deere 的 RQD 分级	RQD	岩石质量指标 RQD，反映岩体完整程度
以抗拉强度为依据的捷克分级法	R_t	
日本围岩准抗压强度分类法	R_C	
法国隧道围岩分类法	R_C	
弹性系数分级	E_{cm}/E_t	只能大致反映岩体的完整性

单因素单指标的围岩质量分级以影响地下工程围岩稳定性的最主要因素评价围岩的稳定性，抓住了主要矛盾。其最显著的优点是简便、经济、快速，最适合于工程前期阶段的较粗略的围岩稳定性评价。然而，从严格意义上讲，该方法仅从连续介质角度出发对岩体进行质量分级，不符合地下洞室工程地质特征是由多种因素决定的事实。影响地下工程围岩稳定性的因素是多方面的，仅用某一项指标很难全面地反映围岩质量。单因素单指标围岩质量分级方法以 D. U. Deere 的 RQD 法为代表，RQD 值的定义为：用直径 75mm 的金刚石钻头和双层岩芯管在岩石中连续钻进取芯，长度大于 10cm 的岩芯段长度之和与该回次总进尺的比值，以百分比表示。该方法根据 RQD 值将岩体质量分为五级（Ⅰ：$RQD>90$，岩石质量优秀；Ⅱ：$90>RQD>75$，岩石质量好；Ⅲ：$75>RQD>50$，岩石质量一般；Ⅳ：$50>RQD>25$，岩石质量差；Ⅴ：$RQD<25$，岩石质量很差）。由于 RQD 值获取简单，意义明确，迄今仍应用于国内外的许多岩石工程中，被用作钻孔岩芯记录的标准参数。而且，RQD 还是国外最常用的两种围岩质量分级方法（RMR 法和 Q 系统法）的基本元素。但是，RQD 没有考虑节理方向、密实度及充填材

料，不能单独提供对岩体的充分描述[9]。由于不同成因、不同规模、不同形状、不同序次的结构面的切割，实际工程中得到的 *RQD* 值常呈现出明显的各向异性和不均一性，而且不同钻孔得到的 *RQD* 值离散性很大。因此，仅凭 *RQD* 值指标无法真实客观地评价地下工程围岩的质量情况。

（2）多因素多指标并列分级。

由于在围岩稳定性分析中同时考虑了多种因素，一般综合了定性的描述和定量的指标，并且将围岩质量分级与围岩力学性质以及支护设计有机地融合，因此多因素多指标并列分级评价结果更全面、更客观、更可靠。代表性的多因素多指标并列分级方法，主要有以下几种[12]：新奥分类法 NATM（Pacher，1964 年）、结构面间距-岩块强度的双参数分类（Franklin，1974 年）、国际岩石力学学会提出的岩体地质力学分类（ISRM，1981 年），以及我国的《水工隧洞设计规范》《岩土锚杆与喷射混凝土支护工程技术规范》《铁路隧道设计规范》《军用物资洞库锚喷支护技术规范》等。

多因素多指标并列围岩质量分级目前在我国的研究和应用较为普遍，例如水工隧洞、铁路、公路、地下铁道、军用物资洞库等工程。多因素多指标并列围岩质量分级与设计紧密结合，取得了较好的效果。多因素多指标并列围岩质量分级的主要问题有两点：其一是各因素之间并不是完全独立的，有的因素在评价过程中出现重复；其二是所考虑的因素是并列的，当各因素的分级指标值所对应的围岩类别不一致时，很难判别该围岩归属于哪一级别。

（3）多因素多指标综合分级。

多因素多指标综合分级属于以定量评价为主，定性分析为辅的分级系统。由于考虑多种因素组合的多因素多指标综合分级以大量实践资料为基础，同时引进了围岩的动态分析，故对判断围岩的质量和稳定性是比较合理和可靠的[13]。按计算岩体质量的数学模型不同，可分为确定性模型、不确定性模型和专家系统三类。其中确定性模型的代表性分级方法见表 1-2。

表 1-2　多因素多指标综合分级的确定性方法

确定性方法	围岩质量综合分级方法
积商法	Barton 提出的岩体质量 Q 系统（1974 年）
	苏联 Bynmyeb 提出的稳定性指标 S 法（1977 年）
	中国水电顾问集团成都勘测设计研究院提出的岩体质量指标 M 法（1978 年）
	谷德振等提出的岩体质量系数 Z 分级（1979 年）
	总参工程兵第四设计研究院提出的坑道工程围岩分级（1985 年）
	挪威 Palmstrom 提出的 RMI 系统分类（1995 年）

续表

确定性方法	围岩质量综合分级方法
和差法	Wickham 提出的岩石结构评价 RSR 分类方法（1972 年） Z. T. Bieniawski 提出的 RMR 分类系统（1973 年） 捷克斯洛伐克 Tesaro 提出的 QTS 岩石分类法（1979 年） 陈德基提出的块度模数 M_K 法（1979 年） 昆明勘测设计研究院提出的大型水电站地下洞室围岩分类（1988 年） 中铁西南科学研究院提出的铁路隧道工程围岩分级法（1986 年） 国家标准《工程岩体分级标准》（GB/T 50218—2014，BQ 分级法） 水利标准《水利水电工程地质勘察规范》（GB 50487—2008，HC 分级法）

积商法中岩体质量系数是各参数连乘得到的，以 Barton 提出的岩体质量 Q 系统为典型代表。陈成宗等[13]认为，积商法需要进一步考虑各参数指标在岩体质量系数中的权重及其在不同条件下的变化。例如岩体完整程度在软弱岩体中的影响程度比岩石坚硬程度要小等。和差法中岩体质量系数是各参数分级评定值之和，以 Z. T. Bieniawski 提出的 RMR 分类系统和国家标准《工程岩体分级标准》（BQ 分级法）应用最为广泛。和差法是基于大量工程经验和数据积累建立的，在具体工程应用时应注意各参数的取值和不同系数的适用性。

（4）专门性围岩质量分级。

对于地下工程围岩质量分级实践中遇到的某些特殊问题，例如特殊岩石类型和特殊施工方法等，采用上述通用的围岩质量分级方法，很难取得满意的效果。为此需要提出一些专门性的围岩质量分级方法，代表性的专门分级方法有：对于特殊岩类（如具膨胀性的岩石），用一般的分级方法是不合适的，必须根据它们的特殊力学属性进行围岩质量分级，Liviez[12]于 1979 年提出了“一种新的岩石坚固性工程地质分类”。水利水电工程和隧道工程中的深埋长隧洞（道），常采用 TBM（岩石隧道掘进机）施工开挖，鉴于 TBM 施工方法的特点，完全照搬套用基于钻爆法提出的围岩质量分级方法，显然是不合适的，为此国内外许多学者尝试提出了 TBM 施工围岩质量分级方法[14-19]。

1.3.1.3　水利水电工程常用围岩质量分级方法及其对应关系

我国许多岩石工程，特别是大型水利水电工程，规模宏大、工程结构复杂，例如三峡工程、小浪底工程、二滩工程、溪洛渡工程、锦屏工程等。水利水电行业勘测设计与研究部门对围岩质量分级开展了大量的、深入的、系统的研究，取得了以《水利水电工程地质勘察规范》（HC 法）为代表的一套比较完善、相对成熟的围岩质量分级体系。由于 HC 法采用多因素多指标综合判别方法，考虑影响因素较为全面，在实际工程应用中取得了良好的效果，值得其他工程借鉴参考。在水利水电工程围岩质量分级实践过程中，除了 HC 法之外，一般还采用 2～3 种其他有影响的方法进行分级，以便相互比较和验证。水利水电工程常用围岩质量分级方法主要有：①《水利水电工程地质勘察规范》（HC 法）；②《工程岩体分级标准》（BQ 法）；③ 南非 Bieniawski 的地质力学分级 RMR 法；④ 挪威 Barton 的岩体质量指标 Q 系统法。这四种方法的具体介绍详见第 6 章内容或有关参考文献。

表 1-3　Q 系统法与其他常用围岩质量分级方法的对应关系

Q 值	> 100	100~4	4~0.1	0.1~0.01	0.01~0.001
Q 系统法对岩体质量的描述	极好~很好	很好~好~一般	较差~差	很差	极差
RMR 法岩体质量等级	Ⅰ	Ⅱ	Ⅲ	Ⅳ	Ⅴ
HC 法岩体质量等级	Ⅰ	Ⅱ	Ⅲ	Ⅳ	Ⅴ
BQ 法岩体质量等级	Ⅰ	Ⅱ	Ⅲ	Ⅳ	Ⅴ

HC 法、BQ 法中的围岩质量等级划分与 RMR 法的划分标准是基本一致的，都把围岩划分为五个质量等级：Ⅰ级——质量极好的岩体，围岩稳定；Ⅱ级——质量好的岩体，围岩基本稳定；Ⅲ级——质量一般的岩体，围岩整体稳定，局部围岩稳定性较差；Ⅳ级——质量不好的岩体，围岩不稳定；Ⅴ级 ——质量很差的岩体，围岩无自稳能力。1993 年以前，Q 系统对地应力指标没有修正，适用于埋深为 50~250m，地应力较低的隧洞，Q 值与 RMR 之间的关系[20]为 $RMR \approx 2017\lg Q + 44$，据此得到 RMR 分级与 Q 系统分级的围岩质量等级对应关系。1993 年，在对地应力影响系数 SRF 修正后，Barton 提出了新的 RMR 与 Q 值的关系 $RMR \approx 15\lg Q + 50$，据此与 RMR 分级相对应，见表 1-3。为方便使用，表 1-3 中还列出了 HC 法、BQ 法、RMR 法以及 Q 系统法相互对应的岩体质量等级。目前，我国许多大型水利水电工程的地下洞室围岩质量分级大多采用这种对应关系。

1.3.2　坝基岩体质量分级方法

相对地下工程围岩质量分级而言，坝基岩体质量分级起步较晚，研究程度还不够完善，仍处于不断探索中[21-24]。

1.3.2.1　国外有关坝基岩体质量分级的研究现状

国外代表性的坝基岩体质量分级方法主要有：R. P. Miller（1974 年）提出的以岩块抗压强度和模量比为分级指标的分级方案；日本电力中央研究所菊地宏吉（1982 年）提出的坝基岩体质量分级方案，采用岩石强度、风化程度、岩体完整性、节理性状等指标，对 60m 以上的混凝土坝和土石坝岩石地基的适用性进行了定性与定量评价；南斯拉夫（1973 年）在修建姆拉丁拱坝时，根据纵波速度进行分级，提出的以岩体质量 Q 作为评价标准；西班牙基库奇等人（1982 年）提出的不均匀岩体的分级系统，应用于坝基岩体质量分级评价中。随后，A. F. Macos 和 C. Tommillo 对该分级方法加以改进，考虑岩石单轴饱和抗压强度、纵波速度、弹性模量和水力断裂参数等指标，将坝基岩体分为六个等级，该方法在对西班牙一些大坝坝基岩体质量进行评价时取得了良好的效果。另外，还有一些较为简单的方法，例如加拿大地质学家 Canbare 对我国二滩工程进行咨询时，提出的坝基岩体三级分类方案，即工程利用岩体、经过工程措施处理后可利用的岩体、不可利用岩体。该方法在加拿大和南非某些工程中都有应用。

1.3.2.2　国内有关坝基岩体质量分级的研究现状

相对国外而言，我国坝基岩体质量分级研究起步更晚[25-27]，20 世纪 50 年代至 70 年代中期，主要以岩体风化程度作为坝基岩体质量分级标准和建基面选择依据，并将其列入《水利水电工程地质勘察规范》(SDJ 14—78）中。其后，国内专家和学者们相继提出了一系列有影响的坝基岩体质量分级方法，例如谷德振教授提出岩体质量系数 Z 分级法，孙广忠在岩体结构研究基础上提出的岩体力学介质分级和岩体质量 Rm 分级，陈德基提出的块度模数 M_K 法，孙万和、孔令誉分别提出以岩体结构为指导思想的工程岩体质量分级方法，任自民[28]提出的彭水枢纽坝基岩体结构分类及岩体质量分级评价法（ML 法）等，这些方法集中反映了 20 世纪 70 年代至 80 年代中期我国水利水电工程坝基岩体质量分级的研究水平。进入 20 世纪 80 年代后期，我国坝基岩体质量分级发展迅速，许多大型水利水电工程对坝基工程地质问题开展了深入勘察研究，结合工程具体地质条件提出了实用性较强的分级方案，并在工程实践中取得了较好的应用效果。例如，1984~1990 年长江勘测技术研究所和三峡勘测研究院合作在开展“长江三峡工程坝基岩体工程问题研究”（国家“七五”重点科技攻关）过程中建立了多因子组合的“三峡 YZP 法”[25]；成都勘测设计研究院（1985 年）提出的二滩坝基岩体质量分级方法；西北勘测设计研究院（1992 年）提出的黄河李家峡水电站坝基岩体质量分级方法[29]；另外，还有小湾水电站坝基岩体质量分级法[30]、胡卸文对西南某电站坝址区岩体质量分级时提出的岩体质量指数 Z 分级系统[31]等。这些方法基本代表了我国当前坝基岩体质量分级的理论与实践水平。

从总体上看，20 世纪 80 年代以后，我国坝基岩体质量分级与评价已由单因素向多因素、由定性向定量方向发展，研究成果大多是结合具体工程提出的，具有较强的实用性。尤其是 1988 年由中国水力发电工程学会地质及勘探专业委员会在兰州组织召开的“坝基岩体质量分类及参数选择学术讨论会”，与会代表交流了三峡、二滩、龙羊峡、拉西瓦、李家峡、万安、漫湾、安康、宝珠寺、鱼潭、飞来峡等工程在坝基岩体质量分级与工程地质分类及其参数选择方面的经验，紧密结合具体工程实践提出了多种坝基岩体质量分级方法，有从宏观上定性的，也有多因素综合定量的，是我国坝基岩体质量分级研究的一个里程碑。值得一提的是，《水利水电工程地质勘察规范》(GB 50287—99)[32]以岩体单轴抗压强度、岩体结构类型、岩体完整程度、结构面发育程度及其组合作为分级指标，根据坝基岩体作为修建混凝土坝的适用性、产生变形、滑移危险程度、加固处理难度，将坝基岩体质量划分为 5 个等级，并给出了不同级别岩体对应的岩体力学参数参考值，做到了定性与定量相结合，使得岩体的“质”和“量”基本统一起来。据不完全统计，相比其他方法，该方法在我国水利水电工程应用中占据一定的优势。需要指出的是，由于不同工程的地质条件千差万别，绝大多数水利水电工程是参考《水利水电工程地质勘察规范》提出的坝基岩体质量分级方法，结合工程具体条件，进行多因素多指标的综合分级。在岩体力学参数取值方面，除了少数小型工程可依据规范、经验或工程类比取值外，大多数工程需要进行一定数量的岩石（体）力学性质试验，根据试验成果对岩体力学参数赋值，最后综合给出地质参数建议值。

1.3.2.3 代表性的坝基岩体质量分级方法及其述评

坝基岩体质量分级是将大坝直接作用和影响范围内的岩体，按照岩石介质和岩体工程地质特性的优劣及其对建坝的适宜程度进行的岩体质量等级划分。国内已经建成或在建的水利水电工程绝大多数参考《水利水电工程地质勘察规范》等方法进行了坝基岩体质量分级与评价研究，结合具体工程出现了形形色色的分级体系。总体上看，为了全面反映坝基岩体质量特点，这些分级体系基本上都采用了多因素多指标综合、定性与定量相结合的方法。目前，常用的、有代表性的坝基岩体质量分级与评价方法主要有几下几种。

(1)《水利水电工程地质勘察规范》(GB 50287—2008)[32]。

《水利水电工程地质勘察规范》中提出的坝基岩体工程地质分类（见规范附录 V 中的表 V)，突出了岩石强度、岩体结构、岩体完整性等因素，其中岩石强度、节理裂隙间距和岩体完整性系数等指标，具有普遍代表性；还给出了不同级别岩体对应的力学参数参考值（见规范附录 E 中的表 E.0.4)。如前所述，该方法在我国水利水电工程应用中占据一定优势，适用于不同地质条件下混凝土重力坝、拱坝基础以下岩体质量等级划分与评价。

(2) 三峡工程“YZP”法[25]。

该方法是长江勘测技术研究所和三峡勘测研究院合作开展三峡工程坝基岩体结构与岩体质量专题研究过程中提出的，在三峡工程中取得了较好的应用效果。该方法抓住控制坝基岩体稳定性的主要因素，考虑问题比较全面，包括岩体完整性、岩石强度、结构面状态及强度特征、岩体透水性、岩体变形等 5 项分级因子，并拟定了 4 项附加因子作为折减因素。该方法采用多因子综合评价，显得较为系统，但也存在一些问题[26]，例如，在同一个评价因子中采用了多个子因素，仅岩石强度特性就采用抗压强度、抗剪强度和变形模量等多个指标，这些指标是否重复？权重如何判断？岩体透水性与岩体完整性密切相关，单独分类赋值，是否恰当？没有建立坝基岩体质量分级与岩体力学参数取值之间的定量关系，而且将坝基岩体质量分级目的之一的岩体力学参数（岩体抗剪强度和变形模量）作为分级指标，是否恰当？

(3) 二滩水电站坝基岩体质量分级法[26]。

二滩水电站采用系统工程原理，以定性和定量相结合的方式，建立了多因素综合评判的坝基岩体质量分级体系，并成功应用于工程实践。该方法考虑的主要分级因素包括：岩体结构（裂隙间距、*RQD* 值、破碎带间距)、岩体嵌合程度、风化特征、水文地质条件、岩体波速等，将坝基岩体划分为 7 个质量等级和 12 个亚级。该方法存在问题主要在于：高地应力的影响如何综合考虑？坝基岩体节理裂隙粗糙系数、蚀变系数难以实际测量等问题。

(4) 李家峡水电站坝基岩体质量分级法[29]。

李家峡水电站采用双曲拱坝，坝基岩体为层状结构的变质岩、混合岩，质量较差。结合具体工程地质条件，李家峡水电站建立了多因素综合的定性和定量相结合的坝基岩体质量分级体系，考虑的主要分级因素包括：岩石单轴饱和抗压强度、岩体结构、岩体完整性、风化程度等，将坝基岩体质量划分为 5 级。

(5) 小湾水电站坝基岩体质量分级法。

小湾水电站坝基岩体质量分级方法采用的仍是多因素综合评价方法。所不同的是，小湾水电站坝基岩体质量分级主要考虑了岩石抗压强度 R、岩体结构系数 T、岩体完整性系数 K_V、岩体透水性 W_K 等4个指标，将坝基岩体质量划分为5级，并给出了岩体质量级别对应的岩体力学参数取值，并最终应用于建基面优化选择中。由此可见，小湾水电站坝基岩体质量分级建立了岩体质量级别与岩体力学参数取值之间的联系，在这方面比二滩工程、三峡工程更胜一筹。

(6) 溪洛渡水电站坝基岩体质量分级法[27]。

溪洛渡水电站以岩体结构特性作为基础，采用多因素综合评判，选择岩石饱和单轴强度、节理间距、完整性系数、*RQD* 值、5m 段节理条数等分级指标，将坝基岩体质量划分为5级，并将Ⅲ、Ⅳ级岩体分别细化，分为2个亚级。

(7) Bieniawski 的地质力学分级 RMR 法。

RMR 法最早是为地下洞室围岩质量分级服务的。尽管坝基岩体与洞室围岩存在诸多差异，例如洞室多为地下建筑，有一定的埋深且受外动力作用影响较小，主要考虑二次应力场的影响；而坝基是地表建筑，坝基岩体结构空间变化不仅受地质构造控制，而且受外动力作用影响较大；另外，坝基岩体必须考虑巨大的水压力、扬压力等，对岩体压缩变形、剪切变形要求极高（特别是高拱坝），而洞室围岩在这方面的要求没有坝基岩体严格。但是，从整体上看，二者都是采用多因素多指标的综合分级与评价，选择的主要分级指标，在岩石抗压强度、岩体完整程度、结构面特性、节理间距、*RQD* 值等方面是基本一致的，具有一定的可比性，因此某些工程也将 RMR 法用于坝基岩体、边坡岩体的质量分级评价中。所不同的是，坝基岩体一般不再单独考虑地下水的问题，而洞室围岩一般不再单独考虑风化程度问题。

1.3.3 岩体质量智能分级方法

20世纪80年代以来，随着数学与计算机技术的迅猛发展，各学科之间的交叉与融合越来越深入。模糊数学、遗传算法、聚类分析、分形几何等分析方法被逐步引入到岩体质量分级研究中，出现了一些岩体质量智能分级方法，例如模糊综合评判法、神经网络法等，成为岩体质量分级的有效延伸和有益补充。

1.3.3.1 模糊综合评判法

岩体质量分级指标和分级标准本身就存在明显的模糊性，例如将某些连续性的分级指标人为分割成不同的取值区间，造成这些分级指标在边界上的取值出现较大的模糊性。另外，各分级因素之间具有一定的相关性，互相交织，错综复杂。采用确定性的岩体质量分级分析方法，难免存在较大的随意性和不确定性。为此，鉴于模糊数学在解决此类问题中的优势，被较早地引入到岩体质量分级中，并与层次分析、聚类分析等其他一些方法综合利用，形成了模糊综合评判法[33-36]。模糊综合评判法利用模糊集合论概念和最大隶属度原则，考虑各因素对岩体质量的影响，其基本步骤有：① 建立模糊对象因素集和模糊对象评判集；② 构造各因素到评判集的模糊隶属函数；③ 建立多因素模糊评判矩阵；④ 确定权重；⑤ 建立模糊综合评判模型；⑥ 根据最优隶属度的原则进行模糊综合评判。其中，建立模糊隶属函数和确定权重是关键。迄今为止，这两个关键步骤仍无统一的解决方法和模式可循，不同学者对此持有不同的认识和做法，有待进一步研究与改进。

1.3.3.2 可拓物元分析法

可拓学通过可拓集合理论将是与非的定性描述发展为定量评价，其基本步骤包括：① 确定经典域与节域；② 确定待判物元；③ 确定权重系数；④ 确定待判物元关于各个等级的关联度；⑤ 评判等级。文献［37-39］分别将可拓学方法应用于坝基岩体、边坡工程岩体质量分级和地下洞室围岩的多指标综合评价中，建立了相应的物元模型。文献［40］给出了同征物元体和可拓学方法的级别变量特征值的概念，用一种简单关联函数确定权重，使得评价方法简单易行，结果更加合理。文献［41］结合信息熵的概念，提出了基于熵权的模糊物元评价方法。文献［42］从可拓集合出发，建立了多指标性能参数的质量评定模型，通过定量数值表示评价结果，结合隶属度的概念，应用可拓学方法对岩体进行分类，从不同的分类方法中选取最适合工程实际的评价指标，提出了一种定量的指标权重的确定方法。

1.3.3.3 神经网络法

岩体质量分级与多种不确定性因素相关，很难用一个具体的解析式表示出分级结果与众多影响因素之间的确切关系，是复杂的非线性输入—输出关系问题。人工神经网络是一种并行数据处理方法，具有很强的自适应、自学习、自组织和高度非线性动态处理能力，它以实例作为学习样本，使用训练后得到的网络模型权值和阈值，对要判别的岩体质量进行评定。神经网络以其高度的非线性映射功能，将各种影响岩体稳定性的因素进行学习记忆，克服用单一敏感性指标和模糊主观判断，使经验决策定量化、科学化。在现场识别中，只要训练样本及输入参数选取得当，都可以提供较为满意的输出结果。另外，神经网络方法对各影响因素不需要进行复杂的相关性分析，重复的或者没有影响的因素加入输入值也不致影响最后的结果，这就给了选择输入节点比较宽松的条件。文献［42-45］分别选取影响岩体质量的各种因素的参数作为输入层，建立了 BP 神经网络模型进行岩体质量分级，并应用于实际工程中，取得了较好的效果。

岩体质量分级与评价的神经网络方法，主要存在如下问题需要解决：如何确定模型的类型及参数，目前大多是应用 BP 神经网络进行岩体质量分级，这种模型虽然具有自反馈、简单方便、通用性好等优点，但也有收敛速度慢、迭代次数多、存在局部极小值等缺点，而且网络中隐节点个数及参数的选取主要依赖于经验，今后可考虑采用其他网络模型或结合其他全局优化算法优化网络结构、加快收敛速度、避免陷入局部极小；如何选取足够、全面、有代表性的训练数据组？用于训练网络的样本越多，分级效果越好，但是同时也会产生网络难以收敛的问题。另外，也增加了岩体质量分级的工作量。

1.3.3.4 灰色聚类法

由于地质条件的复杂性和勘测阶段、手段的限制，岩体质量分级所需的大量数据很难完全得到，而且影响因素表现出各种各样确定的或不确定的、已知的或未知的信

息，因此属于典型的灰色系统的范畴。灰色系统理论就是针对既无经验、数据又少的不确定性问题，即“少数据不确定性”问题提出的[46]。岩体质量分级可以根据灰色的因素之间的关联性进行。为了准确地进行岩体质量分级，同时尽量反映岩体足够多的特性，首先应该找到岩体灰色系统的关联性及其量度，根据量度的大小准确地进行岩体质量分级。岩体质量分级的灰色聚类理论主要应用于矿山岩体质量分级评价中，文献［47-49］分别利用灰色关联度理论对矿山地下工程围岩进行了质量分级。研究结果表明：岩体质量与稳定性分析评价系统是一个灰色系统，应用灰色定权聚类法进行岩体质量分级与工程揭露岩体稳定性的情况吻合，符合客观实际情况。灰色定权聚类法从系统的观点来研究岩体稳定，避免了很多特征指标不落在同一分类中难以进行准确分级的问题。

1.3.3.5　支持向量机法

岩体稳定性分析中经常遇到的“瓶颈”问题就是“数据有限”和“模型与参数给不准”以及许多问题的机制不清楚[50]。20 世纪 90 年代发展起来的支持向量机是在统计学习理论的 VC 维理论和结构风险最小化原理的基础上发展起来的，具有理论严密、适应性强、全局优化、训练效率高和泛化性能好等优点，在处理小样本学习问题上具有独到的优越性[51-53]。支持向量机法避免了神经网络中的局部最优解和拓扑结构难以确定的问题，并有效地克服了“维数灾难”，同时能够保证得到的极值解是全局最优解。文献［51］利用支持向量机根据有限的学习样本，建立了影响岩体质量分级因素和质量级别之间的一种非线性映射，从而对未知的工程岩体进行了质量分级。文献［52］采用岩石质量指标、岩体完整性系数、岩石单轴饱和抗压强度及结构面摩擦因数等作为判别因素，选用径向基核函数进行训练，通过交叉验证确定最佳模型参数，建立了岩体质量分级的支持向量机应用模型。文献［53］将数据挖掘的新方法——支持向量机应用于隧道围岩质量分级，判别结果表明：采用多项式核的支持向量机对围岩级别进行判别，具有较高的准确率。

1.3.3.6　距离判别分析法

与聚类分析不同，判别分析必须事先知道需要判别的类型和数目，才能建立判别函数，然后对新样品进行判别。判别分析法是由英国统计学家 Pearson 在 1921 年首先提出的，在自然科学和社会科学各个领域得到广泛应用。判别分析法是多元统计分析中用于判别样品所属类型的一种统计方法，常用的是马氏距离判别法，其基本思想是：比较样本和每个总体的马氏距离，并将其判定属于马氏距离最近的那个总体。近年来，距离判别分析法也被逐渐引入到岩体质量分级方法中[54-55]。

马氏距离判别法中每个指标在决定马氏距离大小时是同等重要的。实际上，这些指标在判定样本 X 归属于总体 G 的哪一种类型时所起的作用是不尽相同的。尤其是岩体质量分级问题，岩石强度与岩体完整性指标的重要性一般大于地下水、地应力等。因此，马氏距离夸大了一些微小变化指标的作用。特别是当岩体质量分级指标较多而且差异较大时，如果不对指标的重要性进行区分，可能造成较大误判。为此，文献［56］、［57］等在马氏距离中加入指标权重进行处理，建立了加权马氏距离判别法。但是在确定指标权重时采用的主成分分析方法，对于指标之间并不完全存在相关关系的岩体质量分级问题，其适用性有待进一步商榷。

1.3.3.7 其他智能分级方法

岩体质量分级与评价中存在显著的模糊性和不确定性，基于此发展起来的岩体智能分级方法还有很多，不一而足。例如，分形几何法[58-60]、专家系统法[61-62]以及理想点法[63]、未确知测度理论[64]等。岩体质量智能分级方法成为岩体质量分级与评价研究中的重要分支，为岩体质量分级与评价提供了新的思路。

1.3.4 岩体质量分级方法存在的问题与发展趋势

经过近一个世纪的理论探索与实践应用，岩体质量分级与评价研究取得了长足进展，但是仍存在一些问题和不足[65-67]，有待进一步完善，主要表现在：①没有直接考虑地下洞室的跨度与形状带来的影响，相当于间接忽略了岩体尺寸效应的影响，忽视了这些因素对围岩中应力分布的影响。②绝大多数岩体质量分级方法无法避免主观因素带来的不利影响。例如，分级指标的定性描述中存在较明显的经验成分，而分级指标的定量评价中，由于不同人的认识不一致，在取值或打分上也无法避免主观成分的影响。即便是采用模糊综合评判，其权重系数的确定也有人为因素的影响。③没有体现设计与施工阶段的差异，岩体质量分级与评价的动态特征不够完善。尽管公路隧道围岩质量亚级等研究取得了一些成果，仍然很难较好地反映动态变化的特点。而且，国标和其他一些行业标准还没有重视这个问题。④尽管不同行业大多建立行业标准，许多大型工程也建立了面向本工程的分级方法，然而现有的岩体质量分级方法的针对性还不够完善，一些专门性的分级方法有待深入开展。例如，面向具体施工方法的TBM 施工围岩质量分级；面向层状岩体结构类型的层状岩体质量分级；面向特殊地质构造的岩溶围岩质量分级等。⑤岩体质量智能分级方法还存在许多有待改进的地方。尽管该方法在解决分级指标取值的模糊性和不确定性方面具有显著优势，为岩体质量分级提供了新的思路，但是在实际应用中还存在许多不尽如人意的地方。例如在训练样本的选择上，数据量太大则运行效率低，而数据量太小则输出结果不准确。

纵观岩体质量分级与评价，不难发现其正在朝着以下方向发展[26、65-67]：①定性与定量相结合的多指标综合分级仍是目前乃至今后相当长的一个时期内的发展趋势。更全面地考虑多种影响因素，建立多指标综合的定性与定量相结合岩体质量分级体系，并逐步提高定量化的比重，包括分级指标和分级准则的定量化，标志着岩体质量分级不断走向成熟。②统一化与专门化是岩体质量分级发展的必然趋势之一。从影响岩体质量与稳定性的最基本要素出发，建立统一分级方案是可行的、必要的，例如《工程岩体分级标准》（BQ 法）；但也必须考虑不同工程类型、岩体条件的具体特点，建立面向具体对象的专门性的岩体质量分级方法，满足不同形式的需求。③动态化与信息化是岩体质量分级适应工程进展的具体体现。岩体稳定性评价是一个动态变化的系统工程，随着勘测阶段和施工过程的不断推进，随着工程形式、规模、用途以及地质条件的不断变化，岩体质量分级与评价应具备动态性、开放性特征，与勘测阶段、工程特点以及施工信息化反馈等建立动态联系。④详细化、简单化、多样化是岩体质量分级的发展方向之一。随着勘测技术的进步，分级指标的测试获取更为方便，使得岩体质

量分级更加细化，岩体质量分级采用的手段也呈现多样化趋势，但是岩体质量分级不能背离简单实用的宗旨，因此简单化也是岩体质量分级始终遵循的原则。⑤建立岩体质量分级与岩体力学参数、支护措施有机联系的“岩体质量分级大系统”，有利于丰富岩体质量分级研究内容，提高分级结果的实用性，减少试验工作量和参数取值的主观随意性，为坝基处理、建基面选择、洞室支护提供有效参考。⑥岩体质量智能化分级方法进一步发展完善。重视新理论、新方法在岩体质量分级中的应用，适应复杂岩石工程的发展。随着学科融合与科技进步，岩体质量智能化分级方法将会在理论与实践方面取得新进展。

1.4 主要研究内容与关键技术路线

本课题从层状岩体结构特征出发，结合某大型水利枢纽工程具体地质条件，针对坝址区近水平复杂层状岩体中软硬岩石相间、软岩不软、硬岩不硬、岩石相变明显以及层间剪切带发育等特点，开展近水平层状岩体质量分级与评价研究，为工程设计与施工提供技术服务和基础支撑，主要研究内容如下。

（1）在总结有关层状岩体结构划分标准的基础上，指出现有规程、规范及有关文献中存在的较大差异，提出层状岩体结构分类的修正方案，初步建立基于结构面间距的层状岩体结构类型划分方案。

（2）分析层状岩体结构特征对岩体质量分级评价指标的影响，总结坝址区近水平层状岩体结构的岩性组合、层间剪切带发育等基本特征，指出近水平复杂层状岩体质量分级与评价应注意的问题。

（3）研究层间剪切带对岩体质量分级及其稳定性影响的作用机制，建立含层间剪切带层状复合岩体失稳的非线性突变理论模型，并系统分析层间剪切带引起层状复合岩体变形破坏的演化过程。结合某大型水利枢纽工程坝址区层间剪切带发育特征，建立含层间剪切带层状复合岩体质量分级与评价方法。

（4）系统论述某大型水利枢纽工程基本地质环境特征，基于已有地质勘测资料与有关试验研究成果，选择合理的分级因素（指标）和分级方法，进行坝基岩体初步分级与地下洞室围岩初步分级，并对岩体质量分级结果进行相关性分析。

（5）指出传统距离判别法和层次分析法应用于岩体质量分级存在的不足，提出改进的距离判别–层次分析模型。根据某大型水利枢纽坝址区层状岩体结构特点，选择合理的分级指标，建立适用于近水平复杂层状岩体质量分级的改进距离判别–层次分析法预测模型，并对其有效性进行验证。

（6）基于层状岩体结构特点，结合坝址区具体工程地质条件，建立近水平复杂层状岩体质量分级的动态指标体系和三步分级方法体系，并利用该体系对某大型水利枢纽坝基岩体、地下洞室围岩开展岩体质量分级工程实践。

本课题采用的关键技术路线见图1–2。

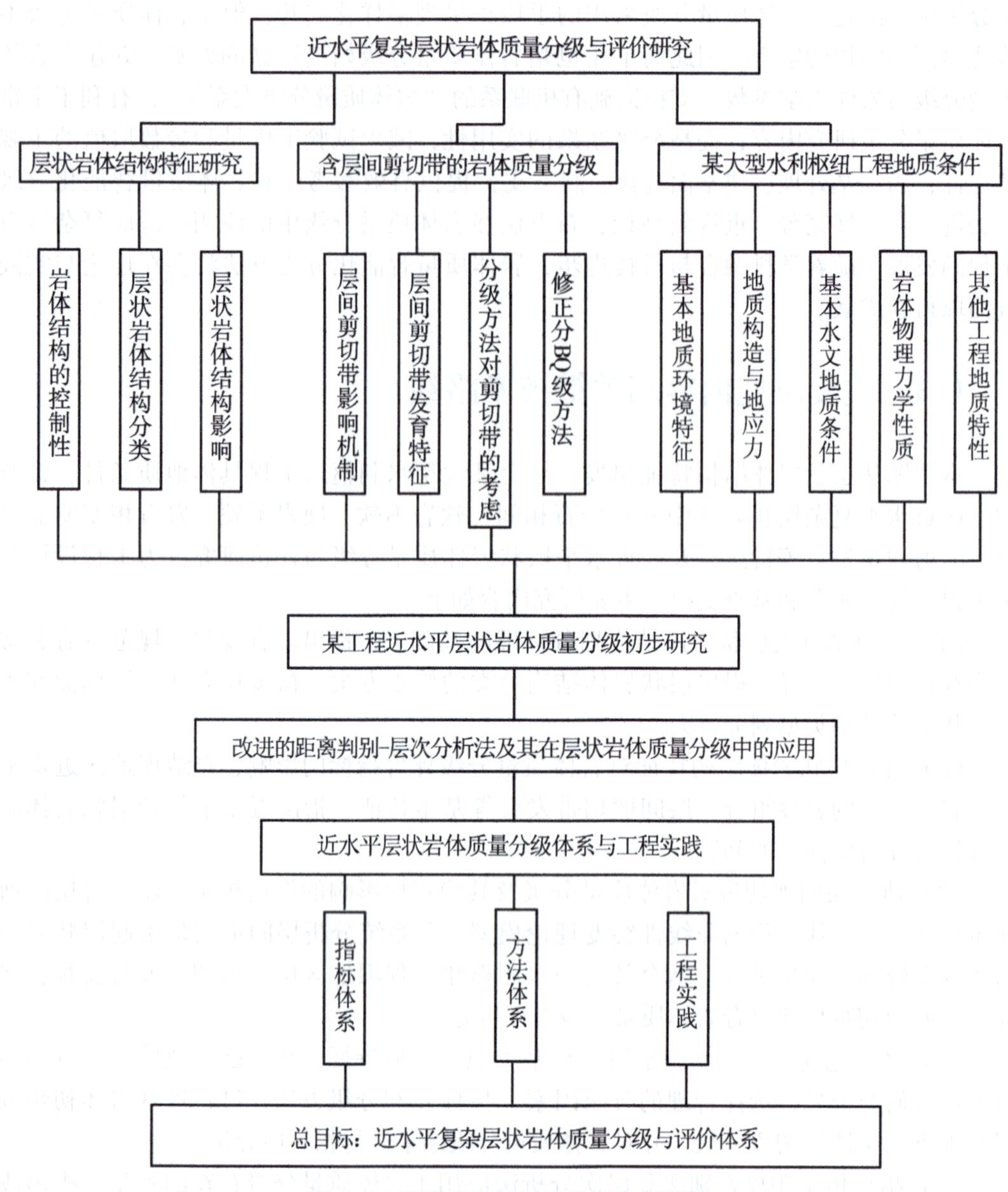

图 1-2　课题研究采用的关键技术路线

1.5　本课题研究的主要创新点

结合某大型水利枢纽工程具体地质条件开展的近水平复杂层状岩体质量分级与评价研究，在如下几个方面取得了创新性研究成果：

（1）提出了基于结构面间距的层状岩体结构类型划分方案，弥补了现行规程、规范中有关层状岩体结构划分标准存在的差异和不足。

在总结现有规范、规程有关层状岩体结构划分标准的基础上，指出了目前岩体结

构面间距划分依据存在的差异与不足，提出了层状岩体结构分类的修正方案。结合建筑物涉及岩组的结构面间距平均值与结构面间距百分比统计资料，初步建立了适用于层状岩体结构类型的划分方案。利用建立的划分方案得到了某大型水利枢纽工程坝址区近水平复杂层状岩体结构类型划分结果。

（2）系统揭示了层间剪切带对层状复合岩体稳定性影响的作用机制，建立了含层间剪切带层状复合岩体失稳的非线性突变理论模型。

基于含层间剪切带的层状复合岩体组合系统力学模型，揭示了层间剪切带对层状复合岩体稳定性影响的作用机制。借助突变理论等非线性力学方法建立了含层间剪切带的层状复合岩体失稳破坏的非线性模型，分析了层间剪切带引起的层状复合岩体变形破坏演化过程。

（3）根据层状岩体结构类型划分方案和层间剪切带发育特征，建立了含层间剪切带层状复合岩体质量分级与评价方法。

该方法将含层间剪切带的层状复合岩体质量分级概括为以下两种情况：①对于厚度大于10cm的、连续性较好的、有一定规模的层间剪切带，将其划定为独立的夹层结构类型，单独进行该层岩体的质量分级与评价；还可根据层间剪切带的抗剪强度参数，将层间剪切带分为几个亚级。②对于厚度小于10cm的、规模相对较小的层间剪切带，则视为工程地质性质较差的薄夹层或透镜体，将其作为折减系数，对含层间剪切带的层状复合岩体质量分级进行弱化处理，在BQ分级法的基础上，建立了含层间剪切带的层状复合岩体质量分级的修正方法。

（4）指出了传统距离判别法应用于岩体质量分级存在的不足，建立了适用于岩体质量分级的改进的距离判别-层次分析法模型。

针对距离判别法和层次分析法在岩体质量分级与评价方面存在的不足，提出了以加权距离判别法为中心，以3标度层次分析法确定权重系数的改进的距离判别-层次分析法，验证了改进的距离判别-层次分析法岩体质量分级模型的有效性。根据某大型水利枢纽工程层状岩体结构特点，选择合理的分级指标，建立了层状岩体质量分级改进的距离判别-层次分析法预测模型。不同方法分级结果对比表明，建立的层状岩体质量分级的改进的距离判别-层次分析法模型是合理的。

（5）建立了适用于近水平复杂层状岩体的多梯次动态分级指标体系和三步分级方法体系，并利用该体系完成了某大型水利枢纽工程坝基岩体、地下洞室围岩质量分级的工程实践。

紧密结合层状岩体结构特点，建立了由基本指标、修正指标和辅助指标等组成的适用于近水平复杂层状岩体质量分级的多梯次动态分级指标体系。考虑工程类型和工程部位岩体质量分级指标设置的差异，建立了面向层状岩体的坝基岩体、地下洞室围岩质量分级的三步方法体系，并在总结有关规程、规范和分级方法的基础上给出了基于层状岩体质量分级结果的岩体物理力学参数估算与支护类型建议。结合某大型水利枢纽工程具体地质条件及近水平复杂层状岩体特点，对坝基岩体和地下洞室围岩质量进行了分级实践，得到了较为可靠的坝基岩体质量等级分区、具体洞段与部位的围岩质量等级、工程地质评价、岩体力学参数地质建议值及支护措施建议。

1.6 研究成果的工程应用情况与推广前景分析

1.6.1 研究成果在某大型水利枢纽工程中的应用情况

本课题是从层状岩体结构特性出发，紧密结合黄河中游地区某大型水利枢纽工程具体地质条件开展的，建立了适用于近水平复杂层状岩体质量分级与评价的指标体系和方法体系，取得了一系列的创新性研究成果，主要包括层状岩体结构类型划分方案、剪切带对复合层状岩体稳定性影响机制、含剪切带层状复合岩体质量分级与评价方法、适用于岩体质量分级的改进的距离判别-层次分析法等。

研究成果在某大型水利枢纽工程项目建议书阶段勘察与设计实践中得到具体应用和检验，在项目建议书阶段地质勘察报告中得到具体体现。在某大型水利枢纽工程中的具体应用，主要包括以下几个方面：

（1）根据本课题提出的层状岩体结构类型划分方法和建立的适用于近水平层状岩体结构划分方案，结合结构面间距平均值与结构面间距百分比统计资料，得到了坝址区层状岩体结构类型，为坝基岩体和地下洞室围岩质量分级奠定了基础。据此撰写的学术论文《基于结构面间距标准的层状岩体结构分类方法探讨与应用》发表在《资源环境与工程》2010 年第 24 卷第 5 期。

（2）根据本课题建立的含剪切带层状复合岩体失稳机制分析方法，结合某大型水利枢纽剪切带发育特征，借助突变理论等非线性力学方法建立了含剪切带层状复合岩体失稳非线性模型，分析了剪切带引起围岩变形破坏的演化过程。据此撰写的学术论文《含层间剪切带复合岩体失稳机制的突变理论分析》已在《中南大学学报》（自然科学版）2013 年第 44 卷第 10 期发表。

（3）根据本课题建立的含剪切带层状复合岩体质量分级方法，结合某大型水利枢纽坝址区剪切带发育特征，研究得到了某大型水利枢纽坝址区两个勘探平硐的围岩质量等级，验证了含层间剪切带的复合岩体质量分级方法的合理性，也为后续建立层状岩体质量分级体系提供了有效保证。

（4）利用本课题建立的层状岩体质量分级体系，结合重力坝方案布置，对某大型水利枢纽坝基岩体进行了具体的质量分级实践与应用，得到了合理的坝基岩体质量分级结果，构成了项目建议书阶段工程地质勘察报告及有关图件的部分内容。

（5）利用本课题建立的层状岩体质量分级体系，结合坝址区主要建筑物布置情况，以左岸方案为例，对某大型水利枢纽坝址区地下洞室（包括导流洞、泄洪洞、排沙洞、发电洞、地下厂房、调压井等）围岩进行了具体的岩体质量分级实践与应用，得到了具体洞段与部位的围岩质量等级及其工程地质评价，详见第 8 章和某大型水利枢纽项目建议书阶段工程地质勘察报告及有关图件等。

（6）利用本课题建立的层状岩体质量分级与岩体力学参数估算、支护措施建议之间的关系，给出了与层状岩体质量分级结果对应的岩体物理力学参数地质建议值，以及地下洞室围岩支护类型的有关建议。

研究成果在某大型水利枢纽项目建议书阶段近水平层状岩体质量分级与评价中的应用，为重力坝抗滑稳定性计算、建基面选择与优化、隧洞和地下厂房等建筑物的设计与施工提供了有力的技术支撑。目前，可行性研究阶段正在顺利推进，研究成果将继续为生产实践提供理论基础和技术支撑。

1.6.2 研究成果推广应用前景分析

自然界中具有层状构造的沉积岩占陆地面积的2/3（我国占77.3%），许多变质岩也具有层状构造特征。随着西部大开发战略的顺利实施和国家基础设施建设的有力推进，水利水电、公路与铁路交通等工程中经常遇到层状岩体及其带来的稳定性问题。层状岩体质量分级与评价是层状岩体稳定性分析的基础性工作，对于层状岩体地区的岩石工程设计与施工具有重要的指导意义。

特别是黄河中游地区，属于红色碎屑岩地层，岩石成层性特征十分明显，岩层倾角较缓，甚至呈近水平状。层状岩体中软硬岩石相间分布，形成典型的二元结构特征。软硬相间的层状岩体中经常发育的剪切破碎带和泥化夹层，构成该地区层状岩体中一类特殊的软弱结构面，对岩体稳定性造成不利影响，甚至成为坝基岩体抗滑稳定性控制性因素。黄河干流上已经建成的小浪底、万家寨、沙坡头以及龙口等水利枢纽几乎全部涉及层状岩体及其带来的一系列稳定性问题；黄河中游地区干流上拟建的古贤、碛口等控制性骨干工程以及支流上的一些水利水电工程也大都位于层状岩体地区，不可避免地遇到层状岩体质量分级与评价问题。

本课题研究成果不仅可以丰富和完善岩体质量分级理论方法与实践体系，为层状岩体地区工程稳定性计算、优化设计与施工安全等提供理论基础和技术支撑，而且可以为层状岩体地区的其他相关工程，特别是黄河中游近水平层状岩体地区的在建和拟建工程提供参考依据，为黄河水沙调控体系建设提供技术支持，为黄河治理与开发提供相关服务。因此，本课题研究成果具有显著的理论意义和应用价值，具有广阔的推广应用空间和良好的推广应用前景。

1.7 小结

本章从岩石力学与工程发展角度出发，立足岩体质量分级与评价研究，结合重大工程实践需求和层状岩体结构特点，论述了近水平复杂层状岩体质量分级与评价研究的课题来源与重要意义。面向地下洞室围岩、坝基岩体、边坡岩体三个主要应用领域，对国内外岩体质量分级与评价研究现状、存在的问题和发展趋势进行了系统性综述。基于以上认识，给出了本课题的主要研究内容、采取的关键技术路线以及取得的主要创新点。最后，介绍了课题研究成果在黄河中游地区某大型水利枢纽工程前期研究中的应用情况，并对研究成果推广应用前景进行了分析。

第2章 层状岩体结构类型划分方案及其工程应用

2.1 引言

水利水电工程建筑物的安全稳定与岩体工程特征密切相关，而岩体工程特征包括结构、强度、变形等多个方面。其中，岩体结构是岩体稳定性的控制因素。善于从实际中捕捉问题核心的地质学家谷德振，在人们普遍认识到“岩性、构造、地下水”是岩体工程地质评价的三个重要因素时，敏锐地指出构造是关键[6]。

岩体不同于岩块，其本质区别在于岩体经受各种结构面的切割，具有明显的不连续性和不均匀性。从结构观点出发，李四光很早就把地质体中的切割面命名为结构面。而谷德振（1979年）、王思敬（1984年）、孙广忠（1988年）、孙玉科（1988年）等进一步论证和拓展了这一概念，形成了著名的岩体结构控制论。将岩体中的切割面和其他弱面（如层面）统称为结构面，把结构面切割成的单元称为结构体，结构面和结构体则统称为岩体结构单元。而岩体就是结构体和结构面组成的地质体，岩体结构就是不同类型的岩体结构单元在空间的排列、组合及相互联结方式。

动态地考察岩体的结构特征，可以发现其形成历史和演化过程是漫长和复杂的，一般分为建造过程和改造过程。经历不同建造或改造过程的岩体，其结构面和结构体的组合方式多变，从而使岩体工程地质特性各异，岩体结构类型也就多种多样。就工程岩体而言，据孙广忠岩体结构控制理论[68]（1988年），岩体结构一般可划分为五种主要类型，即完整结构、块裂结构、碎裂结构、板裂结构和散体结构。

从宏观上讲，地壳中的岩体结构可分为块状结构和层状结构两大类[6]，其中层状结构岩体约占陆地面积的75%，是工程建设中遇到的主要岩体结构类型之一。层状岩体由于具有成层性特征，往往存在岩石软硬相间，层面间距变化大，岩体中不但发育有原生结构面，而且有后期改造形成的节理裂隙，甚至断层、褶皱等构造以及次生、表生结构面等特点。另外，层状岩体中还存在软弱夹层发育、岩石相变比明显等一系列复杂问题。这些问题给层状岩体质量分级和评价带来了许多困难。

对于层状岩体结构类型的划分，国内外已有多种方案或者标准，有关规程、规范也给出了明确的规定。参照软硬岩层组合关系，依据岩体结构面间距，通常将层状岩体结构类型划分为巨厚层状结构、厚层状结构、中厚层状结构、互层状或薄层状结构等。然而，从实际应用情况来看，不同行业、不同领域的文献资料中，依据的结构面

间距标准并不一致，甚至差别很大，难免造成认识和使用上的诸多混乱。另外，对于某些规范而言，层状岩体结构类型的划分标准是基于某些工程实例，依据统计规律得出的，是否适用于任何一项具体工程，有待进一步考证。本研究在对比分析已有层状岩体结构划分标准的基础上，结合某大型水利枢纽工程坝址区层状岩体结构特征，建立适用于近水平复杂层状岩体结构划分方案，为近水平复杂层状岩体质量分级和评价提供基础，为相关地区工程建设提供借鉴和参考。

2.2 层状岩体结构类型划分现状

岩体结构是岩体工程地质评价的基础。正确认识、划分岩体结构类型，对于岩体工程地质评价具有重要影响。在工程实践中，对于层状岩体结构类型的划分，主要依据现行的有关规程、规范或参阅有关文献资料，并以此为基础进行岩体结构类型的描述、分析和评价。下面就工程实践与应用中经常提到的有关层状岩体结构类型划分依据及其标准的规程、规范、文献简述如下：

（1）《水利水电工程地质勘察规范》（GB 50487—2008）。

《水利水电工程地质勘察规范》（GB 50487—2008）[69]附录 U 列出的岩体结构分类表中规定了层状岩体结构类型的划分依据主要是层面间距，其标准见表 2-1。

表 2-1 层状岩体结构分类

结构类型	岩体结构特征	层面间距标准/cm
巨厚层状结构	岩体完整，呈巨厚层状，层面不发育，间距大于 100cm	> 100
厚层状结构	岩体较完整，呈厚层状，层面轻度发育，间距一般为 50~100cm	100~50
中厚层状结构	岩体较完整，呈中厚层状，层面中等发育，间距一般为 30~50cm	50~30
互层状结构	岩体较完整或完整性较差，呈互层状，层面较发育或发育，间距一般为 10~30cm	30~10
薄层状结构	岩体完整性差，呈薄层状，层面发育，间距一般小于 10cm	< 10

（2）《工程岩体分级标准》（GB/T 50218—2014）。

《工程岩体分级标准》（GB/T 50218—2014）[5]给出了岩体基本质量概念，并建议岩体基本质量应由岩石坚硬程度和岩体完整程度两个因素来确定。而岩体完整程度定性划分的主要依据是岩体结构面，包括结构面的发育程度和结合程度等，并给出了相应的岩体结构类型，其中与层状岩体结构有关的部分见表 2-2。

表 2-2 岩体完整程度的定性划分

名称	结构面发育程度		主要结构面的结合程度	主要结构面类型	相应的结构类型	结构面间距标准/cm
	组数	平均间距/m				
完整	1~2	>1.0	结合好或一般	节理、裂隙、层面	整体或巨厚层状	>100
较完整	1~2	>1.0	结合差	节理、裂隙、层面	块状或厚层状	>100
	2~3	1.0~0.4	结合好或一般		块状结构	
较破碎	2~3	1.0~0.4	结合差	节理、裂隙、层面、小断层	裂隙块或中厚层	100~40
	>3	0.4~0.2	结合好		镶嵌碎裂结构	
			结合一般		中、薄层结构	40~20

（3）《水力发电工程地质勘察规范》（GB 50287—2006）。

《水力发电工程地质勘察规范》（GB 50287—2006）[70]附录 N 中规定了层状岩体结构类型的划分，其依据的标准主要是结构面间距，具体划分见表 2-3。并在条文说明中明确指出“鉴于层状结构岩体中不属于层面的其他裂隙的存在，其间距在评价岩体结构特征时是必须考虑的。因此，根据结构面间距将层状结构岩体分为五个亚类，名称仍沿用层状岩体单层厚度分类，如巨厚层状结构、厚层状结构、中厚层状结构、互层状结构、薄层状结构，但二者划分是有差别的”。实际上，层面也是结构面的一种形式，以结构面间距进行层状岩体结构分类，更具代表性。

表 2-3 层状岩体结构分类

结构类型	岩体结构特征	结构面间距标准/cm
巨厚层状结构	岩体完整，呈巨厚层状，结构面不发育，间距大于100cm	>100
厚层状结构	岩体较完整，呈厚层状，结构面轻度发育，间距一般为100~50cm	100~50
中厚层状结构	岩体较完整，呈中厚层状，结构面中等发育，间距一般为50~30cm	50~30
互层状结构	岩体较完整或完整性较差，呈互层状，结构面较发育或发育，间距一般为30~10cm	30~10
薄层状结构	岩体完整性差，呈薄层状，结构面发育，间距一般小于10cm	<10

（4）《岩土工程勘察规范》（GB 50021—2001）（2009 年版）。

《岩土工程勘察规范》（GB 50021—2001）（2009 年版）[71]在附录 A 岩土分类和鉴定部分的表 A.0.4 中给出了岩体按结构类型划分的规定，其划分依据仍然是岩体结构面发育状况，与层状岩体结构类型划分有关的内容，整理后见表 2-4。

表 2-4　岩体按结构类型划分

岩体结构类型	岩体地质类型	结构体形状	结构面发育情况	岩土工程特征	可能发生的岩土工程问题	结构面间距标准/cm
整体状结构	巨块状岩浆岩和变质岩，巨厚层沉积岩	巨块状	以层面和原生、构造节理为主，多呈闭合型，间距大于 1.5m，一般 1～2 组，无危险结构面	岩体稳定，可视为均质弹性各向同性体	局部滑动或坍塌，深埋洞室的岩爆	> 150
块状结构	厚层状沉积岩，块状岩浆岩和变质岩	块状 柱状	有少量贯穿性的节理裂隙，结构面间距一般为 0.7～1.5m。一般为 2～3 组，有少量分离体	结构面互相牵制，岩体基本稳定，接近弹性各向同性体		150～70
层状结构	多韵律薄层、中厚层状沉积岩，副变质岩	层状 板状	有层理、片理、节理，常有层间错动	变形和强度受层面控制，可视为各向异性弹塑性体，稳定性较差	可沿结构面滑塌，软岩可产生塑性变形	70～50

(5)《中小型水利水电工程地质勘察规范》(SL 55—2005)。

《中小型水利水电工程地质勘察规范》(SL 55—2005)[72]附录 A 围岩工程地质分类的表 A. 0. 2-2“层状岩石单层厚度分级”中给出了层状岩体结构类型划分的单层厚度划分标准，即以层状岩体的层面间距作为划分标准，见表 2-5。

表 2-5　层状岩石单层厚度分级

层状岩石分级	单层厚度 h/cm
巨厚层	$100 \leq h$
厚层	$50 \leq h < 100$
中厚层	$20 \leq h < 50$
薄层	$5 \leq h < 20$
极薄层	$h < 5$

(6)《铁路工程岩土分类标准》(TB 10077—2001)。

《铁路工程岩土分类标准》(TB 10077—2001)[73]第 3. 2 节岩体分类中规定，工程影响范围内的岩体，可按结构类型、岩层厚度、节理发育程度、受地质构造影响程度、完整程度、风化程度等进行分类或分带。其中，层状岩体按结构类型和结构面间距划分标准应分别符合表 2-6 和表 2-7 中的规定。

表 2-6　岩体按结构类型分类

名称	地质类型	主要结构体形状	结构面发育情况	岩体工程特征	可能发生的岩土工程问题	结构面间距标准/cm
巨块状整体结构	均质、巨块状的岩浆岩和变质岩，巨厚层沉积岩和正变质岩	巨块状巨厚层状	以原生构造节理和层面为主，多呈闭合型，结构面间距大于 1m，一般不超过 1~2 组，无危险结构面	整体强度高，岩体稳定，可视为均质弹性各向同性体	不稳定结构体的局部滑动或坍塌，深埋洞室的岩爆	> 100
块状结构	块状岩浆岩和变质岩，厚层状沉积岩、正变质岩	厚层状块状柱状	只具有少量贯穿性较好的节理裂隙，结构面间距大于 0.4m。一般为 2~3 组，有少量分离体	整体强度较高，结构面互相牵制，岩体基本稳定，接近弹性各向同性体		100~40
层状、块石、碎石状结构	多韵律薄层、中厚层状沉积岩，副变质岩	块石、碎石状层状，板状	有层理、片理、节理，常有层间错动；结构面间距一般为 0.2~0.4m，一般为 3 组	接近均质的各向异性体，其变形和强度受层面控制，可视为弹塑性体，稳定性较差	不稳定结构体可产生滑塌，特别是岩层的弯张破坏及软岩的塑性变形	40~20

表 2-7　岩层按单层层厚分类

名称	巨厚层	厚层	中厚层	薄层
层厚 h/m	$h>1.0$	$0.5 < h \leqslant 1.0$	$0.1 < h \leqslant 0.5$	$h \leqslant 0.1$

(7)《公路工程地质勘察规范》(JTG C20—2011)。

《公路工程地质勘察规范》(JTG C20—2011)[74]在表 3.2.8 岩层厚度分类中的规定与上述《铁路工程岩土分类标准》中的规定基本一致，见表 2-8。

表 2-8　岩层厚度分类

岩层厚度分类	巨厚层	厚层	中厚层	薄层
单层厚度 h/m	$h>1.0$	$0.5 < h \leqslant 1.0$	$0.1 < h \leqslant 0.5$	$h \leqslant 0.1$

(8)《建筑边坡工程技术规范》(GB 50330—2002)。

《建筑边坡工程技术规范》(GB 50330—2002)[75]附录表 A-2 岩体完整程度划分规

定，岩体结构类型、岩体完整程度与结构面发育程度、岩体完整性系数以及岩体体积结构面数等参数之间具有一定的对应关系，岩体结构类型的划分应符合现行国家标准《岩土工程勘察规范》（GB 50021—2001）（2009年版）表A.0.4的规定，其中与层状岩体结构类型有关的规定见表2-9。

表2-9 层状岩体结构类型划分

岩体完整程度	结构面发育程度		岩体结构类型	完整性系数	岩体体积结构面数	结构面间距标准/cm
	组数	平均间距/m				
完整	1~2	> 1.0	整体状结构	> 0.75	< 3	> 150
较完整	2~3	1.0~0.3	厚层状结构、块状结构、层状结构和镶嵌、碎裂结构	0.75~0.35	3~20	150~70

（9）《中小型水利水电工程地质勘察经验汇编》。

《中小型水利水电工程地质勘察经验汇编》[76]论文集里，赵紫金（湖南省水利水电勘测设计研究总院）编写的《中小型水利水电工程围岩地质分类及有关围岩稳定性评价的几个问题》一文中，层状岩体结构划分采用如下结构面间距标准，见表2-10。

表2-10 层状岩体结构分类

划分类别	巨厚层	厚层	中厚层	薄层	极薄层
单层厚度 h/cm	> 200	200~60	60~20	20~6	< 6

从前述规范、文献关于层状岩体结构类型划分的规定中，不难发现：层状岩体结构类型的划分依据主要是结构面间距。而对于划分详细层状岩体结构类型的结构面间距标准却有很大差别。例如，对于巨厚层状结构类型的划分标准，结构面间距数值就有200cm、150cm和100cm三种；而厚层状岩体结构类型划分所依据的结构面间距差异更加突出，共有200~60cm、150~70cm、100~50cm和100~40cm等几种。另外，中厚层和薄层岩体结构类型划分所依据的结构面间距也很不一致。综观以上各个分类方案，大多数采用100cm、50cm、30cm和10cm体系来划分巨厚层、厚层和中厚层以及薄层状岩体结构类型，其应用最为广泛。

由此可见，现行规程、规范及部分文献[77-83]对于层状岩体结构类型的划分标准的确存在较大差异。究其原因，一方面是规程、规范修编的协调性差，各行业、领域之间缺乏有效、完备的沟通；另一方面是人为因素的影响，人们对于结构面间距划分标准的认识不统一。因此，有必要对此问题予以澄清，建立面向实际工程应用的、概念明晰的划分标准或方案。在此基础上，结合具体的工程地质条件，根据现场有关岩体的层面、节理面等结构面的实测数据和统计资料，确定合理的岩体结构面间距划分标准，构建适用于具体工程的层状岩体结构类型划分体系。

2.3 层状岩体结构类型划分方案（标准）

综合上述规程、规范对于层状岩体结构类型划分所依据的结构面间距标准，参考葛洲坝水利枢纽、小浪底水利枢纽、李家峡水利枢纽等工程建立的层状岩体结构分类方案，结合作者在工程实践中的认识与体会，认为：对于层状岩体结构类型的划分，应主要依据单层（岩性层）厚度，即首先考虑层面间距；其次考虑节理裂隙对岩体的切割程度，即节理面间距；同时参考岩体纵波速度、完整性系数、风化卸荷程度以及岩石质量指标 *RQD* 值等因素，综合划定层状岩体结构类型。另外，岩体结构面间距的确定，对于研究节理裂隙发育深度与密度亦具有实际意义。

结构面间距必须根据具体工程地质条件，进行实地测量与统计。岩体纵波速度和岩体完整性系数、*RQD* 值能在一定程度上反映岩体被结构面切割程度，进而反映出岩体的结构特征，具有一定参考价值。要想做到准确而高效地划分出层状岩体结构类型，必须选择合理的划分指标，使得划分方案简单、快捷、可靠、实用，便于推广，避免烦琐。根据上述分析，应用最广泛的、获取最简便的划分指标，是单层厚度（层面间距）、节理裂隙间距（其他结构面间距）、岩体完整性系数以及 *RQD* 值等。层状岩体结构类型的五级划分方案（巨厚层状、厚层状、中厚层状、互层状和薄层状），实际应用最多，也最为熟悉。然而，对于互层状结构类型，只有水利水电行业《水利水电工程地质勘察规范》（GB 50487—2008）和《水力发电工程地质勘察规范》（GB 50287—2006）把互层状列在中厚层状与薄层状之间，其他绝大部分规范则没有将其单独列出。其实，从某种意义上讲，层状岩体绝大部分情况下都是呈软硬互层状沉积的，与层面间距的大小并无直接联系，互层状结构完全可以划归到其他结构类型中，而不必单独列出。基于此，本课题将结构面间距为 10~30cm 的层状岩体统一划归到薄层状结构的范畴。结构面间距小于 10cm 的层状岩体，往往呈片状或极薄层状，可视为夹层或细长透镜体，此处统称为夹层状结构；而对于巨厚层状结构，则需考虑具体工程地质条件，结合前述规程、规范的对比分析，可将其分为两个亚类，即结构面间距大于 200cm 和大于 100cm 的，分别称为整体巨厚层状和一般巨厚层状。层状岩体结构类型及其相应的划分标准见表 2-11。

表 2-11　层状岩体结构分类

结构类型	岩体结构特征	节理裂隙发育特征	*RQD*/%	岩体完整性系数 K_V	结构面间距/cm
巨厚层状结构	岩体完整，呈整体巨厚层状，结构面不发育，间距大于 200cm	节理裂隙不发育	90~100	> 0.9	> 200
	岩体完整，呈一般巨厚层状，结构面不发育，间距大于 100cm	节理裂隙基本不发育，一般不超过 2 组	75~90	> 0.75	> 100

续表

结构类型	岩体结构特征	节理裂隙发育特征	*RQD*/%	岩体完整性系数 K_V	结构面间距/cm
厚层状结构	岩体较完整，呈厚层状，结构面轻度发育，间距一般为 50~100cm	节理裂隙轻度发育，一般 2~3 组	60~75	> 0.60	100~50
中厚层状结构	岩体较完整，呈中厚层状，结构面中等发育，间距一般为 30~50cm	节理裂隙中度发育，一般在 3 组左右	45~60	> 0.45	50~30
薄层状结构	岩体完整性较差，呈互层或薄层状，结构面较发育或发育，间距一般为 10~30cm	节理裂隙较发育或发育，一般 3 组以上	25~45	> 0.25	30~10
夹层状结构	岩体完整性差，呈极薄的夹层或透镜体状，结构面发育，间距一般小于 10cm	节理裂隙发育，受错动或风化影响，岩石呈片状或碎片状	0~25	< 0.25	<10

至于结构面间距的确定，对于层状岩体而言，应首先现场测量不同沉积岩性之间的接触层面（即物质分异面）间距，然后再统计典型节理裂隙切割后的裂隙面间距。无法对结构面间距直接进行测量的，亦可根据钻孔岩芯、大口径钻孔岩芯，参考钻孔光学成像调查，进行结构面间距的统计分析。在实际统计过程中，划分结构面间距的标志性界限是以下几个：① 明显的岩性层面；② 张开的层内层理；③ 陡倾角或缓倾角节理裂隙面；④ 层间剪切带等软弱结构面等。

2.4 层状岩体结构类型划分方案及其工程应用

2.4.1 地层岩性

某大型水利枢纽工程位于黄河中游地区，晋陕峡谷的南部，整体上属于陆源碎屑岩地层。坝址区出露的基岩，主要为中生界三叠系中统二马营组上段和铜川组下段，为一套陆相碎屑岩系，分布于整个坝址区的河谷及岸坡上，出露厚度 160~200m，最大揭露厚度 350m 左右。岩相变化较大。坝址区左岸高程 625~635m 和右岸高程 640~665m 以上为黄土覆盖。

（1）坝基涉及地层岩性。

坝基主要涉及二马营组地层的 $T_2er_2^9$、$T_2er_2^{10}$ 和 $T_2er_2^{11}$ 岩组以及铜川组地层的 $T_2t_1^1$ 和 $T_2t_1^{2-1}$ 岩组。其中，$T_2er_2^9$ 及 $T_2er_2^{11}$ 岩组为粉砂岩夹巨厚层~中薄层长石砂岩及少量砂质黏土岩，相变较大。$T_2er_2^9$ 岩组砂岩所占比例为 6.05%~30.16%，粉砂岩占 46.09%~93.95%，黏土岩占 0~23.75%。$T_2er_2^{10}$ 岩组为巨厚层~中厚层长石砂岩与粉砂岩互层，含少量黏土岩，局部相变较大。$T_2er_2^{11}$ 岩组砂岩所占比例为 6.46%~20.81%，粉砂岩占 64.71%~93.54%，黏土岩占 0~18.54%。砂岩所占比例为 14.40%~63.74%，粉砂岩占35.27%~84.46%，黏土岩占0~13.61%。铜川组地层为长石砂岩与粉砂岩互层，$T_2t_1^1$ 岩组为巨厚层长石砂岩夹厚层~巨厚层粉砂岩，底部分布有不连续的砾岩，与下伏二马营组上段地层呈整合接触。砂岩所占比例为45.20%~69.79%，粉砂岩占27.13%~50.12%，黏土岩占0~21.66%。$T_2t_1^{2-1}$ 岩组为粉砂岩夹巨厚层~中薄层长石砂岩和少量黏土岩。砂岩所占比例为12.85%~42.87%，粉砂岩占37.81%~85.71%，黏土岩占0~28.17%。

（2）洞室涉及地层岩性。

该水利枢纽工程以面板堆石坝为代表坝型，水工建筑物中地下洞室部分主要有导流洞、泄洪洞、排沙洞、发电洞、溢洪道和电站厂房等。其中，泄洪洞、排沙洞和发电洞集中布置在同一岸，而导流洞和溢洪道布置在另一岸。两岸进出口地形条件相似，地层单元相同，节理发育规律基本类似，同类建筑物所处地层也基本相同，仅以左岸方案进行说明。

1）导流洞：左岸方案的2条导流洞平行布置在右岸，沿线穿过地层主要为 $T_2er_2^{10}$ 和 $T_2er_2^{11}$ 岩组。其中，$T_2er_2^{11}$ 地层为巨厚层粉砂岩，夹巨厚层~中薄层长石砂岩及少量黏土岩。据试验资料，二马营组上段砂岩饱和抗压强度平均值为60.40MPa；粉砂岩和黏土岩饱和抗压强度平均值分别为36.57MPa和30.47MPa。

2）泄洪洞：左岸方案的3条泄洪洞布置在左岸引水发电洞的左侧，从右向左依次排列为1[#]、2[#]和3[#]泄洪洞。根据钻孔、平硐等地质勘察资料，1[#]和2[#]泄洪洞沿线穿过的地层为铜川组下段第一岩组（$T_2t_1^1$）地层和二马营组（$T_2er_2^{11}$）岩组。3[#]泄洪洞沿线穿过的地层主要为铜川组下段第一岩组（$T_2t_1^1$）和第二岩组（$T_2t_1^{2-1}$），其中 $T_2t_1^{2-1}$ 地层岩性为粉砂岩，夹巨厚层~中薄层长石砂岩和少量黏土岩。

3）发电洞：共有6条引水发电洞布置在左岸，从岸边向山体依次编号为1[#]~6[#]发电洞。6条引水发电洞沿线工程地质条件基本相似，综述如下：桩号0+000~0+517洞段穿过的地层为铜川组下段第一岩组（$T_2t_1^1$）地层，岩性以厚层~巨厚层长石砂岩为主，夹粉砂岩，局部含少量黏土岩；桩号0+517~0+763.56洞段穿过的地层为铜川组下段第一岩组（$T_2t_1^1$）和二马营组上段（$T_2er_2^{11}$、$T_2er_2^{10}$）地层；桩号0+763.56~1+116.31洞段穿过的地层主要为二马营组上段（$T_2er_2^{10}$）地层。

4）排沙洞：5条排沙洞间隔布置在6条引水发电洞之间，从岸边向山体依次为1[#]~5[#]排沙洞。5条排沙洞沿线工程地质条件基本相似，综述如下：排沙洞段穿过的地层主要为二马营组上段（$T_2er_2^{11}$）地层。

5）地下厂房：本阶段选择左岸布置地下厂房进行方案比选。地下厂房主要由主厂房、主变室、尾水调压室等组成，厂房总长246m，宽27m，总高65.6m。据现场勘探资料，主厂房拱顶部分穿过 $T_2er_2^{11}$ 岩组，边墙穿过 $T_2er_2^{10}$ 岩组，主变室围岩位于 $T_2er_2^{11}$ 岩组；尾水调压室围岩位于 $T_2er_2^{10}$ 岩组。

2.4.2 地质构造与结构面特征

坝址区为缓倾角近水平单斜地层，总体走向为10°~30°，倾向NW，倾角为0°~3°。地质构造简单，坝址区未发现明显的断层、褶皱等构造，主要发育有陡倾角的节

理裂隙和顺层层间剪切带等。坝址区结构面包括原生结构面（层面、层理和构造节理裂隙）、次生结构面和顺层剪切破碎带（含泥化夹层）等。其中层面、层理的产状与岩层产状基本一致，绝大多数胶结程度较高，仅在风化卸荷影响下呈微张~张开状态，一般为碎屑或泥质充填；构造节理裂隙的倾角以 70°~90°为主，其发育程度与地层岩性、层厚和构造部位密切相关。在中厚层~薄层砂岩地层中发育较多，而在厚层~巨厚层粉砂岩地层发育较少。地表及平硐调查结果表明，切穿不同岩性层的节理裂隙相对较少，仅在延伸规模较大时切穿相邻的中厚层以下的较软岩层。坝址区主要发育四组节理，大多呈闭合~微张状态。节理裂隙密度与岩性以及岩层厚度有关，主要表现在：在中厚层~厚层砂岩中，一般为 0.5~2.0 条/m；在巨厚层砂岩或者薄层~中厚层粉砂岩中，一般为 0.3~0.8 条/m。节理裂隙的张开度，除靠近岸边较大外，一般小于 0.5mm，无充填或钙质充填，部分为碎屑或泥质充填；节理面多平直粗糙，部分为弯曲光滑。坝址区典型节理玫瑰花图以及节理裂隙倾角统计表，如图 2-1 和表 2-12 所示。

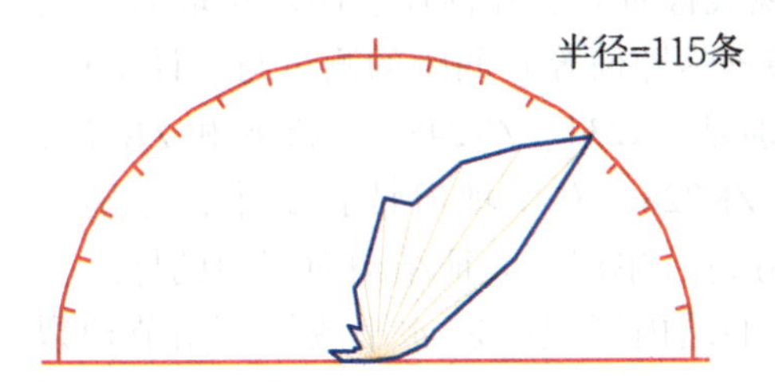

（a）PD211平硐节理统计走向玫瑰花图

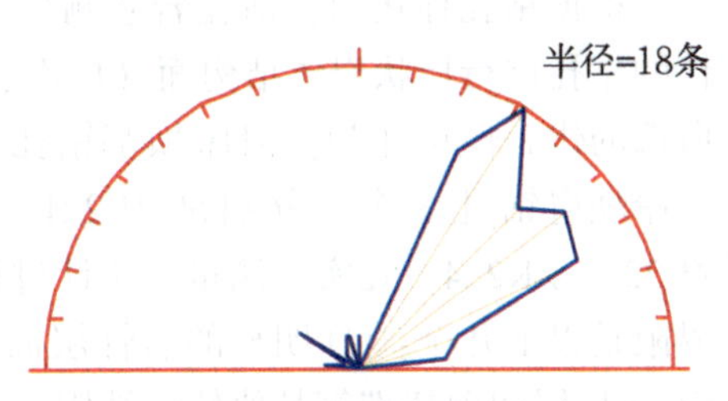

（b）PD209平硐节理统计走向玫瑰花图

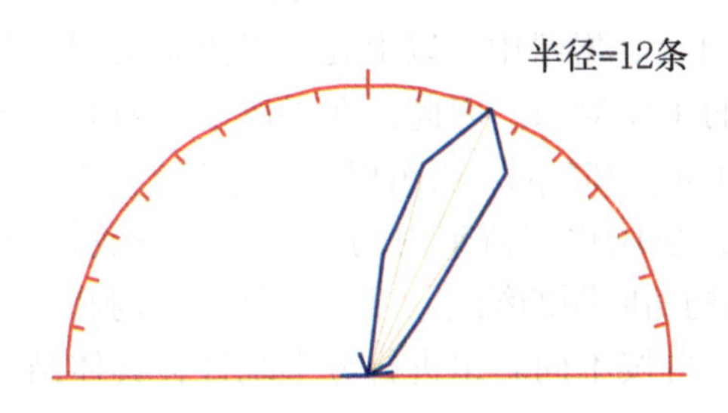

（c）PD206平硐节理统计走向玫瑰花图

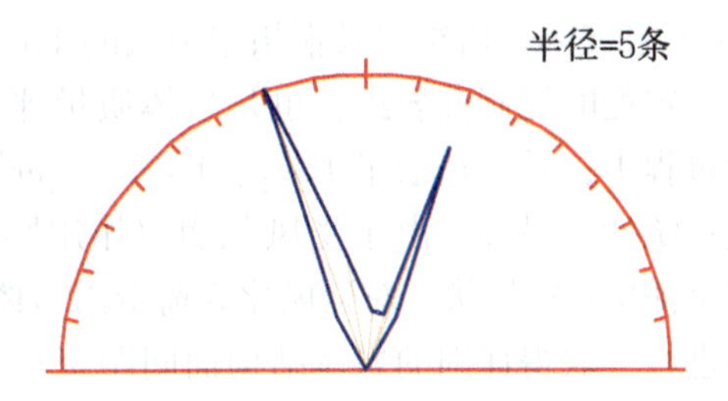

（d）窑子北沟口平硐节理统计走向玫瑰花图

图 2-1　坝址区典型节理裂隙玫瑰花图

表 2-12　坝址区典型节理裂隙倾角统计

位置	倾角/°								
	0~10	10~20	20~30	30~40	40~50	50~60	60~70	70~80	80~90
左岸 PD205	0.00%	0.00%	0.00%	0.00%	0.80%	0.80%	5.30%	24.80%	68.40%
左岸 PD207	0.80%	0.80%	0.00%	4.10%	3.30%	4.10%	15.70%	26.40%	44.60%
左岸 PD209	0.00%	1.00%	0.00%	1.00%	3.00%	3.00%	8.00%	27.00%	57.00%

续表

位置	倾角/°								
	0~10	10~20	20~30	30~40	40~50	50~60	60~70	70~80	80~90
左岸 PD211	5.30%	10.70%	11.90%	13.60%	13.60%	10.50%	9.50%	10.50%	14.20%
左岸地表+平硐	0.30%	0.50%	0.00%	1.60%	2.10%	2.40%	9.00%	27.30%	56.80%
右岸 PD201	0.00%	0.00%	0.00%	0.00%	0.00%	6.30%	6.30%	43.80%	43.80%
右岸 PD206	0.00%	0.00%	2.30%	9.30%	11.60%	7.00%	25.60%	18.60%	25.60%
右岸地表+平硐	0.00%	0.00%	1.30%	5.20%	6.50%	5.20%	15.60%	19.50%	46.80%

2.4.3 层状岩体结构面间距统计情况

根据钻孔柱状图、钻孔岩芯测量、钻孔电视成像资料，在河床、两岸选取有代表性的钻孔进行层状岩体结构面（层面、层理和节理裂隙面等）间距的测量与统计工作。所选的代表性钻孔为：河床坝基钻孔4个，分别是ZK234、ZK248、ZK226和ZK256；左岸坝肩钻孔3个，分别是ZK221、ZK222和ZK228；右岸坝肩钻孔2个，分别是ZK223、ZK224。在实际测量和统计过程中，划分每一单层，表征结构面间距的标志性界限是以下几个：① 明显的岩性层面；② 张开的层内层理；③ 水平或缓倾角节理裂隙；④ 层间剪切带等其他软弱结构面。

根据2.4.1节可知，坝址区坝基岩体和洞室围岩主要埋藏于二马营组地层的$T_2er_2^9$、$T_2er_2^{10}$和$T_2er_2^{11}$岩组以及铜川组地层的$T_2t_1^1$和$T_2t_1^{2-1}$岩组中。以上几个岩组是工程建筑物稳定性的控制性岩组，也是岩体质量评价的主要对象。因此，在岩体结构面间距统计过程中，重点选取了$T_2er_2^7$、$T_2er_2^8$、$T_2er_2^9$、$T_2er_2^{10}$和$T_2er_2^{11}$岩组以及$T_2t_1^1$和$T_2t_1^{2-1}$岩组进行统计。另外，由于受风化崩解作用影响，强风化卸荷带内的岩层厚度一般较小，多呈薄层~碎片状。对强风化卸荷带内岩体结构面间距的统计，主要在地表冲沟和槽探中进行。取得详细的岩体结构面间距资料后，再按不同岩组进行分类统计，具体结果见表2-13和表2-14。

从表2-13和表2-14中不难发现：①各个岩组中的一般巨厚层状（>1m）所占比例较大，绝大多数超过50%，说明以巨厚层状为主的层状岩体在坝址区较为常见。②统计范围内的巨厚层岩体，其结构面间距绝大多数超过大于1m的划分标准，平均值全部大于2m（属于整体巨厚层状）。③各个岩组中岩体结构面间距大于2m的整体巨厚层状岩体，除$T_2t_1^{2-1}$岩组外，其结构面间距平均值均大于3m，而且结构面间距大于2m的整体巨厚层状岩体在结构面间距大于1m的通常意义上的巨厚层状岩体范围内所占的比例较大，平均比例均大于60%，最大可达100%。因此，就坝址区近水平层状岩体结构而言，巨厚层状岩体结构类型的划分依据（结构面间距）标准应相对高于绝大多数规范中给出的1m标准。④而一般巨厚层状（>1m）岩体结构类型的结构面间距平均值均大于2m，这也说明坝址区的巨厚层状岩体结构类型以整体巨厚层状为主。⑤另外，厚层状（0.5~1m）、中厚层状（0.3~0.5m）、薄层状（0.1~0.3m）结构类型的

表 2-13　坝址区层状岩体结构面间距分类统计

岩组	层底高程/m	巨厚层状(>1m)		厚层状(0.5~1m)		中厚层状(0.3~0.5m)		薄层状(0.1~0.3m)		夹层状(<0.1m)	
		间距范围	间距百分比	间距范围	间距百分比	间距范围	间距百分比	间距范围	间距百分比	间距范围	间距百分比
$T_2t_1^{2-1}$	560.76~575.56	2.36~2.46m	40.78%~60.83%	0.76~0.82m	14.62%~16.50%	0.37m	2.46%	0.11~0.20m	6.75%~9.71%	0.01~0.06m	7.85%
$T_2t_1^1$	511.54~539.31	2.52~4.49m	52.79%~85.50%	0.71~0.82m	8.31%~24.78%	0.36~0.38m	0.89%~7.20%	0.18~0.21m	0.95%~10.15%	0.04~0.05m	1.14%~5.07%
$T_2er_2^{11}$	469.44~486.26	2.67~5.59m	64.04%~92.78%	0.63~0.87m	4.57%~21.19%	0.35~0.43m	1.59%~7.38%	0.16~0.20m	0.33%~12.50%	0.03~0.07m	0.28%~8.54%
$T_2er_2^{10}$	417.94~450.66	1.79~4.47m	37.82%~85.59%	0.69~0.79m	7.68%~31.30%	0.30~0.45m	0.78%~16.06%	0.19~0.23m	1.07%~18.44%	0.04~0.07m	1.17%~5.83%
$T_2er_2^9$	366.92~372.98	2.05~4.93m	39.60%~89.06%	0.69~0.84m	5.23%~29.06%	0.35~0.44m	3.23%~11.68%	0.16~0.23m	1.38%~10.67%	0.03~0.06m	0.25%~10.24%
$T_2er_2^8$	357.92~364.78	1.26~5.51m	61.15%~85.86%	0.57~0.87m	11.32%~20.96%	0.36~0.45m	2.76%~16.87%	0.12~0.22m	3.69%~12.65%	0.04~0.08m	1.33%~9.19%
$T_2er_2^7$	337.02~341.06	2.97~4.31m	62.90%~83.48%	0.67~0.80m	5.43%~10.19%	0.33~0.40m	1.62%~10.52%	0.10~0.23m	4.75%~13.16%	0.03~0.07m	0.80%~10.58%

表 2-14　坝址区不同结构类型的层状岩体结构面间距分类统计

岩组	整体巨厚层状(>2m)				一般巨厚层状(>1m)	厚层状(0.5~1m)	中厚层状(0.3~0.5m)	薄层状(0.1~0.3m)	夹层状(<0.1m)
	间距范围	平均间距	间距百分比	占>1m 的百分比	结构面平均间距/m				
$T_2t_1^{2-1}$	2.84~2.91m	2.88m	27.57%~48.20%	67.62%~70.54%	2.41	0.79	0.37	0.16	0.04
$T_2t_1^1$	3.04~5.15m	3.94m	29.21%~59.72%	56.85%~69.85%	3.22	0.78	0.37	0.20	0.05
$T_2er_2^{11}$	3.26~6.36m	4.65m	35.78%~76.24%	48.34%~69.85%	3.89	0.74	0.39	0.18	0.05
$T_2er_2^{10}$	2.55~4.84m	3.55m	22.47%~64.37%	32.61%~89.51%	2.90	0.75	0.37	0.20	0.06
$T_2er_2^9$	3.03~6.19m	4.30m	14.08%~64.27%	35.57%~82.60%	3.41	0.75	0.40	0.19	0.05
$T_2er_2^8$	2.00~5.51m	3.38m	28.29%~85.86%	38.68%~100.00%	2.84	0.73	0.40	0.17	0.06
$T_2er_2^7$	3.30~4.76m	4.00m	53.19%~72.27%	79.16%~86.57%	3.56	0.72	0.37	0.16	0.05

层状岩体的结构面间距平均值分别是 0.72~0.79m、0.37~0.40m 和 0.16~0.20m，其结构面间距所占的百分比分别为 10%~30%、1%~15%和 1%~20%，由此可见以上几个类型所占比例均相对较小。⑥厚度小于 10cm 的夹层状结构，其结构面间距平均值一般为 4~6cm。就厚度百分比而言，该结构类型所占比例较小，一般不超过 10%。夹层状结构的层状岩体主要发育在软弱岩层、强风化卸荷带以及剪切带破碎带/泥化夹层中。

图 2-2 与图 2-3 是各岩组不同类型的结构面间距平均值及其百分比分布图。从图中可以看出：①各个岩组中结构面间距大于 2m 的整体巨厚层状结构岩体和结构面间距大于 1m 的一般巨厚层状结构岩体，二者的结构面间距平均值具有较为相似的规律，均为 $T_2er_2^{11}$ 岩组具有最大的结构面间距平均值，而 $T_2t_1^{2-1}$ 岩组层状岩体的结构面间距平均值则相对较小。②其余几个结构类型层状岩体的结构面间距类别，即厚层状（0.5~1m）、中厚层状（0.3~0.5m）、薄层状（0.1~0.3m）以及夹层状结构（<0.1m），各个岩组层状岩体的结构面间距平均值相差不大。③各个岩组中结构面间距大于 2m 的整体巨厚层状结构岩体和结构面间距大于 1m 的一般巨厚层状结构岩体，其结构面间距百分比平均值亦具有基本相似的规律，二者都是结构面间距百分比平均值较大。其中，一般巨厚层状（>1m）结构岩体中 $T_2er_2^{11}$ 岩组的结构面间距百分比平均值最大；而整体巨厚层状（>2m）结构岩体中 $T_2er_2^{7}$ 岩组的结构面间距百分比平均值最大；二者均是 $T_2t_1^{2-1}$ 岩组层状岩体结构面间距的百分比平均值最小。④其余几个不同结构类型层状岩体的结构面间距，即厚层状（0.5~1m）、中厚层状（0.3~0.5m）、薄层状（0.1~0.3m）及夹层状（<0.1m）结构，各个岩组的岩体结构类型的百分比平均值相差也不大。其中，厚层状结构岩体的结构面间距百分比平均值相对较大，各个岩组中此结构类型岩体结构面间距所占比例基本上都超过了 10%；而中厚层状、薄层状以及夹层状结构岩体的结构面间距百分比平均值则相对较小，除夹层状岩体的 $T_2t_1^{2-1}$ 岩组外，大部分低于 10%，而且三者之间非常接近。

2.4.4 层状岩体结构类型划分方案

岩体结构类型是影响坝基岩体和洞室围岩质量的重要因素。对于层状岩体，节理密度往往与结构面间距有一定相关性，本节主要依据结构面间距对某大型水利枢纽工程坝址区近水平层状岩体结构类型进行初步划分。在具体的划分方案中，主要是根据《水利水电工程地质勘察规范》（GB 50487—2008）附录 K 的规定，同时参考 2.3 节提出的层状岩体结构划分方案，结合上述有关岩组层状岩体结构面间距实际测量与统计数据，同时结合岩体纵波速度、完整性系数和 *RQD* 值等有关资料进行。

由表 2-13 可见，影响坝基、坝肩部位岩体质量与稳定性的岩组主要是二马营组地层的 $T_2er_2^9$、$T_2er_2^{10}$ 和 $T_2er_2^{11}$ 岩组以及铜川组地层的 $T_2t_1^1$ 和 $T_2t_1^2$ 岩组，因此在表 2-15 中分别给出了以上几个岩组的结构面间距平均值及其百分比，作为划分某大型水利枢纽工程近水平层状岩体结构类型的依据。表 2-15 中给出的结构面间距平均值和结构面间距百分比，除 $T_2t_1^2$ 岩组外，其余几个岩组的具体数据主要来源于表 2-13 和表 2-14 中的统计结果，并稍做调整后提出的。而 $T_2t_1^2$ 岩组的数据，是在参考 $T_2t_1^{2-1}$ 岩组统计数据

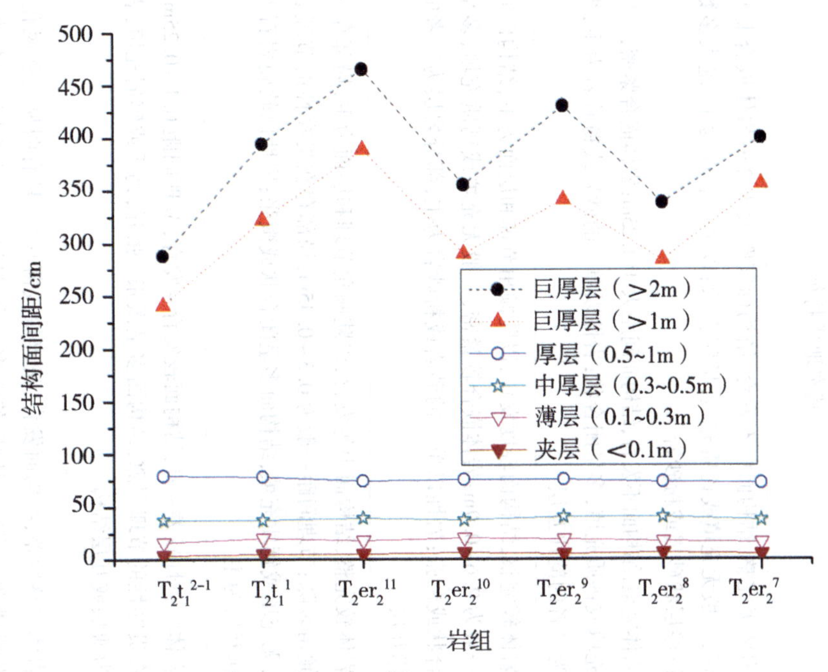

图 2-2　各岩组不同类型的结构面间距平均值

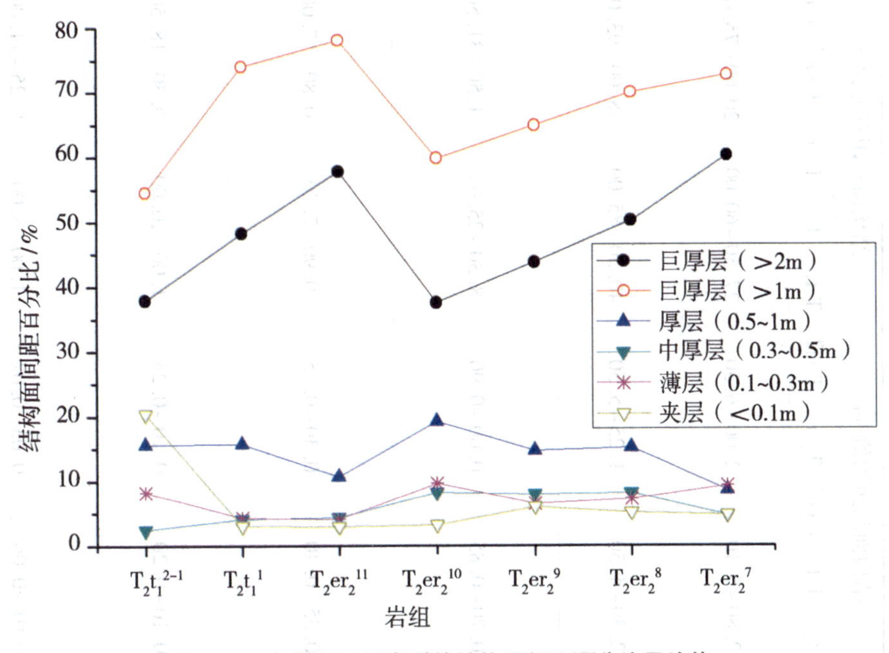

图 2-3　各岩组不同类型的结构面间距百分比平均值

的基础上，参考了某大型水利枢纽工程项目建议书阶段地质勘察报告列出的有关数据。

通过对钻孔和实测剖面资料的统计分析，将某大型水利枢纽坝址区层状岩体结构

表 2-15 坝址区层状岩体结构类型划分方案

<table>
<tr><th colspan="2" rowspan="2">岩体结构类型</th><th colspan="5">结构面间距均值/m</th><th colspan="5">结构面间距百分比/%</th><th rowspan="2">基本地质特征</th></tr>
<tr><th>$T_2t_1^{2-1}$</th><th>$T_2t_1^1$</th><th>$T_2er_2^{11}$</th><th>$T_2er_2^{10}$</th><th>$T_2er_2^9$</th><th>$T_2t_1^{2-1}$</th><th>$T_2t_1^1$</th><th>$T_2er_2^{11}$</th><th>$T_2er_2^{10}$</th><th>$T_2er_2^9$</th></tr>
<tr><td rowspan="2">巨厚层状结构</td><td>>2m</td><td colspan="2">2.80~5.10</td><td colspan="3">2.00~6.30</td><td colspan="2">27.50~60.00</td><td colspan="3">20.00~75.00</td><td>岩体极完整,结构面极不发育,结构面间距大于 2m;岩体嵌合非常紧密,一般无充填或钙质充填,呈闭合状;以单一岩性为主,绝大多数为巨厚层状砂岩或粉砂岩</td></tr>
<tr><td>>1m</td><td colspan="2">2.30~4.50</td><td colspan="3">1.25~5.50</td><td colspan="2">40.50~85.00</td><td colspan="3">38.00~93.00</td><td>岩体完整,结构面不发育,结构面间距大于 1.25m;岩体嵌合紧密,一般无充填或钙质充填,多呈闭合状;岩性以单一的砂岩或粉砂岩为主,少数为二者的韵律互层</td></tr>
<tr><td colspan="2">厚层状结构</td><td colspan="2">0.70~0.85</td><td colspan="3">0.60~0.90</td><td colspan="2">8.30~25.00</td><td colspan="3">4.50~31.50</td><td>岩体较完整,结构面轻度发育,以陡倾角节理和层面为主,结构面间距一般为 0.6~0.9m;岩体嵌合较紧密,一般无充填或钙质充填,多呈闭合状或微张;岩性以单一的砂岩或粉砂岩为主,部分岩层为二者的韵律互层</td></tr>
<tr><td colspan="2">中厚层状结构</td><td colspan="2">0.35~0.40</td><td colspan="3">0.30~0.45</td><td colspan="2">0.90~7.20</td><td colspan="3">0.80~17.00</td><td>岩体较完整,结构面中等发育,以陡倾角节理和层面为主,局部存在缓倾角裂隙;节理间距一般为 0.3~0.45m;局部存在贯穿性的节理裂隙,无充填或钙质充填,结构面多呈闭合状或微张;岩性以软硬岩石的韵律互层为主</td></tr>
<tr><td colspan="2">薄层状结构</td><td colspan="2">0.10~0.20</td><td colspan="3">0.10~0.25</td><td colspan="2">1.00~10.00</td><td colspan="3">0.30~18.50</td><td>岩体完整性较差~差,结构面较发育~发育,节理间距 0.1~0.25m;存在贯穿性的节理裂隙,结构面多呈微张~张开,钙质或碎屑充填,表现为薄层或互层结构</td></tr>
<tr><td colspan="2">夹层状结构</td><td colspan="2">0.01~0.06</td><td colspan="3">0.03~0.07</td><td colspan="2">1.00~8.00</td><td colspan="3">0.25~11.00</td><td>岩体完整性差,结构面发育,呈碎块或薄片状;具有明显的强风化、卸荷或错动与擦痕等特征;绝大多数为强风化、卸荷带或发育在软岩层内以及软硬岩界面的灰绿色或紫红色层间剪切带</td></tr>
</table>

划分为：巨厚层状结构、厚层状结构、中厚层状结构、薄层状结构和夹层状结构等五种类型。其中，巨厚层状包括整体巨厚层状（>2m）和一般巨厚层状（>1m）两种类型。具体的层状岩体结构类型划分及其主要工程地质特征，见表 2-15。

在表 2-15 给出的某大型水利枢纽工程坝址区层状岩体结构类型划分方案中，由于地层岩性的相变较大，不同岩性呈不等厚的韵律互层发育。因此，根据现阶段工程地质岩组的划分，同一个岩组可能包含不同的层状岩体结构类型。

另外，由于覆盖层及强风化、卸荷带岩体在重力坝坝基、面板坝趾板、心墙坝齿槽以及进出口边坡、隧洞过沟浅埋段等部位需要挖除。因此，工程建筑物区域的薄层状和夹层状结构岩体所占比例将会减少。

2.5　小结

本章在总结现有规范、规程有关层状岩体结构划分标准的基础上，指出了当前层状岩体结构类型划分标准存在的差异和不足，综合分析后提出了基于结构面间距的层状岩体结构划分方案。根据结构面间距，该方案将层状岩体结构类型划分为五级，即巨厚层状、厚层状、中厚层状、薄层装和夹层状。其中，巨厚层状结构又进一步分为两个亚类，即层厚大于 200cm 和大于 100cm 的，分别称为整体巨厚层状和一般巨厚层状。取消了互层状结构的划分，将结构面间距为 10~30cm 的层状岩体划归到薄层状结构范畴。同时针对层状岩体风化卸荷与层间剪切带发育特点，提出了更具针对性的夹层状结构（结构面间距小于 10cm 的层状岩体）。根据该方案提出的划分方法，结合建筑物涉及岩组的结构面间距平均值及其百分比统计资料，初步建立了适用于近水平复杂层状岩体的结构类型划分方案。

第3章　近水平层状岩体结构特征对岩体质量分级的影响

3.1　引言

岩体结构力学[68]中将水平层状岩体倾角范围定为小于10°，而一些岩体力学教材中则将水平层状岩体的倾角范围定为小于5°。

自然界中具有层状构造的沉积岩占陆地面积的2/3（我国占77.3%）。许多变质岩也具有层状构造特征，因此在人类工程活动中将遇到大量的层状岩体稳定问题。一般而言，岩体的工程地质特征可概括为四点：① 岩体是复杂的地质体，它经历了漫长的岩石建造和构造改造，而且随着地质环境的变化，其物理力学等工程性质也将发生变化，甚至恶化；它不仅可由多种岩石组成，其间还包含有层面、裂隙、断层、软弱夹层等物质分异面和不连续面，并赋存有分布复杂的地下水、地温等。② 岩体的强度主要取决于岩体中层面、软弱夹层、节理、断层和裂隙等结构面的数量、性质和强度，结构面导致了岩体的不连续性、不均匀性和各向异性。③ 岩体的变形主要是由于结构面的闭合、压缩、张裂和剪切位移引起，岩体的破坏形式主要取决于结构面的组合形式。④ 岩体中存在有复杂的天然应力场。层状岩体除具有上述四点岩体的共性外，其间分布的层面或层理等，为一组优势结构面，而且层状岩体通常呈现软、硬互层状的岩性组合特征，岩体中裂隙的发育程度在很大程度上受控于层面和软岩层的发育和分布，且节理裂隙通常与层面呈大角度相交，从而使层状岩体具有独特的“层状砌体式”结构特征。

层状岩体是指在空间范围内分布有一组占绝对优势的结构面（如层面、片理面等）的岩体[7]，它们是典型的横观各向同性体。优势结构面大多属于物质分异面，平行优势结构面方向，岩体的组成基本相同，而垂直优势结构面方向，岩体的组成则呈现频繁的软硬交替。这种优势结构面多属原生结构面，由于褶皱作用等水平挤压产生的层间剪切错动，往往造成已有优势结构面的物理力学性质进一步弱化，甚至成为对岩体稳定起控制作用的泥化夹层。

对于层状岩体来说，决定岩体质量的主要因素与其他结构类型的岩体是基本一致的，包括岩石坚硬程度、岩体完整程度、结构面的形态及其透水性等。由于层状岩体本身具有的诸多特点，其在岩体质量评价方面有许多值得注意的方面。例如，垂直层面方向或与层面斜交时，由于存在众多的岩组及软弱夹层，从而使得岩体质量的变化

较大，又如不同方向上由于评价指标（如裂隙间距和 *RQD* 等）变化较大，从而使得不同方向上的岩体质量分级结果具有较大差异。因此，对于层状岩体的质量分级与评价，应充分注意方向性对岩体质量分级结果的影响。一般来说，层状岩体质量分级评价应结合具体的工程类型来进行。例如，对于河床部位的坝基而言，由于其主要承受铅直方向的荷载，因此对坝基岩体质量分级也应根据勘探资料沿这一方向由浅到深进行划分，这样才能使划分结果更易于在工程实践中应用。

3.2　层状岩体结构对岩体质量分级指标的影响

沉积岩中的层面是成岩过程中形成的原生结构面，具有一定的强度值。在岩体深部，有些层面仅表现为物质分异面，而尚未显示层面特征，呈紧密接触状态。当河谷下切形成临空面后，岩体由于受到卸荷作用，物质分异面才逐渐开启而成为层面。在这种情况下，位于河床部位的深部岩体（未受卸荷及构造影响的地带）由于其层面一般呈闭合状态，故类似于块状岩体的特征，层面具有一定的强度。

在勘探过程中，尤其是钻孔遇到薄层或夹层状岩体时，由于机械的分离和岩芯取出后应力状态的变化（三向应力均被解除）以及水分的变化等，使原本呈胶结状态的层面出现剥离与分开，从而使岩石质量指标有较大的降低。但是，孔内测定的岩体纵波速度值却较高，于是出现 *RQD* 值与纵波速度不对应的情况，这充分说明了层状岩体结构中层面与一般结构面的不同。表3-1是西南某水电站坝基部分钻孔的层间剪切带/泥化夹层和薄层状岩体的 *RQD* 值与岩体波速、完整性系数的对应关系。从表3-1中可以看出，层状岩体结构的 $RQD-v_p$ 关系与碎裂岩体结构的 $RQD-v_p$ 关系有显著的差异。文献［84］的研究也证明了这一点。

表3-1　层间剪切破碎带、薄层结构的 *RQD* 值与 v_p 值对比[85]

类别	钻孔	深度/m	岩性特征	*RQD*/%	v_p/（m·s^{-1}）	K_V
层间剪切破碎带	348	37.8~40.2	层间剪切破碎带	0	3 000	0.31
		43.2~47.65		8	3 000~4 000	0.31~0.55
	349	38.9~52.8		0	3 000	0.31
	351	46~49.15		0	2 500	0.21
薄层结构	348	109.4~111.85	薄层粉砂质泥岩	0	4 500	0.69
	350	60.35~63.1	薄层粉细-细砂岩	9	3 000~4 000	0.31~0.55
		193.1~194.7	薄层泥质粉砂岩	22	3 500	0.42
	353	86.95~89.6	薄层条带状细砂岩及中厚层细砂岩	17	4 500	0.69

目前，在岩体质量分级与评价的诸多方法中，一般都将 *RQD* 值列为重要的分级指标（如RMR法和Q系统法等）。因此，在进行层状岩体质量分级与评价时，如果将

RQD 值作为其中重要的分级指标，而不考虑方向性带来的影响，往往会出现岩体质量分级结果与实际情况之间存在较大差异的情况。

工程岩体的质量分级与评价通常是通过勘探平硐揭露的岩体状况进行的，而且一般是沿平硐深度进行分段评价。对于块状岩体来说，除构造带影响外，岩体质量一般随深度的增加而趋于变好，层状岩体总体上也具有同样的规律。但是由于层状结构岩体中软硬互层、薄夹层以及层间剪切带的影响，各分级评价指标随平硐深度的变化往往呈现跳跃式。图 3-1 和图 3-2 分别是西南某电站岸坡 34#、35#勘探平硐岩体纵波速度以及 *RQD* 值随平硐深度的跳跃式变化[85]。这种情况表明，对于层状岩体质量分级来说，应充分考虑其特点，将指标划分与现场调查、观察资料结合起来，才能得到正确、合理的结果。

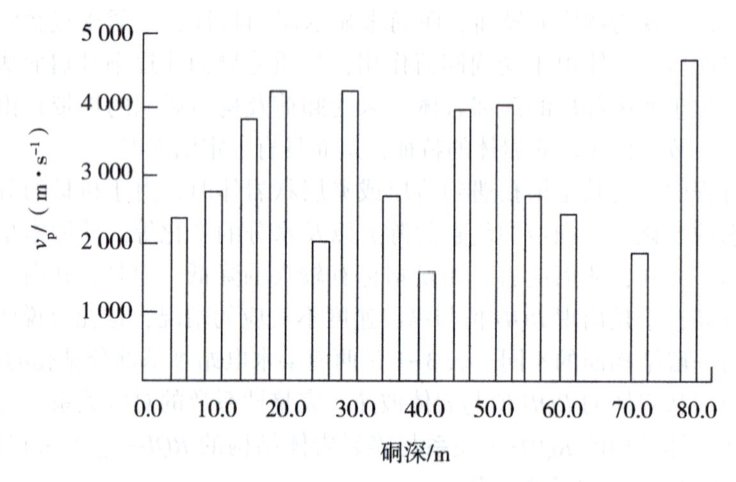

图 3-1　岩体纵波速度沿平硐深度呈跳跃式变化

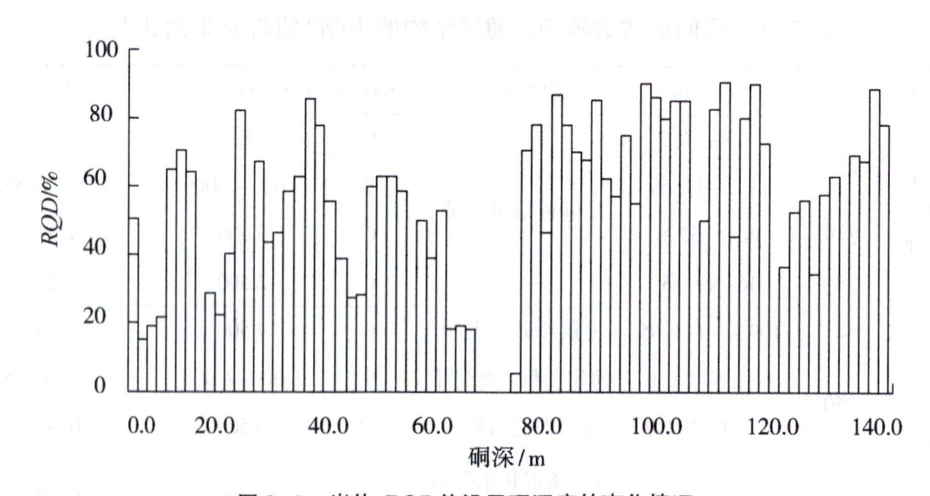

图 3-2　岩体 *RQD* 值沿平硐深度的变化情况

3.3 层状岩体中的各向异性问题

层状结构岩体中的岩石往往是层层迭置的，工程地质特性比较复杂，各层之间可以厚薄不等，岩性可以相同，也可以不同（包括同层岩性相变）。迭置的方式是多种多样的，可以是坚硬岩层中夹软弱岩层，也可以是软弱岩层中夹坚硬岩层，也可以是硬软互层。层面的结合情况，可以是牢固的，可以是分离的，也可以二者兼而有之。因此，层状岩体中的横观各向同性和不连续介质特性是最为明显的。层状岩体由于沉积形成过程中的沉积作用和矿物颗粒的择优取向，具有显著的层理结构特点。因此，层状岩体的物理力学性质表现为：在平行于层理方向上比较相近，而在垂直于层理方向上则差异较大。

对于层状结构岩体来说，勘探作业方向也会对岩体质量分级与评价结果产生影响。例如，当岩层产状近于水平方向时，在坝址区两岸的斜坡地带以及河底的勘探平硐中，勘探方向与岩层走向呈小角度相交；而在河床坝基地带，勘探工作以钻孔为主，钻孔方向与层面呈大角度相交或与之垂直，在这种情况下就必须考虑层状岩体的各向异性对各评价指标的影响。例如，对岩体纵波速度而言，若不考虑软弱夹层和薄夹层的影响，一般情况下沿平行层面方向的量值明显高于垂直层面方向的量值。这是由于在同一岩性、层厚条件下，顺层面方向的岩体较均匀，裂隙发育相对较少，除软弱夹层等地带外，薄层状、中厚层状、厚层状及巨厚层状岩体沿层面方向的波速、完整性系数较高一些。因此，进行岩体质量分级时，沿不同方向的分级结果也将不同。此时，只要注意岩体的各向异性，并采用同一方向的各个指标（一般应与工程荷载方向相一致，这种情况可通过建立垂直与平行层面方向间各参数的关系来实现）进行评价就能获得较理想的分级方案。当采用岩体各向异性中较低的指标划分岩体质量时（如取垂直层面的岩体波速、*RQD* 值等），则可以一定的安全度包容其他各方向的岩体质量（但不能将夹层的影响混入到里面，否则影响岩体质量评价）。这也是层状岩体质量划分时，相对偏于安全的一种做法。

3.3.1 层状岩体强度的各向异性特征

在研究层状岩体受力引起的力学响应时，常常简化为横观各向同性介质。自20世纪中叶开始，国内外许多学者就完整或含定向节理裂隙岩石材料的各向异性强度和变形特征进行了大量的室内试验，Jeager 对节理岩体力学各向异性力学特性进行了开创性的研究，最早提出了单一节理结构面引起岩石各向异性强度的概念。之后国内外许多学者在 Jeager 研究的基础上，对各种不同的岩体材料各向异性强度特征进行了大量室内试验研究。例如 Nasseri 等[86-88]、Brosch 等[89]、Singh 等[90]研究了片麻岩和片岩；Singh 等[91]、Ramamurthy 等[92]进行了千枚岩的试验研究；Badiuzaman 等[93]、Sonbul 等[94]、AL-Lahyani 等[95]、AL-Harthi 等[96]研究了大理岩。另外，Allirot 等[97]对硅藻岩，Matsukura 等[98]对多孔流纹岩，Tien 等[99-100]对人工合成岩，也分别进行了各向异性特征方面的大量试验研究。我国学者林天健[101]总结了丹江口、乌江渡、虎跳峡等多个水利水电工程坝基和隧道围岩的岩体强度各向异性效应。曾纪全等[102]研究了泥质粉砂岩、泥质灰岩以及含预制定向裂隙石膏模型的倾角效应；周大千[103]进行了砂岩和油页岩的有关试验研究；赵平劳[104-105]开展了层状岩体的有关试验研究；江春雷等[106]研究了页岩的强度特性；冒海军等[107]研究了结构面对板岩强度特性的影响。根据以上国内外学者研究的成果，岩体材料的强度各向异性特征具有如下规律[108]：

（1）各向异性岩石材料的强度随着层面倾角方向的变化而不同，具有显著的倾角效应，一般来说抗压强度最大值在平行或垂直层理面的方向上，抗压强度与层面倾角的关系曲线分别呈“U”形、肩形或波浪形。

（2）层状岩体的抗压强度最小值一般在层面与最大主应力方向的夹角为20°~60°范围内，大部分岩石材料强度最小值在30°附近。

（3）因岩石种类的不同，抗压强度最大值与最小值之差有所不同，主要依赖于岩石材料强度的各向异性程度。

（4）各向异性岩石材料的破坏模式与层面倾角大小直接相关，主要表现为三种形式：一是沿弱面滑移破坏，二是斜交层面剪切破坏，三是沿弱面劈裂破坏。

3.3.2 层状岩体变形的各向异性特征

岩体变形的各向异性特征的试验研究，主要集中在不同倾角方向的变形模量和泊松比的测试及其两者随倾角和围压的变化规律等方面。为了研究岩石材料的变形各向异性特征，Amadei[109]对两种砂岩、Kwasniewski 等[110]对页岩分别进行了单轴压缩试验。Behrestaghi 等[111]和 Nasseri 等[112]对四种片岩进行了单轴和二轴等围压试验，详细研究了变形各向异性与弱面倾角和围压的关系。Ramamurthy[113]总结了岩石材料弹性变形各向异性特征的变化规律。席道瑛、陈林等[114-115]采用超声波测试和静态单轴压缩试验研究了砂岩变形参数的基本变化规律。曹文贵、颜荣贵[116]基于单轴抗压试验测试了石英角斑凝灰岩各向异性的5个独立变形参数。林天健[101]分别研究了丹江口、乌江渡、虎跳峡等多个水利水电工程坝基与隧道围岩的岩体变形和强度各向异性效应。曾纪全等[102]对泥质粉砂岩、泥质灰岩和石膏模型试件力学性质的结构面倾角效应进行了研究，分析了结构面倾角对层状、似层状岩体变形和强度参数的影响。

根据国内外学者的研究结果，对于表现为横观各向同性的层状岩体材料，其弹性模量一般是沿平行于层面的方向最大，而沿垂直于层面的方向最小，并随层面与水平面（或最大主应力）之间夹角的增加而增大（减小），而且视弹性模量呈近似椭圆规律变化。泊松比同样随着层理面倾角的增大而增大。试验结果还表明，层状岩体的最小弹性模量一般位于倾角40°~60°。

通过上述有关层状岩体强度和变形各向异性特征的文献综合分析可知，各向异性特性对岩体质量分级评价以及破坏力学行为有着重要影响。

3.4 层状岩体中的层间剪切带问题

对于二叠系和三叠系的红层沉积岩地区，往往存在硬岩（砂岩等）和软岩（泥质

粉砂岩、页岩和泥岩等）交替相间分布，形成特定的沉积构造。由于地质构造作用，地层中的软弱岩石发生层间错动，原岩结构遭到破坏。例如，褶皱构造在形成过程中两翼部位岩石发生相对运动，从而产生大量密集节理裂隙，并不断形成挤压破碎。某些软弱夹层在地下水和物理化学作用下，往往进一步“衰变”为工程性质更差的泥化夹层。绝大多数情况下，软弱夹层表现为由于剪切错动作用形成的层间剪切带。层间剪切带作为一种特殊的软弱结构面，由于岩石破碎、结构疏松、黏粒含量高、性状差、强度低，已成为水利水电工程领域经常遇到的重要工程地质问题[117-120]。据不完全统计，已建成和在建的大坝中有 100 多个坝基下存在层间剪切带，其中由于层间剪切带的影响而改变设计，或降低坝高，或增加工程量，或后期加固的，占到 1/3 以上[119]。例如黄河小浪底、碛口、龙口、万家寨等水利枢纽，长江葛洲坝、清江水布垭、金沙江向家坝、嘉陵江亭子口等水利枢纽工程以及乌江彭水水电站工程，云南李仙江土卡河水电站工程等，都在不同程度上存在影响坝基稳定和工程建筑物布置形式的层间剪切带问题[121-125]。

层状岩体中的层间剪切带导致岩体质量分级与评价变得更为复杂和棘手。对于含层间剪切带的层状复合岩体质量分级与评价研究，国内外学者进行了积极有益的探索，并给出了不同的认识与看法。①国内有关规程、规范：岩体质量分级与评价规范，例如《水利水电工程地质勘察规范》（GB 50487—2008）和《工程岩体分级标准》（GB/T 50218—2014）等，都没有明确指出如何对含层间剪切带的岩体进行质量分级评价，仅简单提到软硬岩互层和薄层状岩体，质量等级应为Ⅲ~Ⅳ类。②国外常用的 RMR 法和 Q 系统法中，也没有对含层间剪切带的复合岩体质量分级情况做出明确解释，只是对结构面状态进行了详细说明。③文献［125］中提到，具有一定规模的和连续性较好的层间剪切带应当作为一类单独的岩体划分质量等级，不应将其和其他岩层一起作为同一类岩体对待。④黎炳桑[126]在《公路隧道软硬互层围岩分级探讨》一文中，从地质构造、地层岩性和水文地质特征等三个方面探讨了公路隧道软硬互层围岩质量分级问题，并强调定性与定量相结合的原则。⑤孙万和[127]论述了应用 M 法确定岩体质量等级时，认为被连续层间剪切带切割的岩体和无层间剪切带切割的岩体，二者的质量评价应有明显不同。将被连续层间剪切带切割的岩体定义为块断岩体结构类型，岩体质量和稳定性主要受控于层间剪切带的性状。提出了块断岩体的质量等级可由层间剪切带的摩擦系数 f 表征，并进一步将层间剪切带的摩擦系数划分为大于 0.35、0.25~0.35 和小于 0.25 三个类别。⑥石长青等[128]认为，对于层状岩体被层间错动层间剪切带切割的情况，当层间剪切带成为控制岩体稳定或变形破坏的主要因素时，可根据层间剪切带的摩擦系数，将岩体质量划分为 0.35~0.48（较差）、0.25~0.35（差）和 0.17~0.25（极差）三个级别。

结合第 2 章提出的基于结构面间距标准的层状岩体结构类型划分方案，作者认为对于不含层间剪切带的软硬互层岩体应按照复合岩体理论进行岩体质量分级评价，具体做法是根据软硬岩所占比例，进行加权平均计算得到复合岩体的单轴饱和抗压强度，然后参照有关规程、规范或其他质量分级方法进行详细评价；而对于含层间剪切带的层状岩体，则应考虑两种情况：①对于层厚大于 10cm 的、连续性较好的、有一定规模的层间剪切带，应与其他的岩体区分开来，并单独进行该层岩体的质量分级与评价；②对于层厚小于10cm的、连续性较差或规模相对较小的层间剪切带，则可以视为工程地质性质较差的薄夹层或透镜体，参考《工程岩体分级标准》（GB/T 50218—2014）等有关规范，采用类似于地下水等作用形式的折减弱化处理方法进行修正。具体的有关软硬互层岩体以及含层间剪切带的层状复合岩体质量分级方法，参见第5章。

3.5 坝址区层状岩体结构发育特征

3.5.1 地层岩性特征

某大型水利枢纽工程坝址区为缓倾角近水平单斜地层（图3-3），总体走向为10°~30°，倾向NW，倾角为0°~3°。坝址区出露基岩主要为中生界三叠系中统二马营组上段和铜川组下段，为一套陆相碎屑岩系，分布于整个坝址区的河谷及两岸岸坡上，出露厚度160~200m，最大揭露厚度350m左右。坝址区左岸高程625~635m和右岸高程640~665m以上为黄土覆盖。

图3-3 坝址区近水平地层特征

坝址区岩相变化较大，现自下而上分述如下。

（1）二马营组上段（T_2er_2）：根据地层结构的差异性，将二马营组上段（T_2er_2）地层划分为11个岩组。坝址区共揭露7个岩组。

1）$T_2er_2^5$岩组：暗紫红色钙泥质、泥质粉砂岩，夹灰色中厚层长石砂岩。最大揭露厚度为17.5m，该岩组未揭穿。

2）$T_2er_2^6$岩组：青灰色巨厚层长石砂岩，局部含粉砂岩团块及条带。厚度为11.60~19.80m，层底高程为321.08~327.80m。

3）$T_2er_2^7$岩组：暗紫红色钙泥质、泥质粉砂岩，夹巨厚层~中薄层长石砂岩及少量砂质黏土岩。厚度为20.00~24.90m，层底高程为337.02~341.06m。粉砂岩所占比例为65%~96%，长石砂岩占4%~27%，黏土岩占0~22%。

4）$T_2er_2^8$岩组：青灰色巨厚层长石砂岩，局部夹中薄层钙、泥质粉砂岩和薄层黏土岩。厚度为7.30~10.70m，层底高程为357.92~364.78m。砂岩所占比例为88%~

100%，粉砂岩占0~12%，黏土岩占0~6%。

5）$T_2er_2^9$ 岩组：暗紫红色钙、泥质粉砂岩，夹巨厚层~中薄层长石砂岩及少量黏土岩。该层相变较大，厚度为47.30~81.65m，层底高程为366.92~372.98m。砂岩所占比例为6.05%~30.16%，粉砂岩占46.09%~93.95%，黏土岩占0~23.75%。

6）$T_2er_2^{10}$ 岩组：青灰色巨厚层~中厚层长石砂岩与暗紫红色钙泥质、泥质粉砂岩互层，含少量砂质黏土岩，粉砂岩中局部含少量钙质结核和砂岩团块。该层局部相变较大，厚度为32.55~56.20m，层底高程为417.94~450.66m。砂岩所占比例为14.40%~63.74%，粉砂岩占35.27%~84.46%，黏土岩占0~13.61%。

7）$T_2er_2^{11}$ 岩组：暗紫红色钙、泥质粉砂岩，夹巨厚层~中薄层长石砂岩及少量砂质黏土岩，粉砂岩中局部含少量钙质结核。厚度为42.60~61.65m，层底高程为469.44~486.26m。其中，砂岩所占比例为6.46%~20.81%，粉砂岩占64.71%~93.54%，黏土岩占0~18.54%。

（2）铜川组下段（T_2t_1）：铜川组下段（T_2t_1）地层共划分为2个岩组。

1）$T_2t_1^1$ 岩组：青灰色巨厚层长石砂岩夹厚层、巨厚层钙、泥质粉砂岩，局部呈互层状，砂岩中交错层理发育，中上部砂岩中含少量肉红色长石富集斑点。底部分布有不连续的砾岩，厚度为10~20cm，与下伏二马营组上段地层呈整合接触。此岩组厚度为34.60~56.30m，层底高程为511.54~539.31m。砂岩所占比例为45.20%~69.79%，粉砂岩占27.13%~50.12%，黏土岩占0~21.66%。

2）$T_2t_1^2$ 岩组：此岩组共分为4层。

①$T_2t_1^{2-1}$ 层：暗紫红色钙、泥质粉砂岩，夹巨厚层~中薄层长石砂岩和少量粉砂质黏土岩、黏土岩，粉砂岩中局部含钙质结核和砂岩团块，砂岩中含少量肉红色长石富集斑点。厚度为30.10~56.90m，层底高程为560.76~575.56m。砂岩所占比例为12.85%~42.87%，粉砂岩占37.81%~85.71%，黏土岩占0~28.17%。

②$T_2t_1^{2-2}$ 层：巨厚层青灰色~肉红色长石砂岩与巨厚层、中厚层暗紫红色钙、泥质粉砂岩互层，局部夹少量粉砂质黏土岩，长石砂岩中含肉红色长石富集斑点。厚度为32.05~45.00m，层底高程为596.78~622.44m。砂岩所占比例为65.11%~80.46%，粉砂岩占7.49%~34.89%，黏土岩占0~12.79%。

③$T_2t_1^{2-3}$ 层：暗紫红色钙、泥质粉砂岩，夹中厚层~薄层长石砂岩和少量粉砂质黏土岩。厚度为12.30~15.05m，层底高程为637.33~641.99m。砂岩所占比例为9.97%~13.44%，粉砂岩占76.08%~78.26%，黏土岩占8.30%~13.95%。

④$T_2t_1^{2-4}$ 层：巨厚层浅灰色长石砂岩，夹中薄层钙、泥质粉砂岩和少量粉砂质黏土岩。砂岩中含较多的肉红色长石富集斑点。在坝址区水工建筑物范围内最大揭露厚度为11m，层底高程为649.98~655.64m。砂岩所占比例为80%~100%，粉砂岩占0~18.53%，黏土岩占0~1.47%。

（3）第四系：坝址区第四系出露广泛，特别是黄土广布于Ⅲ级阶地以上的各个地貌部位；河流相沉积物主要分布于河床及沟谷口。从老到新分述如下。

①中更新统离石黄土（Q_2^{eol}）：根据区域地质资料及坝段内竖井、钻孔等勘探资料，中更新统离石黄土可分为两段，下段为浅棕黄色和棕红色黄土，较密实，其单层厚度

一般为2m左右，底部零星分布有一层厚度不一的砾石层，其成分主要为砂岩，该段厚20~48m；上段呈灰黄或棕黄色，其中上部结构较疏松，夹古土壤4~8层，黄土中含钙质结核，该段厚26~68m。主要分布于坝段Ⅳ级阶地及其以上地貌部位。

②上更新统马兰黄土（Q_3^{eol}）：分布于Ⅳ级阶地以上各个地貌单元，厚度一般为10~30m。呈浅黄或浅灰黄色，具有大孔隙，结构疏松，湿陷性强，含大量蜗牛壳，并夹细砂、粉砂透镜体，底部有棕黄色、褐黄色古土壤1~2层。

③上更新统冲积、坡积层（Q_3^{al+dl}）：坝址区内主要沿黄河及大支沟两岸呈狭长条带状分布于河流的Ⅲ级阶地基座以上，厚度为15~36m。下部为河流相的砂卵石、砂、亚砂土等，厚度一般为0~3m；中部是坡积黄土类土和碎石，厚度为2.38~18.70m；上部为黄土类土，厚度为12.27~17.10m。

④全新统冲积层（Q_4^{al}）：主要分布在Ⅰ级阶地、河漫滩及现代河床上，在河床分布厚度一般为1~5m，在Ⅰ级阶地分布厚度一般为5~8m。上部为粉细砂及砂壤土等；下部为砂卵石层，卵石成分主要为砂岩、石英岩等。

⑤全新统坡积层（Q_4^{dl}）：主要分布在坝址区两岸及部分支沟的岸坡。组成物质主要为黄土类土、砂土夹碎石及岩屑等，碎石大小不等，呈棱角状，其成分主要为砂岩，厚度一般为2~15m。

某大型水利枢纽坝址区的基岩岩性，按野外鉴定及岩石磨片鉴定可概化为砂岩类（粗粒、中粒、细粒）、粉砂岩类及黏土岩类。根据岩矿鉴定分析成果得出三类岩石的结构类型、胶结物、胶结类型及主要矿物特征，见表3-2。

表3-2 坝址区三大岩类基本特性成果表

岩性	原岩颜色	结构类型	主要矿物	胶结物	胶结类型
砂岩类	灰白、青灰、灰绿	砂状结构	石英、长石、云母	泥质、钙质	孔隙式、镶嵌式
粉砂岩类	紫红、紫灰、灰绿	粉砂状结构	石英、长石、云母	泥质、钙质、铁质	孔隙式、基底式
黏土岩类	紫红、暗紫红	粉砂质泥状结构	石英、长石、云母	泥质、钙质、铁质	孔隙式、基底式

近年来在对坝址区进行地质勘察工作过程中，对岩石的物理力学性质做了大量的试验工作，在T_2er_2、$T_2t_1^1$、$T_2t_1^2$岩组中，总计取样246组进行了物理力学性质试验。根据试验成果可知，坝址区砂岩类岩石属中硬~坚硬岩石，单轴饱和抗压强度范围值为38.9~97.4MPa，一般为40~65MPa；粉砂岩类岩石主要属较软~中硬岩石，少量属软岩，单轴饱和抗压强度范围值为12.7~59.8MPa，一般为25~35MPa；黏土岩类岩石主要属较软~中硬岩石，单轴饱和抗压强度范围值为10.9~53.8MPa，一般为20~35MPa。根据2006~2009年试验成果，按岩性、岩组对坝区各类微风化~新鲜岩石试验成果中的单轴饱和抗压强度和纵波速度进行对比，如图3-4所示。

综合近年来完成的有关地质调查成果以及岩石（岩体）试验资料，不难发现坝址

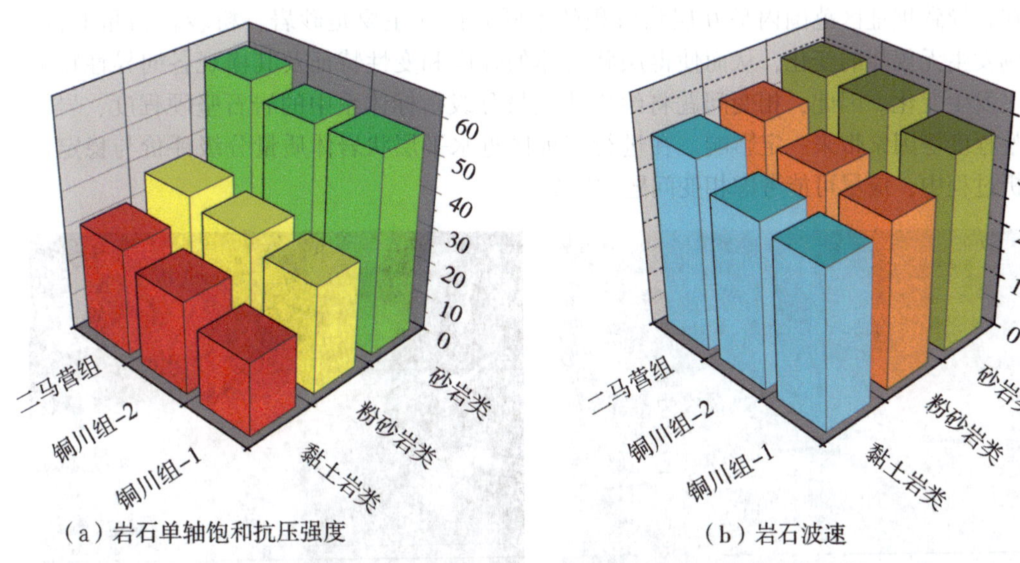

(a) 岩石单轴饱和抗压强度　　(b) 岩石波速

图 3-4　坝址区三大岩类的单轴饱和抗压强度、纵波速度对比

区基岩表现出如下基本特点：软硬互层、软岩不软、硬岩不硬。

(1) 所谓“软硬互层”，主要是指坝址区砂岩类、粉砂岩类和黏土岩类三种岩石相间呈韵律互层沉积，并在不同高程范围内呈现出不同的层厚类型，包括巨厚层、厚层、中厚层、薄层与夹层等类型。调查成果显示，坝址区近水平互层状岩体以巨厚层、厚层和中厚层最为突出，所占比例较大，见表 2-11 和表 2-12。另外，坝址区局部区域内的巨厚层砂岩厚度达到 20m 以上，强风化岩体及层间剪切带内的碎片状岩体则为薄层状或夹薄层状，厚度不足 0.01m。

(2) 所谓“软岩不软、硬岩不硬”，是指坝址区硬岩（砂岩类、钙质粉砂岩类）的单轴饱和抗压强度不是很高，仅为 40~65MPa，属中硬~坚硬岩；而软岩（泥质粉砂岩类、黏土岩类）的单轴饱和抗压强度亦不是很低，一般为 25~35MPa，属较软~中硬岩类。有关地质勘察与试验成果显示，二者之间的差距并非十分明显（图 3-4），但是又有区别，特别是在二者交接层面部位，往往容易发生剪切错动，形成水平裂隙或层间剪切带，构成坝址区岩体的最薄弱环节。

3.5.2　相变与层间剪切带问题

3.5.2.1　岩石相变问题

一般而言，形成于特定沉积环境的一套有规律的岩石特征和古生物特征称为沉积相，沉积相沉积岩相变则是指沉积相在空间上的变化。受沉积环境和沉积速率的影响，坝址区层状沉积地层中普遍存在较为明显的相变问题。这里所说的相变主要是指岩性变化，例如某巨厚层砂岩顺河向上游或下游逐渐变薄或逐渐变厚、某层粉砂岩突然开始出现并逐渐变厚或逐渐变薄、某层黏土岩逐渐变厚或变薄直至尖灭等情况。图 3-5 分别给出了地表和平硐内的岩石相变情况。

坝址区地表调查、地质钻孔和勘探平硐均揭露了岩石相变问题。由于相变问题的存在，导致坝址区范围内呈互层状沉积的不同岩性（主要是砂岩、粉砂岩和黏土岩）比例发生无规律的变化，从而使得层状岩体的强度和变性特征及其横观各向异性特征随之发生变化。因此，相变问题将给岩体质量分级指标体系中的岩石坚硬程度、岩体完整程度等因素带来一定影响。在进行坝址区近水平层状岩体质量分级评价与稳定性分析过程中，应尽可能考虑相变问题的影响。

图 3-5　坝址区地表与平硐中岩石相变情况

为进一步了解坝址区河床部位岩性相变情况，根据钻孔地质柱状图、钻孔岩芯测量以及钻孔电视成像调查资料，在河床部位选取代表性的钻孔，进行不同岩性（砂岩、粉砂岩和黏土岩）厚度统计工作，以此说明坝址区河床部位岩石相变的规律和特点。所选用的代表性河床钻孔共 10 个，分别为 ZK226、ZK229、ZK232、ZK233、ZK234、ZK243、ZK248、ZK249、ZK256、ZK262。在统计上述河床钻孔中不同岩性（砂岩、粉砂岩和黏土岩）厚度的基础上，给出了不同岩性（砂岩、粉砂岩和黏土岩）厚度的百分比，见表 3-3。

表 3-3　坝址区部分河床钻孔中不同岩性厚度统计

钻孔编号	不同岩性厚度统计值/m			不同岩性厚度统计值/%		
	砂岩	粉砂岩	黏土岩	砂岩	粉砂岩	黏土岩
ZK226	47. 29	101. 18	2. 03	31. 42	75. 15	1. 87
ZK229	40. 18	74. 77	0. 15	34. 91	68. 08	0. 15
ZK232	35. 31	62. 16	19. 63	30. 15	55. 53	18. 64
ZK233	54. 75	85. 10	9. 85	36. 57	64. 70	8. 86
ZK234	61. 25	87. 76	0. 00	41. 10	68. 10	0. 00
ZK243	28. 45	85. 25	0. 30	24. 96	77. 15	0. 29
ZK248	53. 57	67. 53	0. 90	43. 91	60. 11	0. 86
ZK249	35. 03	60. 43	2. 14	35. 89	61. 37	2. 15
ZK256	27. 74	67. 39	3. 02	28. 26	68. 30	3. 03
ZK262	36. 05	75. 55	5. 60	30. 76	67. 51	5. 39

由表3-3可见，河床部位钻孔中揭露的不同岩性（砂岩、粉砂岩和黏土岩）厚度比例有明显变化：①代表性的钻孔揭露发现，粉砂岩厚度所占比例较大，平均值为66.60%，黏土岩厚度所占比例较小，平均值为4.12%，砂岩厚度所占比例居中，平均值为33.79%。②不同钻孔揭露的砂岩厚度百分比相差幅度为18.95%，粉砂岩厚度百分比相差幅度为21.62%，黏土岩厚度百分比相差幅度为21.62%，三种岩性厚度百分比相差幅度较为接近。③三种岩性厚度百分比相差幅度约为20%，从另一个侧面说明坝址区河床部位的岩石相变特征较为明显。

由于在上述统计资料中难以完全确定岩石属于坚硬岩石还是软岩，因此坝址区的软、硬岩石所占比例还需要进一步根据其强度特征分类统计。

3.5.2.2　层间剪切带问题

在项目建议书阶段和可行性研究阶段的前期地质勘察工作中，通过大范围的地表调查、勘探钻孔、专门的大口径钻孔、平硐、探槽以及相关物探工作，发现坝址区以及壶口河段存在一定数量的顺层剪切带。这些错动带的原岩结构发生不同程度的破坏，在各种因素的作用下，有的进一步演变为泥化夹层，构成影响坝基、边坡等工程稳定的控制结构面，直接影响到坝型比选和坝体稳定计算。钻孔揭露的坝址区发育的典型层间剪切带，见图3-6。

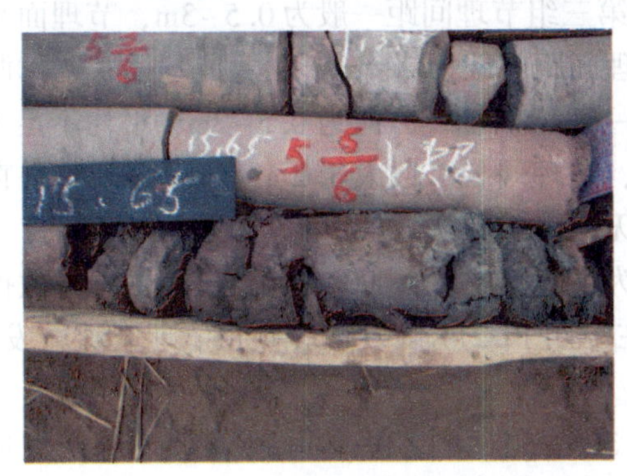

图3-6　坝址区勘探钻孔中层间剪切带发育情况

通过地质钻探、钻孔电视成像等手段，发现坝基以下有影响的层间剪切带主要有如下几处：451m、432m、421m、405m、390m等。其中，432m和421m中心高程处发育的层间剪切带连续性最高，据初步统计达到85%以上；其次是451m、405m、390m处的层间剪切带，连续性约为50%。坝基以下层间剪切带的类型以岩屑夹泥和泥夹岩屑型为主，岩块岩屑型和泥型等相对较少。层间剪切带厚度一般为10~50cm，其中泥化夹层的厚度为3~20cm。

根据地表调查、地质钻孔和勘探平硐揭露，发现两岸坝肩部位主要发育有两层层间剪切带，分布高程分别是630~640m和525~530m。连续性较好，延伸长度大于200m。这两层层间剪切带将对隧洞围岩和高边坡有一定影响。

在进行坝基岩体与隧洞围岩质量分级评价过程中，必须充分考虑层间剪切带问题带来的不利影响。采用何种方法和模型，如何将二者融入岩体质量分级方法体系中，是下一章节重点讨论的内容。

3.5.3 节理裂隙与地下水发育规律

在第2章2.4.2节中介绍了坝址区近水平单斜地层的节理裂隙发育特点，并给出了部分平硐和地表调查统计结果。研究发现：坝址区主要发育五组节理，大多呈闭合~微张状态。这五组节理裂隙分别是：① 走向80°~95°，近直立；② 走向320°~340°，近直立；③ 走向30°~55°，倾角70°~90°；④ 走向280°~330°，NE∠80°~90°；⑤ 走向20°~50°，倾角从10°至90°均匀分布，陡倾角与缓倾角节理裂隙均有发育。典型节理裂隙等密度图见图3-7。

坝址区节理裂隙发育的总体规律是在某一地点以两组节理为主，随着统计点的不同节理的优势方位不同。前两组节理在地表统计点较为发育，在大的范围内发育频率较高，而在多数勘探平硐内第三组节理成为优势节理方向。第五组节理裂隙主要是在PD211平硐内揭露的，代表了地下厂房位置节理裂隙的发育规律。第一组节理间距一般为0.5~2.0m，节理面平直光滑，一般呈闭合状，无充填，局部微张，充填钙膜。该组节理延伸较长，贯通性好，可见延伸长度一般大于50m。第二组节理间距一般为1~3m，节理面较粗糙，稍弯曲，一般呈闭合状，无充填，局部微张，切割深度较浅，一般不切穿岩性层，延伸长度为20m左右。第三组节理间距一般为0.5~3m，节理面平直光滑，一般呈闭合状，无充填。第四组节理间距一般为2~5m，稍弯曲。第③、④两组节理在平面上构成X形。第五组节理间距一般沿洞轴线方向为0.5~2m，平均不足1m，而在垂直于洞轴线方向节理发育明显偏少，节理间距一般大于2m，节理面既有平直光滑的，也有弯曲粗糙的，一般呈闭合状，无充填，局部微张，充填0~1mm的钙膜。

坝址区控制性构造节理主要以陡倾角为主，其中70°~90°陡倾角节理占调查数据的81.1%，30°~70°倾角节理占18.1%。仅在平硐PD211内发现缓倾角节理裂隙较发育，各角度节理裂隙所占比例见表2-12。

左岸平硐揭露其优势节理产状以走向30°~50°为主，占左岸平硐节理统计数量的45%，节理倾角以陡倾角为主，局部发育有中~缓倾角节理裂隙。右岸平硐揭露其优势节理产状以走向15°~35°为主，占右岸平硐节理统计数量的61%，节理倾角以中~陡倾角为主。

调查还发现，坝址区节理裂隙发育特征具备如下特点。

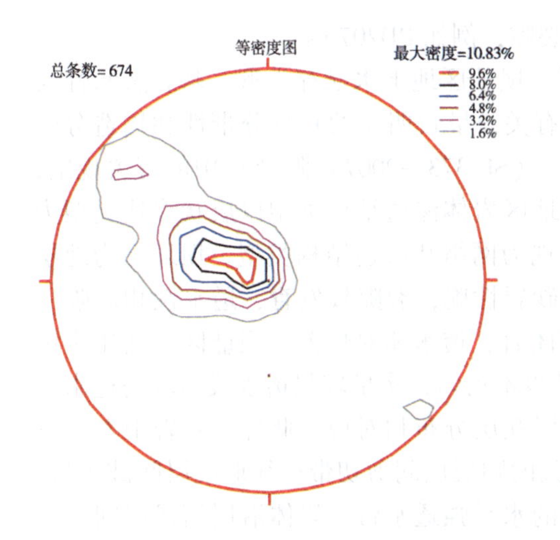

（a）PD211平硐节理裂隙等密度图

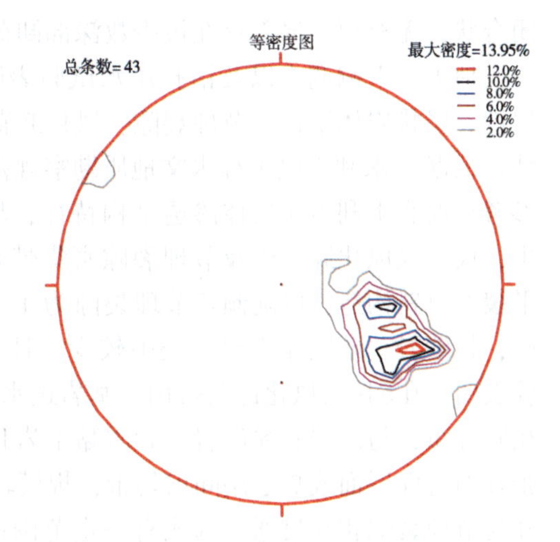

（b）PD209平硐节理裂隙等密度图

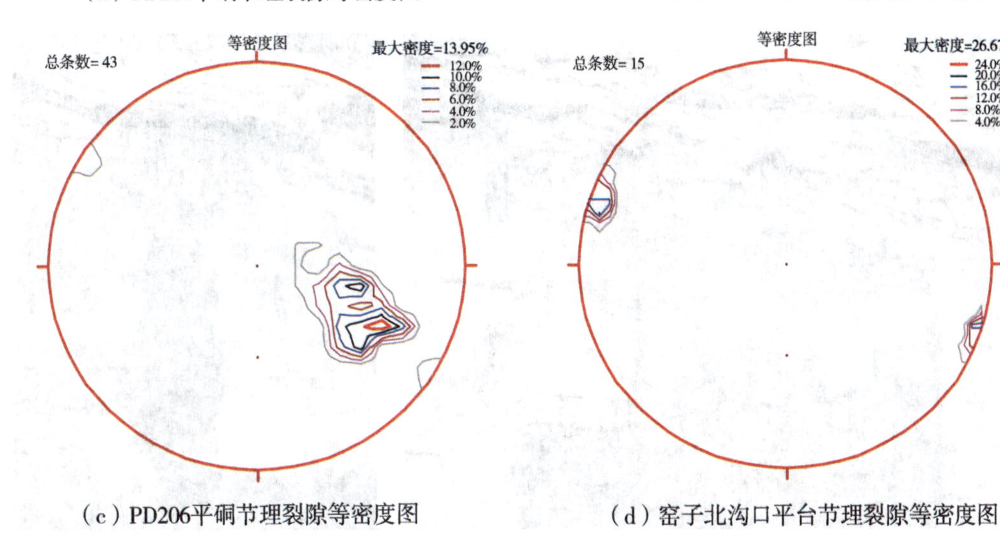

（c）PD206平硐节理裂隙等密度图　　（d）窑子北沟口平台节理裂隙等密度图

图 3-7　坝址区典型节理裂隙等密度图

（1）节理裂隙发育规律与岩性有关：较坚硬的砂岩中节理相对发育，而粉砂岩与黏土岩中节理不甚发育。

（2）节理裂隙发育规律与岩性层厚有关：当岩性相同时，巨厚层砂岩节理频率较低，而中厚层、薄层砂岩中裂隙发育密度相对较高，且裂隙多短小、方向性相对较差；薄层～中厚层、厚层砂岩节理间距一般为 0.3～1.0m，巨厚层砂岩节理间距一般为1.5～2.0m，局部可达 5m 以上。

（3）节理裂隙是否穿越不同岩性层，与节理裂隙规模有关：地表及平硐地质调查表明，坝址区节理一般不跨层，当砂岩层裂隙规模较大时才延伸至粉砂岩层，甚至穿越多个不同岩性层位。

（4）节理的张开度和充填物与岩体的风化卸荷程度有关：勘探平硐浅部由于风化卸荷作用，节理多张开，局部充填有泥质、岩块岩屑、钙质或方解石，深部节理多呈闭合状，无充填；局部存在极少数深部卸荷裂隙，例如 PD207 内。

地表、平硐调查以及钻孔压水试验表明，坝址区地下水赋存类型、基岩透水性与岩性、层状岩体结构、节理裂隙、风化卸荷有关，呈较明显的垂直分带性和构造分带性。根据《水利水电工程水文地质勘察规范》（SL 373—2007）附录 G 中的有关规定，参考小浪底水利枢纽岩体渗透结构特征，坝址区岩体渗透结构类型以层状渗透类型为主，仅在强风化卸荷带及节理裂隙密集带表现为网络状渗透结构类型。坝址区为地层平缓的单斜构造，以陡倾角节理裂隙为主。砂岩性脆，裂隙较发育，透水性相对强一些；粉砂岩、砂质黏土岩中裂隙较少，且多闭合，透水相对性差。坝址区钻孔压水试验表明，在弱-微风化卸荷带内，基岩透水性也不均匀，多呈较强透水段与较弱透水段相间分布，与砂岩和粉砂岩、砂质黏土岩地层互层分布相对应。此外，基岩中发育有张开的岩性层面或顺层层间剪切带，规模较大的顺层层间剪切带往往形成层间破碎带，并与节理裂隙相互贯通，构成有一定范围内的水平强透水带。岩体沿层面或层间剪切带的渗水情况，如图 3-8 所示。

图 3-8　岩体沿岩性层面的渗水情况

3.5.4　各向异性或横观各向同性问题

受近水平层状岩体结构特征的影响，坝址区砂岩类、粉砂岩类和黏土岩类等三大岩性的力学和变性特征均表现出较明显的各向异性（横观各向同性）特征，坝址区岩体在平行于岩体层理面和垂直于岩体层理面两个方向上表现出较大差异，这种差异也体现在岩体抗剪强度参数等以及变性特征（弹性模量和变形模量等）上，另外还包括岩体纵波速度等。试验表明，对于近水平层状岩体而言，表征岩体变形的弹性模量和变形模量的各向异性特征最为突出，二者在平行于岩体层理面和垂直于岩体层理面两个方向上的差异最明显，例如弹性模量一般是沿平行于层理面方向最大，而沿垂直于层理面方向最小。自 1995 年以来，为获得不同岩性和不同完整性岩体的变形参数，在坝址区多条平硐中，进行了大量的岩体现场变形试验。相关试验结果反映了坝址岩体

的变性特征，也反映出了岩体变形方面的各向异性（横观各向同性）特征，见表3-4和图3-9、图3-10。

从表3-4和图3-9、图3-10可以发现，无论是砂岩还是粉砂岩，其变形模量和弹性模量的试验结果均表现为：①平行于层理面的变形模量和弹性模量大于垂直于层理面的变形模量和弹性模量。以砂岩的变形模量为例，平行于层理面的变形模量平均值一般大于6GPa，而垂直于层理面的变形模量平均值一般小于6GPa。②粉砂岩的变形模量和弹性模量大于砂岩的变形模量和弹性模量。以弹性模量为例，粉砂岩的弹性模量一般大于20GPa，而砂岩的弹性模量一般小于20GPa。③坝址区层状岩体的变形特征在两个方向上表现出较大的差异，充分表明坝址区层状岩体具有较强的各向异性或横观各向同性特征。

表3-4　坝址区岩体变形试验统计表（部分试验成果）

岩性	压力方向	组数	项目	变形模量/GPa 压力/MPa					弹性模量/GPa 压力/MPa					泊松比
				1.50	3.00	4.50	6.00	7.50	1.50	3.00	4.50	6.00	7.50	
砂岩	//	3	范围值	6.97~13.12	6.56~8.75	6.69~7.78	6.33~7.50	3.16~7.54	15.94~24.79	12.06~13.52	11.54~13.12	11.16~12.22	10.43~12.53	0.25
			均值	9.80	7.54	7.12	7.07	6.00	21.01	12.90	12.07	11.81	11.30	
	⊥	12	范围值	1.69~14.87	1.44~13.94	1.51~14.24	1.54~13.73	1.59~13.28	2.90~31.87	2.30~26.25	2.56~24.79	2.50~24.12	2.62~24.25	
			均值	6.03	5.20	5.14	5.07	5.12	12.75	10.11	9.82	9.45	9.53	
粉砂岩	//	9	范围值	7.11~28.53	6.93~23.72	7.43~24.15	7.67~23.72	7.82~22.10	15.23~75.13	10.97~45.08	13.97~45.08	14.06~40.98	16.31~37.56	0.23
			均值	21.46	17.36	16.53	15.94	15.19	48.00	32.61	29.65	27.45	26.22	
	⊥	6	范围值	0.81~18.78	1.18~11.56	1.51~12.29	1.80~13.07	2.07~13.58	1.19~112.69	1.80~90.15	2.36~48.30	3.12~45.08	3.89~41.74	
			均值	8.33	7.36	7.57	7.70	7.96	34.00	29.45	21.34	20.96	20.88	
黏土岩	//	3	范围值	0.76~2.10	0.92~1.82	0.86~1.83	0.84~1.87	0.86~1.88	1.19~5.25	1.58~4.41	1.74~4.44	1.94~4.80	2.08~4.80	0.27
			均值	1.48	1.40	1.39	1.41	1.42	3.09	3.03	3.27	3.53	3.62	

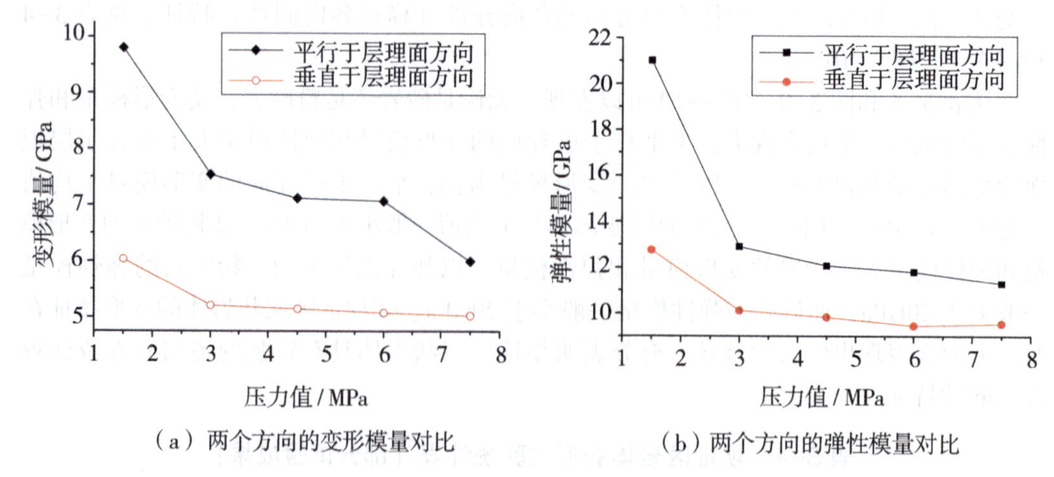

（a）两个方向的变形模量对比　　（b）两个方向的弹性模量对比

图 3-9　坝址区砂岩平行于层理面和垂直于层理面的变形模量和弹性模量对比

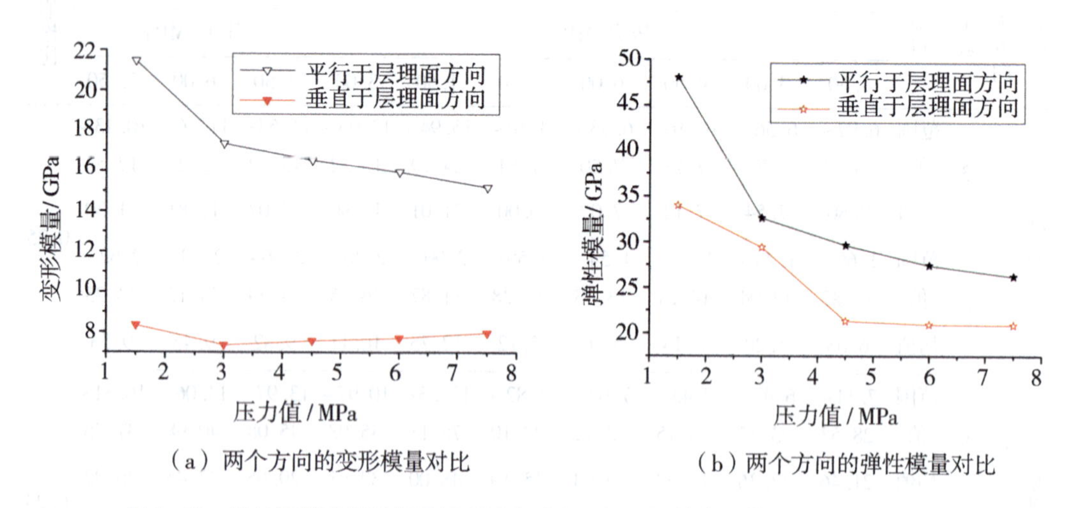

（a）两个方向的变形模量对比　　（b）两个方向的弹性模量对比

图 3-10　坝址区粉砂岩平行于层理面和垂直于层理面的变形模量和弹性模量对比

3.6　近水平层状岩体质量分级的几个问题

通过上述分析，基本明确了层状岩体结构特征对岩体质量分级与评价带来的影响。这些影响既有直接针对具体分级指标的，例如 *RQD* 值以及岩体强度指标等；也有间接影响岩体结构特征或岩体完整程度的，例如各向异性特征、岩体结构类型的划分等；还有对岩体质量分级造成不利影响的岩石相变与层间剪切带问题。层状岩体的诸多特点，使得层状岩体质量分级与评价变得更为复杂。结合某大型水利枢纽工程坝址区近水平复杂层状岩体结构特征以及由此派生的相关问题特点，作者认为在下一步进行岩体质量分级与评价过程中，应注意以下几个问题。

（1）层状复合岩体问题：坝址区主要由不同坚硬程度的砂岩类、粉砂岩类和黏土岩类岩石组成。软硬不同的几类岩石呈韵律互层状沉积，构成了坝址区岩体软硬互层

的特点。另外，坝址区的三大类岩石还具有“软岩不软、硬岩不硬”等特点。因此，应结合不同建筑物部位岩体组合情况，将质量分级与评价区域内的互层岩体视为复合岩体。复合岩体再根据不同岩性所占比例，确定较为准确的、合理的物理力学指标和其他有关参数。

（2）岩石相变问题：从上述分析可知，坝址区地层岩性存在较明显的岩石相变问题。由于岩石相变的存在，造成坝址区主要建筑物区域岩性比例变化，从而影响该区域复合岩体的结构类型、整体强度与变形参数，直接影响岩体质量分级结果；同时，岩石相变问题还将引起岩体起伏差的变化、影响软弱夹层的稳定性、改变岩体节理裂隙发育规律，从诸多方面进一步影响层状岩体质量分级评价结果。应结合具体建筑物部位，调查清楚岩石相变规律，以便在层状岩体质量分级评价过程中更准确地反映岩石相变带来的影响。

（3）层间剪切带问题：现阶段的工程地质勘察发现，坝址区发育十几层明显的层间剪切带。既有发育在坝基以下的，也有发育在两岸坝肩部位的。这些层间剪切带，构成了坝址区岩体中的另一类特殊软弱结构面，削弱了岩体强度与完整性，必然对坝基岩体与洞室围岩的质量等级和稳定性造成不利影响。因此，应在地质勘察的基础上，调查清楚坝基以下和洞室围岩区域的层间剪切带，在岩体质量分级评价过程中采取合理的弱化修正处理方法，充分反映其不利影响。有关含层间剪切带的层状复合岩体质量分级与评价方法，将在第 5 章中展开较为详细的探讨，此处不进行详述。

（4）各向异性或横观各向同性问题：从 3.5.4 节的陈述与分析中不难发现，由于岩体层状沉积与层理面的影响，坝址区近水平层状岩体各向异性（横观各向同性）问题较为突出。如何在层状岩体质量分级评价过程中，合理考虑岩体各向异性问题带来的影响，值得在后续章节中继续深入思考。

3.7　小结

结合具体工程地质条件，探讨层状岩体结构特征对岩体质量分级与评价的影响，有助于更好地把握层状岩体质量分级与评价的特点和细节。本章在探讨层状岩体结构特征对岩体质量分级评价指标影响的基础上，重点论述了层状岩体各向异性或横观各向同性问题，以及普遍存在的层间剪切带问题对岩体质量分级评价带来的诸多影响。深入总结了某大型水利枢纽坝址区的地层岩性特征、岩石相变、层间剪切带发育特点、节理裂隙与地下水发育规律，以及不同岩性岩石力学特性和变性特征的各向异性问题。结合坝址区具体工程地质条件和层状岩体结构特点，指出了近水平复杂层状岩体质量分级与评价过程中应充分注意的几个问题，为后续章节的讨论分析奠定了基础。

第4章　含层间剪切带的层状复合岩体失稳机制研究

4.1　引言

在沉积岩的形成过程中，由于不同历史时期沉积物质的差异以及沉积间断的发生，前一序列沉积物质以石英或钙质砂粒为主，后来由于沉积间断或地表水流动状态发生变化，沉积物质变为以黏粒或粉粒为主，逐渐形成了地层中的沉积型软弱夹层，这在地表露头上常有很好的揭示。在漫长的地质历史时期又经历多期次的构造运动，往往会形成层间错动带，也即构造型软弱夹层或层间剪切带/泥化夹层，再加上岩石风化、地下水等影响因素的弱化效应，层间剪切带进一步劣化。大量工程实践表明[129-133]，层状岩体中的层间剪切带对岩体的质量评价与整体稳定性具有重要影响，甚至在某些条件下成为岩体稳定性的控制因素。层间剪切带给水利水电工程构成巨大威胁危害，我国已建成坝基中，约2/3涉及层间剪切带问题。因此深入分析含层间剪切带的复合岩体质量分级评价方法及其对复合岩体稳定性影响的作用机制，对于岩体物理力学参数选取、岩体工程稳定性分析、岩石工程设计与施工支护方案优化等具有重要意义。

对于层间剪切带引起的若干岩石力学问题，以及含层间剪切带的复合岩体失稳破坏问题，国内外学者的研究方向和重点主要集中在层间剪切带的工程地质特性上[118-122]，以葛洲坝水利枢纽等工程为代表。也有一些文献论述了层间剪切带对地下洞室围岩以及边坡稳定性的影响，例如文献［129-133］等。然而，针对含层间剪切带的层状复合岩体失稳破坏作用机制研究，显得有些不够深入，或者与工程结合程度不够紧密。已有研究成果中存在的问题主要表现在：层间剪切带对岩体稳定性的影响研究，绝大多数集中在简单分析、现场监测、数值模拟等方面，从力学特性与复合岩体系统角度分析其机制的相对较少。

为此，本章在参考国内外有关文献的基础上，建立含层间剪切带的层状复合岩体力学模型，深入探讨层间剪切带对复合岩体稳定性影响的力学机制。实际上，含层间剪切带的层状复合岩体是一个系统，其失稳破坏具有从量变到质变的非线性特点，可以借助突变理论建立含层间剪切带的层状复合岩体失稳的非线性模型，并深入分析层间剪切带引起的复合岩体失稳破坏演化过程。

4.2 层间剪切带对层状复合岩体稳定性影响的作用机制

含层间剪切带的复合岩体稳定性包括层间剪切带自身及其上下盘岩体的稳定性，即不同岩层之间的协调变形以保持整体的稳定性。因此，可以将层间剪切带及其上下相邻岩体视为一个复合系统，从能量角度和变性特征方面深入探索岩体整体稳定性与失稳机制。因此，可以对含层间剪切带的复合岩体的失稳破坏特性以及与相邻岩层的相互作用关系进行分析，并在此基础上建立含层间剪切带的复合岩体的组合系统力学模型，借助非线性力学原理揭示含层间剪切带的复合岩体的失稳机制及其破坏演化过程。

4.2.1 含层间剪切带的层状复合岩体系统力学模型

含层间剪切带的复合岩体的破坏形式及其发展演化过程，主要取决于复合岩体组合系统的稳定性，组合系统的稳定性则与系统中层间剪切带与上下盘岩体之间的相互作用密切相关，而系统中岩层间的相互作用又影响着岩体破坏的演化发展。因此，岩层及其结构的破坏与复合系统的失稳是相互影响和相互制约的，而对不同岩层的力学特性进行深入分析，可以作为岩体组合系统稳定性研究的基础。

根据含层间剪切带的复合岩体的结构及其受力特征，在此仅考虑层间剪切带外侧有限范围内的层状复合岩体，如图4-1（a）所示，并做如下假设。

（1）层间剪切带上下相邻的岩体为相对较硬岩层，并认为研究范围外的岩层刚度远大于研究范围内岩层及层间剪切带的刚度，即$E_{外} \gg E_{内}$。

（2）广义刚度E表征层间剪切带及其上下盘岩体破坏的全过程，包括岩层峰值强度前后的力学特性。

（3）组合系统的总变形量等于层间剪切带与上下盘岩体子系统变形量之和，即$\Delta h_{总} = \Delta h_{剪切带} + \Delta h_{上下盘岩体}$。

（4）本模型主要用于分析层间剪切带及其上下盘岩体在三维应力状态下的变形和破坏过程。

在上述假设的基础上，可建立如图4-1（b）所示的组合系统力学模型。该模型的显著特点是将层间剪切带及其上下盘岩体视为一个完整的力学系统，由此可对含层间剪切带的复合岩体系统的稳定性进行分析。

由图4-1可见，上下盘岩体系统的状态方程为

$$\sigma = E_{总} \cdot \varepsilon_{总} = E_{上盘岩体} \cdot \varepsilon_{上盘岩体} = E_{剪切带/泥化夹层} \cdot \varepsilon_{剪切带/泥化夹层} = E_{下盘岩体} \cdot \varepsilon_{下盘岩体} \quad (4-1)$$

为使问题简化，设层间剪切带的上下盘岩体的力学特性相同，即$E_{上盘岩体} = E_{下盘岩体} = E_{围岩}$以及$\varepsilon_{上盘岩体} = \varepsilon_{下盘岩体} = \varepsilon_{上下盘岩体}$，则式（4-1）可变换为

$$\sigma = E_{总} \cdot \varepsilon_{总} = E_{剪切带/泥化夹层} \cdot \varepsilon_{剪切带/泥化夹层} = E_{上下盘岩体} \cdot \varepsilon_{上下盘岩体} \quad (4-2)$$

由于E和ε在这里表示广义刚度和应变，因此式（4-2）在含层间剪切带的复合

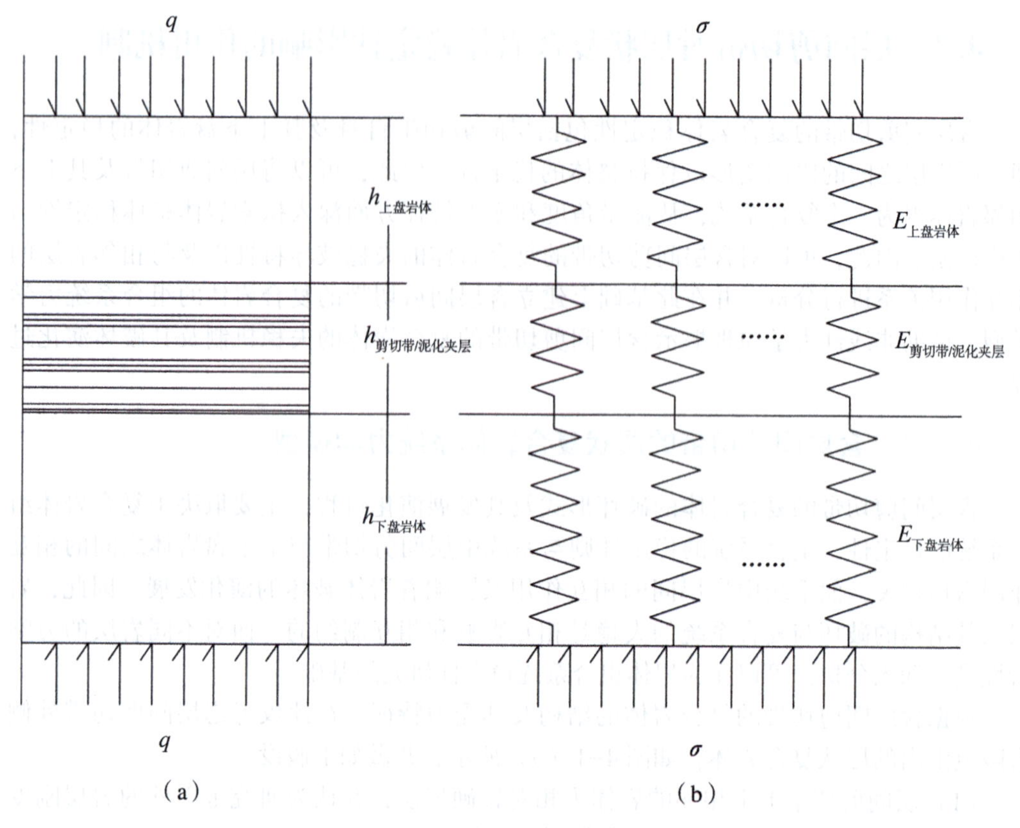

图 4-1　含层间剪切带的复合岩体组合系统力学模型

岩体组合系统的整个变形和破坏过程中始终成立。

4.2.2　层间剪切带对层状复合岩体系统稳定性的影响分析

含层间剪切带的层状复合岩体稳定性，即岩体系统在受力后层间剪切带与上下盘岩体间的协调变形以及局部发生破坏后所进行的应力调整。其实质就是，针对不同岩体工程，实现系统的整体稳定或协调破坏。显然，层间剪切带作为层状岩体系统的薄弱环节，对控制组合系统的整体稳定性具有关键作用。组合系统的稳定性取决于各岩层之间的相互作用，这种作用又促进了岩层破坏的演化发展，最终达到整体的稳定或失稳破坏。因此，应对含层间剪切带复合岩体组合系统的稳定性进行评价，进而对岩体工程的稳定性进行预测和控制。

由于在通常情况下层间剪切带与上下盘岩体并非同时到达峰值强度，因此在系统中各层岩层从稳定到破坏均应先后经过上述两个过程。组合系统中的软弱环节，即层间剪切带首先发生破坏。因此，在层间剪切带与上下盘岩体的不同强度及刚度组合条件下，系统将具有不同的稳定性及破坏发展趋势。

在层间剪切带达到峰值强度前，岩层的广义刚度即为弹性模量，由式（4-2）可得 $\varepsilon_{剪切带/泥化夹层}/\varepsilon_{上下盘岩体}=E_{剪切带/泥化夹层}/E_{上下盘岩体}$。显然，在峰值强度前层间剪切带与上下

盘岩体是按其弹性模量来分配应变的，而应变 ε 的大小则表征了岩层破坏发展的程度。若层间剪切带和上下盘岩体的弹性应变极限值分别为 $\varepsilon_{max,\text{剪切带/泥化夹层}}$ 和 $\varepsilon_{max,\text{上下盘岩体}}$，当组合系统中的层间剪切带首先达到峰值强度时，上下盘岩体产生的应变为

$$\varepsilon_{\text{上下盘岩体}} = \frac{E_{\text{剪切带/泥化夹层}}}{E_{\text{上下盘岩体}}} \cdot \varepsilon_{max,\text{剪切带/泥化夹层}} \tag{4-3}$$

即

$$\frac{\varepsilon_{\text{上下盘岩体}}}{\varepsilon_{max,\text{上下盘岩体}}} = \frac{E_{\text{剪切带/泥化夹层}}}{E_{\text{上下盘岩体}}} \cdot \frac{\varepsilon_{max,\text{剪切带/泥化夹层}}}{\varepsilon_{max,\text{上下盘岩体}}} \tag{4-4}$$

式（4-4）表明了层间剪切带达峰值时上下盘岩体的失稳破坏发展程度。很显然，在峰值之前层间剪切带与上下盘岩体破坏的发展主要取决于其弹性模量 E 及弹性应变极限值 ε'，以此可作为该阶段岩层破坏效果的评价指标。

由于组合系统中层间剪切带首先破坏使得上下盘岩体遭到损伤，根据损伤力学原理，若损伤参量为 D，则上下盘岩体的强度表示为

$$\sigma_{\text{上下盘岩体}} = (1 - D)\sigma_{max,\text{上下盘岩体}} \tag{4-5}$$

由式（4-5）可见，由于应力调整的结果，上下盘岩体的强度不断降低。由此可能出现多次破坏，即实现层间剪切带与上下盘岩体的协调变形和破坏，这也是含层间剪切带的层状复合岩体系统达到最终整体失稳破坏的原因。

岩体损伤一经开始，其损伤数值则随应变的增加而增大。而在含层间剪切带的复合岩体中，岩层间的相互作用又使得各岩层的损伤和破坏趋于复杂化。

由于岩石材料强度服从 Weibull 分布[147]，因此式（4-5）中的损伤参量 D 也可以表示为

$$D = 1 - \exp(-\varepsilon_{\text{上下盘岩体}}/\varepsilon_{max,\text{上下盘岩体}}) \tag{4-6}$$

而由式（4-4）可见，$\varepsilon_{\text{上下盘岩体}}/\varepsilon_{max,\text{上下盘岩体}} = \sigma_{max,\text{剪切带/泥化夹层}}/\sigma_{max,\text{上下盘岩体}}$，代入上式即可得到层间剪切带破坏时，上下盘岩体的损伤值：

$$D = 1 - \exp(-\sigma_{max,\text{剪切带/泥化夹层}}/\sigma_{max,\text{上下盘岩体}}) \tag{4-7}$$

由上式可见，式（4-7）可以作为含层间剪切带的层状复合岩体系统整体稳定性的主要评价指标。此外，层间剪切带与上下盘岩体的弹性模量比[148]以及厚度特征对系统的稳定性也具有明显的影响。

根据上述分析可知，层间剪切带与上下盘岩体的强度及刚度之比对系统的稳定性具有显著影响。当层间剪切带与上下盘岩体的强度接近时，对系统的整体稳定最有利；相反，二者之间的强度及刚度差异较大时，组合岩体系统易于发生失稳破坏。而且二者强度差异愈大，对系统的稳定愈不利。因此，当两者强度差异较大时应采取加固层间剪切带的措施，以实现系统的稳定或协调破坏。

4.3 含层间剪切带的层状复合岩体失稳突变理论模型

含层间剪切带的层状复合岩体，例如隧洞顶板围岩、边坡等，其垮塌与滑动过程往往呈现出由渐变到突变的不连续突跳性。因此，可以借助突变理论分析其失稳机制与演化过程。实际上，许多学者[149-153]运用突变理论中的尖点突变模型或折迭突变模型来分析岩体的失稳现象，取得了一些重要成果。本节针对某大型水利枢纽近水平复杂层状岩体中层间剪切带发育特点，以含层间剪切带复合岩体为研究对象，试图建立燕尾形突变模型，分析复合岩体失稳机制与演化过程。

考虑含层间剪切带复合岩体的非均质性，假定层状岩体为刚体，失稳破坏滑动面为一非均质的层间剪切带，如图 4-2 所示。同时假定边坡高度为 H，边坡角为 α，滑动面的倾角为 β，层间剪切带厚度为 h，上部岩体重量为 mg，岩体在自重作用下沿层间剪切带（软弱环节）产生的蠕滑位移为 u。

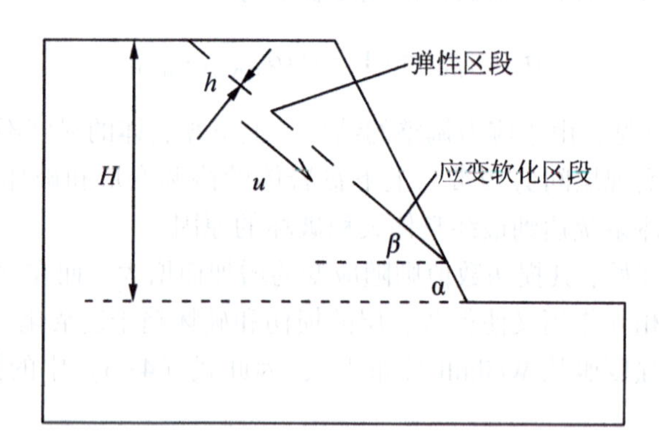

图 4-2　含层间剪切带的复合岩体力学模型

根据许多工程实际情况，假定层间剪切带是由两段不同力学性质的介质组成的[153-154]。由于介质强度高或者所受剪应力小，在某些区段介质具有弹性或应变硬化性质，其变形随剪应力的增大而增大；而在另一些区段或边坡脚处，由于介质破碎，水的软化作用或受剪应力大，此区段介质具有应变弱化性质，其变形随剪应力增大而减小。两区段介质的剪应力与变形的关系如图 4-3 所示。

弹性区段介质的本构关系为

$$\tau_1 = \begin{cases} G_1 \dfrac{u}{h} & (u \leqslant u_1) \\ \tau_m & (u > u_1) \end{cases} \tag{4-8}$$

式中，τ_1 为弹性段介质的剪应力；G_1 为弹性段介质的剪切模量；u_1 为失稳点的临界位移；τ_m 为弹性段介质的残余剪切强度。

应变软化段介质的本构关系为[153-154]：

$$\tau_2 = G_2 \frac{u}{h} e^{-\frac{u}{u_2}} \tag{4-9}$$

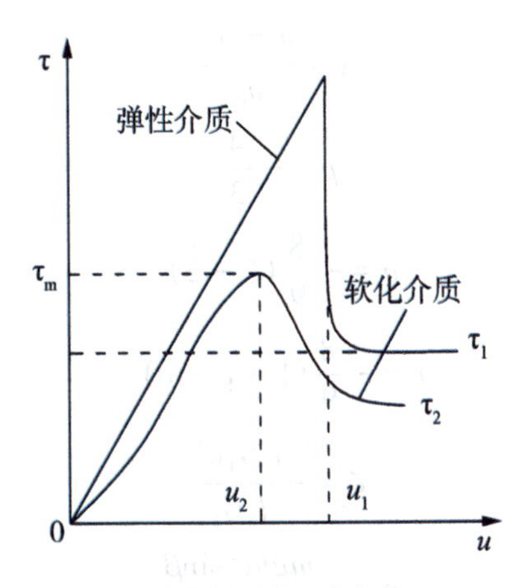

图 4-3　两区段层间剪切带的本构关系曲线

式中，τ_2 为应变软化段介质的剪应力；G_2 为应变软化段介质的初始剪切模量；u_2 为峰值强度对应的位移。对式（4-9）求解 $d^2\tau_2/du^2=0$，可以确定应变软化区段曲线拐点的位移，其值为 $u_0=2u_2$，斜度为 $k=-(G_2e^{-2})/h$。因此，可以假定 $\tau_0=ku$，此时式（4-9）可以改写为

$$\tau_2=\tau_0\exp\left[-\frac{1}{2}\left(\frac{u}{u_0}\right)^2\right] \tag{4-10}$$

在滑面内剪应力 $\tau<\tau_0$ 时，岩体不会产生位移，仅当剪应力达到 τ_0 时，边坡才开始滑动；τ 随 u 的增加而减少，表现出损伤弱化的特点。

假定含层间剪切带复合岩体滑动位移与滑面的夹角为 φ，而滑动带的长度为 l，弹性区段长度为 l_e，应变弱化段的长度为 l_S，则 $l=l_e+l_S$。系统的总势能是层间剪切带的应变能和滑块的滑动势能之和，其总势能为

$$V=l_S\int_0^u\tau_0\exp\left[-\frac{1}{2}\left(\frac{u}{u_0}\right)^2\right]du+\int_0^u\tau_0\frac{G_1l_e}{h}u\,du-mgu\sin\theta \tag{4-11}$$

对式（4-11）求 $\frac{\partial V}{\partial u}=0$，可得复合岩体系统的平衡曲面方程：

$$V'=\tau_0\frac{G_1l_e}{h}u+\tau_0l_S\exp\left[-\frac{1}{2}\left(\frac{u}{u_0}\right)^2\right]-mgu\sin\theta=0 \tag{4-12}$$

对式（4-12）求平衡光滑曲面方程 $V'=0$ 时，可得

$$V'=\frac{\tau_0l_S}{4u_0^2}\exp\left[-\frac{1}{2}\left(\frac{u}{u_0}\right)^2\right]\left[3-\frac{2u}{u_0}\right]=0 \tag{4-13}$$

则位移量为 $u=\frac{3u_0}{2}$，将式（4-12）在 $u=\frac{3u_0}{2}$ 处进行幂级数的 Taylor 公式展开，并截取至 4 次项，可得

$$V'(x)=x^4+px^2+qx+r=0 \tag{4-14}$$

$$x = \frac{u - u_0}{u_0} \tag{4-15}$$

$$p = -\frac{4}{3} \tag{4-16}$$

$$q = -\frac{8}{9}(\zeta - 2) \tag{4-17}$$

$$r = -\frac{8}{9}(1 + \zeta - \delta) \tag{4-18}$$

$$\zeta = -\frac{l_e G_1 e^3}{l_S G_2} \tag{4-19}$$

$$\delta = -\frac{mghe^3 \sin\beta}{l_S G_2 u_0} \tag{4-20}$$

其中，式（4-14）就是燕尾形突变模型的标准形式。其中：x 是系统状态变量；p、q、r 是系统控制变量；ζ 是层间剪切带弹性区段介质的刚度与应变弱化段介质的刚度之比，简称刚度比；δ 与介质重量、系统几何尺寸、介质参数等有关，称为几何-力学参数。

对式（4-14）求导，可得

$$V''(x) = 4x^3 + 2px + q = 0 \tag{4-21}$$

将式（4-14）、式（4-21）联立消去 x 即可得到分叉集[155]。分叉集在 p、q、r 空间中为图 4-4（a）所示。从式（4-16）可知，此系统模型为燕尾形突变模型中的特殊形式，控制变量 p 为负的常数，则说明该模型分叉集截面为图 4-4（c）。状态变量 x 由 q、r 控制，系统的突变与 q、r 密切相关。而实际上 q、r 又都与具有物理意义的控制参数 ζ 和 δ 相关。

通过对燕尾形突变模型的平衡曲面方程的分析可知，其势函数最多可有 4 个极值点，控制变量 p、q、r 的不同取值使系统处于不同的分叉集区域，其势函数极值点的个数不同，形式也不同。相应地，系统呈现出不同的性质，见图 4-5。

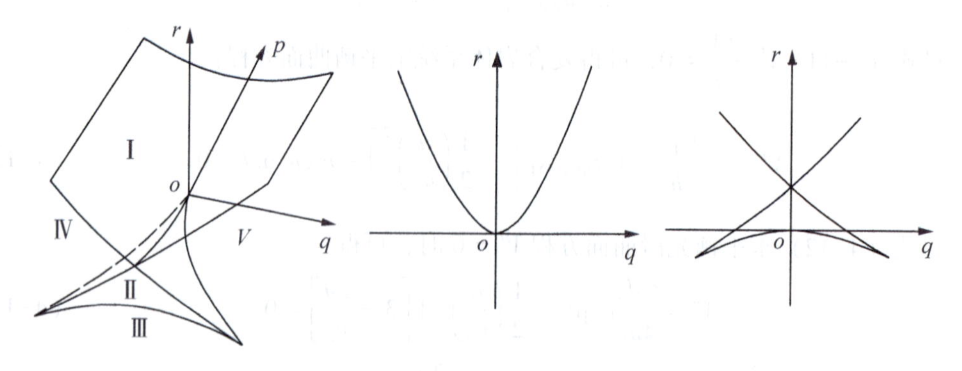

（a）燕尾形突变模型的分叉集　（b）p为正数时的分叉集截面　（c）p为负数时的分叉集截面

图 4-4　燕尾形突变模型的分叉集

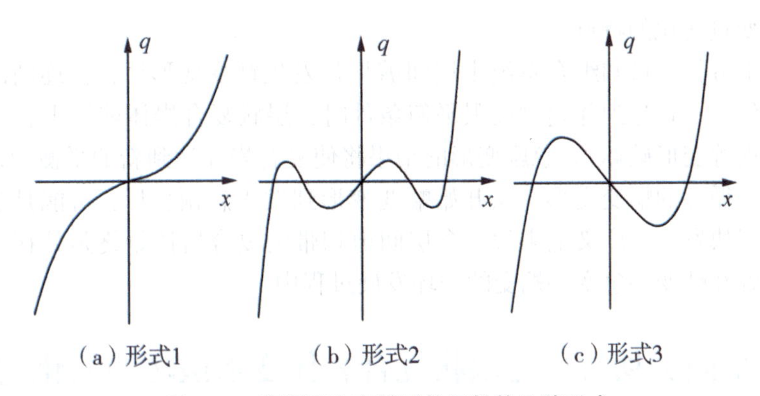

（a）形式1　（b）形式2　（c）形式3

图 4-5　燕尾形突变模型势函数的几种形式

当 $q=0$ 时，在 p 、r 截面上，可由式（4-14）求出平衡曲面方程的解：

$$x^2=\frac{-p\pm\sqrt{p^2-4r}}{2}=\frac{2}{3}\pm\sqrt{\frac{4}{9}-r} \tag{4-22}$$

（1）当 $r>\frac{4}{9}$ 时，x 无实根，即平衡曲面方程无实根，说明此时势函数无奇点，此时对应图 4-4（a）中Ⅰ区，势函数见图 4-5（a）中形式 1，说明此时滑坡演化过程中不会发生突跳。

（2）当 $0<r<\frac{4}{9}$ 时，平衡曲面方程有 4 个意义解，其中 2 个正解，2 个负解，且正解为稳定奇点，负解为不稳定奇点，此时对应图 4-4（a）中Ⅱ区，势函数如图 4-5（b）中形式 2，说明此时系统失稳过程中会发生一次突跳，突跳值 Δx 为两个正解之差。

（3）当 $r<0$ 时，平衡曲面方程有 2 个意义解，1 个为正解，1 个为负解。且负解为不稳定奇点，正解为稳定奇点，此时对应图 4-4（a）中Ⅲ区，势函数如图 4-5（c）中形式 3。此时含层间剪切带的复合岩体系统在失稳过程中不会发生突跳。

（4）当 $r=0$ 时，平衡曲面方程有 3 个意义解，其中 $x=0$ 是重根且在分叉集上，其他 2 个解代入奇点方程，正解稳定，负解不稳定，零点为拐点，此时势函数类似于图 4-5（b）中形式 2，含层间剪切带的复合岩体系统失稳破坏演化过程中会产生突跳，突跳值 Δx 对应于方程正解。

（5）当 $r=\frac{4}{9}$ 时，平衡曲面方程有 2 个解，且在分叉集上，势函数有正负 2 个拐点，没有奇点，此时势函数类似于图 4-5（a）中形式 1，此时含层间剪切带的复合岩体系统在失稳破坏演化过程中不会发生突跳。

当 $q=0$ 时，即式（4-17）中 $\zeta=2$，则式（4-18）化为

$$r=-\frac{8}{9}(3-\delta) \tag{4-23}$$

类似地，可固定 p 、r ，分别分析在 $q-r$ 和 $q-p$ 平面上势函数的特点。有了以上的分析为基础，这样对燕尾突变控制参数的特点和势函数的形式都有了一个清楚的认识。这样可以针对一个含层间剪切带的复合岩体系统的参量，更具体地讨论一个状态变量

随3个控制变量变化的特点。

根据以上分析，可知组合系统中层间剪切带发生蠕变变形后，会逐渐改变复合岩体的平衡条件，一旦达到并超过极限平衡条件时，层状复合岩体就发生急剧变形（出现滑坡、崩塌等变形破坏）。急剧变形的结果将使复合岩体达到新的平衡稳定状态，接着又开始下一循环的蠕变变形。从开始蠕变变形到发生急剧变形，可能是个漫长的阶段，也可能很快发生。广义上来说，含层间剪切带的复合岩体始终是处在变形破坏的过程中，即处在蠕变→急变→蠕变的循环发展过程中。

4.4 层间剪切带引起层状复合岩体变形破坏的演化过程

含层间剪切带的层状复合岩体的破坏形式及其演化过程取决于层间剪切带与相邻岩体组成的系统的稳定性，系统的稳定性则与系统中层间剪切带与相邻岩层间的相互作用是密切相关的，而系统中二者的相互作用又影响着复合岩体的动态演化过程。因此，分析不同岩层的力学特性是研究组合岩体系统稳定性的前提与基础，层间剪切带及其相邻岩层的破坏是相互影响和相互制约的。

在地下工程中，开挖导致工程岩体既有卸荷，又有加载，这是地下工程与其他岩石工程的根本区别。由于开挖，引起一定范围内岩体的应力释放和转移。掌子面侧墙含层间剪切带的复合岩体系统的动态演化过程经历两个阶段。

（1）第一阶段：层间剪切带引起侧墙岩体破坏。

由于围岩的强度大于层间剪切带，层间剪切带作为岩体系统的薄弱环节，在切向应力的作用下，首先达到峰值强度并进入塑性变形阶段，同时伴随着体积膨胀和顺层面方向的变形，从而对相邻岩层形成拉应力作用，使其出现弹性卸载（图4-6第一步）。此时层间剪切带对相邻岩层所产生的最大拉应力：

$$\sigma_t = \tau = c - \sigma_{\max,\ 剪切带} \cdot \tan\varphi \tag{4-24}$$

式中，c 为层间剪切带的内聚力；$\sigma_{\max,\ 剪切带}$ 为层间剪切带的峰值强度。

若由式（4-24）得到的 σ_t 大于相邻岩层的抗拉强度，那么相邻岩层相当于在单向拉应力的作用下发生破坏；若 σ_t 小于相邻岩层的抗拉强度，那么层间剪切带破坏将引起相邻岩层应力状态的变化（相当于围压降低）。由岩石室内试验资料可知，随着围压的减小，相邻岩层的强度明显降低[156]。因此，层间剪切带破坏后所进行的应力调整使相邻岩层的强度降低，而当降至系统所能承受的应力时，相邻岩层发生破坏，如图4-6第二步所示。此时，相邻岩层将与层间剪切带共同产生破坏，形成等效层间剪切带效应（图4-6第三步）。等效层间剪切带与其相邻硬岩层又共同组成与图4-6第一步类似的力学模型，如此反复进行下去。

等效层间剪切带对相邻岩层所产生的拉应力为

$$\sigma'_t = \tau' = c' - \sigma' \cdot \tan\varphi \tag{4-25}$$

式中，c' 为围岩层间黏结力，经过第一步围岩的动态演化，层理间发生相对错动导致层间黏结力 $c'=0$ 或大幅度降低；σ' 为等效夹层的残余强度，其值等于层间剪切带的残余强度值。比较式（4-24）、式（4-25）不难发现，演化过程的第三步中等效层间剪切

带对围岩应力状态改变程度较演化过程的第一步弱，但二者演化机制相同。如此演化进行下去，直到等效层间剪切带破坏后所进行的应力调整使围岩强度大于系统所承受的应力时，这种由层间剪切带引起的层状复合岩体失稳破坏的动态演化即发生终止。

（2）第二阶段：顶板（悬臂梁或板）的弯折破坏。

侧墙一定范围（厚度）的围岩发生破坏后，相邻的完整围岩由于失去破坏岩体的约束作用（或作用力降低）而成为悬臂梁（板），层状复合岩体系统的力学模型如图 4-7所示。如果不考虑破坏围岩对悬臂梁（板）的作用力，那么最大弯矩将发生在固定端，其大小为

$$M_{\max} = \frac{\sigma_\theta L^2}{2} \tag{4-26}$$

此时最大轴向拉应力（固定端）为

$$\sigma_{弯} = \frac{6M_{\max}}{d^2} \tag{4-27}$$

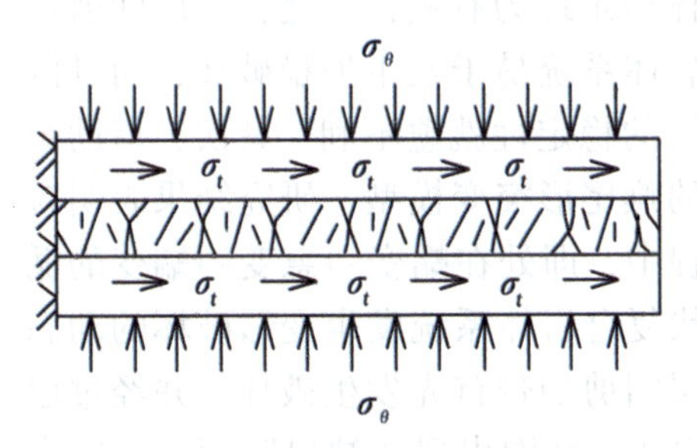

第一步：协调变形引起岩体强度变化

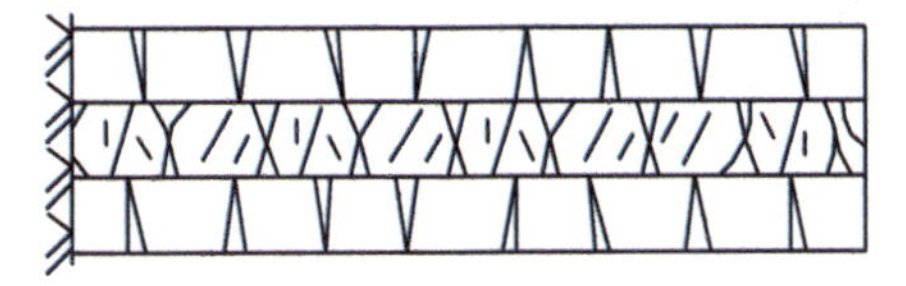

第二步：应力调整引起岩体共同破坏

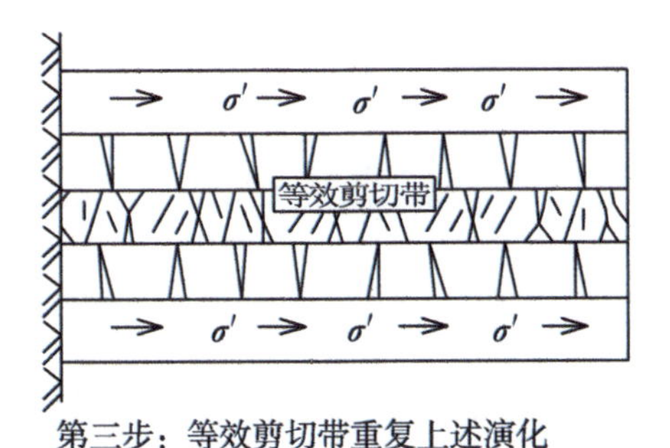

第三步：等效剪切带重复上述演化

图 4-6　层间剪切带破坏引起侧墙岩体破坏的演化过程

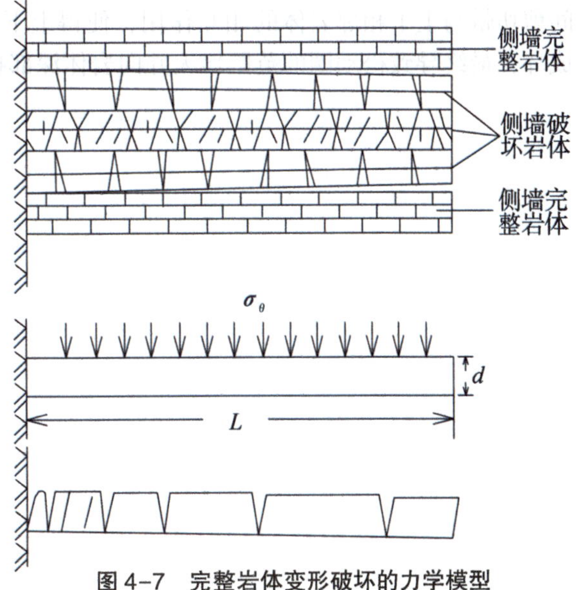

图 4-7　完整岩体变形破坏的力学模型

洞室开挖前，岩体处于三向应力平衡状态，开挖后原岩应力重新分布，导致洞室周边附近环向应力有很大增加，即出现应力集中，但是轴向应力基本不变，而径向应力则显著降低。应力重新分布后，层间剪切带首先发生破坏，并经过层间剪切带与上下盘相邻岩体的相互作用，使得上下盘相邻岩体的承载圈出现“缺口”而不能闭合成环，最终导致松动圈的范围增大并向岩体深部扩展，直至在一定深度取得三向应力平衡为止。

4.5 小结

本章重点讨论了层间剪切带对层状复合岩体稳定性的影响机制。首先，论述了层间剪切带对层状复合岩体稳定性影响的作用机制，建立了含层间剪切带的层状复合岩体组合系统力学模型，基于建立的含层间剪切带的层状复合岩体力学模型，研究发现了层间剪切带与上下盘岩体的强度及刚度之比对系统的稳定性具有显著影响。当层间剪切带与上下盘岩体的强度接近时，其对系统整体稳定最为有利；反之，当层间剪切带与上下盘岩体的强度及刚度差异较大时，组合岩体系统易于发生失稳破坏，而且两者强度差异愈大，对含层间剪切带的层状复合系统的稳定性就愈不利。其次，借助突变理论建立了含层间剪切带的层状复合岩体失稳的燕尾形突变模型，研究结果表明含层间剪切带的复合岩体始终是处在变形破坏的过程中，即处在蠕变→急变→蠕变的循环发展过程中。最后，分析了层间剪切带引起层状复合岩体系统发生变形破坏的动态演化过程。地下洞室开挖后，应力重新分布使得层间剪切带首先发生破坏，并经过层间剪切带与上下相邻岩体的相互作用，使得上下岩体承载圈出现“缺口”而不能闭合成环，最终导致松动圈的范围增大并向岩体深部扩展。

第5章 含层间剪切带的层状复合岩体质量分级研究

5.1 引言

有关岩体质量分级评价问题，国内外专家和学者进行了大量的、卓有成效的研究工作，取得了丰硕的研究成果[134-138]。目前，有关岩体进行质量分级评价的方法较多，主要可分为单指标法、多指标法、综合指标法、智能分级法等，这些方法为正确评价岩体质量提供了愈来愈多的途径，为满足各种岩体质量分级评价需求奠定了良好的基础。结合具体工程，进行岩体质量分级评价时，笔者认为宜遵循如下原则：①首先正确区分岩体结构类型，因为岩体结构类型不同，控制岩体稳定性的主要因素亦不同。在正确区分岩体结构类型的基础上，采用不同的分级指标或表达式计算岩体质量，进行详细分级与评价。②采用定性描述和定量分级评价相结合的方法，认真描述岩体各种工程地质特征是正确认识岩体的必要基础。③采用多因素综合质量分级评价的方法。岩体的工程地质特性取决于多因素的复合影响。对岩体质量进行分级评价时，应强调其中的主导因素和主要指标，并便于工程技术人员操作。④针对某些特殊地质条件下的岩体质量分级评价方法，例如层间剪切带发育地区、高地应力地区以及多场耦合的深部岩体等，应对普适性的岩体质量分级评价方法进行修正，增加考虑特殊影响因素的修正指标等，建立面向特殊地质条件或特定工程的岩体质量分级评价体系。国内外许多大型水利水电工程，结合本工程特点和特定的工程地质条件，研究建立了适合于本工程的岩体质量分级与评价体系，例如四川雅砻江二滩水电站、云南澜沧江小湾水电站、黄河李家峡水电站和长江三峡水利枢纽工程的“三峡 YZP”法等。

对于含层间剪切带的岩体工程研究，国内外学者的研究重点主要集中在层间剪切带的工程地质特性上[118-122],[139-143]，以葛洲坝水利枢纽为代表；也有一些文献论述了层间剪切带对围岩与边坡稳定性的影响。然而，针对含层间剪切带的层状复合岩体质量分级与评价及其对岩体稳定性影响的作用机制研究，显得有些不够深入，或者与工程结合程度不够紧密。主要表现在：①国内有关岩体质量分级与评价的规程、规范，例如《水利水电工程地质勘察规范》（GB 50487—2008）和《工程岩体分级标准》（GB/T 50218—2014）等，都没有明确指出如何对含层间剪切带的岩体进行质量分级评价，仅仅是简单提到软硬岩互层和薄层状岩体，质量等级应为Ⅲ～Ⅳ级。②国外 RMR 分级法和 Q 系统法中，也没有对含层间剪切带的复合岩体质量分级做出明确解释，只是对结构面状态进行了详细说明。③部分文献零星介绍了一些含层间剪切带的岩体质量分级方法，例如宋彦辉[144]、孙万和[127]、王明华[145]以及石长青[146]等。然而，这些文献报道对于含层间剪切带的岩体质量分级评价方法的认识并不统一，甚至还存在一些互相矛盾的地方，使用起来很不方便。

为此，本章在参考国内外有关文献的基础上，结合某大型水利枢纽工程坝址区层间剪切带的发育特点，建立含层间剪切带的层状岩体质量分级与评价方法，并对比验证含层间剪切带的层状岩体质量分级修正 BQ 法的合理性。

5.2 坝址区层间剪切带发育特征

在野外地质调查和钻探过程中，发现坝址区存在一定数量沿层面发育的顺层错动带或称为顺层剪切带，如图 5-1 所示。

这些剪切错动带的原岩结构发生不同程度的破坏，是坝基等建筑物岩体的薄弱带。在各种因素的不利作用下，剪切带进一步劣化演变为泥化夹层。因此，泥化夹层是层间剪切错动带发展演变劣化的产物。

（1）地表调查

（2）钻孔揭露

图 5-1　坝址区层间剪切带勘察揭露情况（1）

（3）大口径钻孔揭露

（4）平硐揭露

（5）钻孔电视成像揭露

图 5-1　坝址区层间剪切带勘察揭露情况（2）

5.2.1　坝址区层间剪切带的勘察方法与空间分布规律

通过对坝址区的专门地质勘察，包括地表调查、地质钻孔、大口径钻孔与平硐勘探等方法，同时采用钻孔电视成像等技术，初步查明河床及两岸不同高程出露的十几层有泥化现象的层间剪切带，较有代表性的见图 5-1。

为准确掌握坝址区剪切带的空间分布规律，在项目建议书阶段和可行性研究阶段的初期，通过专门性的工程地质测绘、地表地质调查和大量槽探、平硐、大口径井及钻孔资料的统计，结合钻孔电视成像资料，在坝址区不同岩组中均发现层间剪切带。

根据坝基钻孔电视调查成果等大量地质勘察资料，结合两岸坝肩部位的层间剪切带地表调查与地质勘察成果，将坝址区的主要层间剪切带分布层位及厚度特征等统计结果列于表 5-1 中。由表 5-1 可见，坝址区共有 12 层关键层间剪切带，厚度不等，变化较大，自上而下依次编号为 JQD-01～ JQD-12。12 层关键层间剪切带的分布高程从 637m 至 357m，涵盖了边坡、洞室以及坝基岩体的全部范围。

表 5-1　坝址区剪切带与泥化夹层关键层位统计表

编号	所在岩组	分布高程/m	中心高程/m	厚度特征/m	揭露钻孔
JQD-01	$T_2t_1^{2-3}$ 与 $T_2t_1^{2-2}$ 交界面处	630～637	632	0. 09～0. 24	ZK211；ZK240；ZK221；ZK225；ZK246；ZK247；ZK239；ZK251；ZK273；ZK274
JQD-02	$T_2t_1^1$ 与 $T_2er_2^{11}$ 交界面处	527～534	530	0. 01～0. 22	ZK228；ZK225；ZK253；ZK239；ZK251；ZK273；ZK274
JQD-03	$T_2er_2^{10}$	456～458	457	0. 04～0. 31	ZK234；ZK256；ZK258；ZK249；ZK261；ZK262；ZK271；ZK204-2；ZK204-3
JQD-04	$T_2er_2^{10}$	449～452	450	0. 08～0. 69	ZK255；ZK259；ZK260；ZK258；ZK262；ZK254；ZK244；ZK243；ZK257；ZK261；ZK234；ZK248；ZK233；ZK227；ZK256；ZK249；ZK271；ZK272；DKJ205；ZK204-1；ZK204-2；ZK204-3；ZK205-1
JQD-05	$T_2er_2^9$	427～433	432	0. 07～0. 94	ZK257；ZK243；ZK261；ZK256；ZK248；ZK259；ZK260；ZK258；ZK262；ZK249；ZK233；ZK255；ZK226；ZK244；ZK229；ZK232；ZK272；DKJ203；DKJ205；DKJ206；ZK204-1；ZK204-2；ZK204-3；ZK205-1
JQD-06	$T_2er_2^9$	418～423	421	0. 08～0. 65	ZK257；ZK243；ZK261；ZK256；ZK248；ZK259；ZK260；ZK258；ZK262；ZK249；ZK233；ZK255；ZK226；ZK244；ZK229；ZK232；ZK254；ZK272；DKJ203；DKJ205；DKJ206；ZK204-1；ZK204-2；ZK204-3；ZK205-1
JQD-07	$T_2er_2^9$	408～413	411	0. 11～0. 28	ZK234；ZK260；ZK243；ZK248；ZK261；ZK204-1

续表

编号	所在岩组	分布高程/m	中心高程/m	厚度特征/m	揭露钻孔
JQD-08	$T_2er_2^9$	402~405	403	0.03~0.21	ZK261；ZK248；ZK227；ZK204-1；ZK257；ZK262；ZK254；DKJ205；ZK204-2；ZK204-3
JQD-09	$T_2er_2^9$	387~392	390	0.09~0.40	ZK243；ZK248；ZK227；ZK234；ZK226；ZK256；ZK257；ZK229；ZK204-1；ZK204-2
JQD-10	$T_2er_2^9$	376~381	378	0.01~0.61	ZK226；ZK227；ZK248；ZK254；DKJ205；ZK204-2
JQD-11	$T_2er_2^9$	367~371	369	0.04~0.39	ZK226；ZK227；ZK244；ZK255；ZK262；DKJ206
JQD-12	$T_2er_2^7$	357~362	360	0.05~0.11	ZK226；ZK227；ZK254；DKJ205；DKJ206

根据勘察成果初步分析，坝址区层间剪切带的发育有如下规律：

（1）层间剪切带一般呈局部发育。从地表地质调查情况来看，沿层面横向追踪，发现延伸长度差别较大，一般为30~300m，且局部断续分布；而垂向调查发现，层间剪切带发育不均匀。层间剪切带的连续率与其类型和厚度有关，具有较大的随机性。

（2）层间剪切带多发育于泥质粉砂岩或黏土岩的顶面或顶面以下30cm以内，剖面上呈较连续的线状分布，局部可见层面转换现象。坝址区层间剪切带的类型多为岩屑夹泥型，其次为岩屑型，泥夹岩屑型和泥型相对少见，层面起伏差很小，一般为0~5cm，厚度0.5~10cm，变化较大。

（3）层间剪切带的发育概率和岩组无明显相关性，只与岩性组合有关，形成层间剪切带的软岩主要是低强度的泥质粉砂岩和粉砂质黏土岩，特别是在软硬岩的分界面附近发育概率较高，在高程350~640m均有发育。

（4）层间剪切带的连续性与地下水的循环、岩体风化卸荷及构造强烈程度有关，层间剪切带具有构造成因，风化恶化的特点。

根据对左岸坝肩和河床坝基以下层间剪切带的钻孔岩芯、光学成像调查成果，可以推算出层间剪切带的连续率。基本原则为：河床坝基部位采用光学成像调查的钻孔数量较多，确定层间剪切带的连续率几乎完全参考钻孔光学成像调查结果；而左岸坝肩部位采用光学成像调查的钻孔数量相对较少，确定层间剪切带的连续率，则同时参考了钻孔光学成像调查结果和钻孔岩芯勘察结果。基本方法是：对于河床坝基部位，首先统计钻孔光学成像调查结果中揭露某层层间剪切带的钻孔个数，然后用统计得到的确定发育该层层间剪切带的钻孔个数除以坝基以下能够揭露该层层间剪切带深度范围内进行钻孔光学成像调查的全部钻孔数量，可得到该层层间剪切带的基本连续率；而对于左岸坝肩部位，则需要同时统计钻孔岩芯和钻孔电视调查结果中揭露某层层间

剪切带的钻孔个数，然后用统计得到的确定发育该层层间剪切带的钻孔个数除以能够揭露该层层间剪切带深度范围内的全部钻孔数量，即可得到该层层间剪切带的基本连续率。坝址区12层关键层位层间剪切带的连续率如图5-2所示。

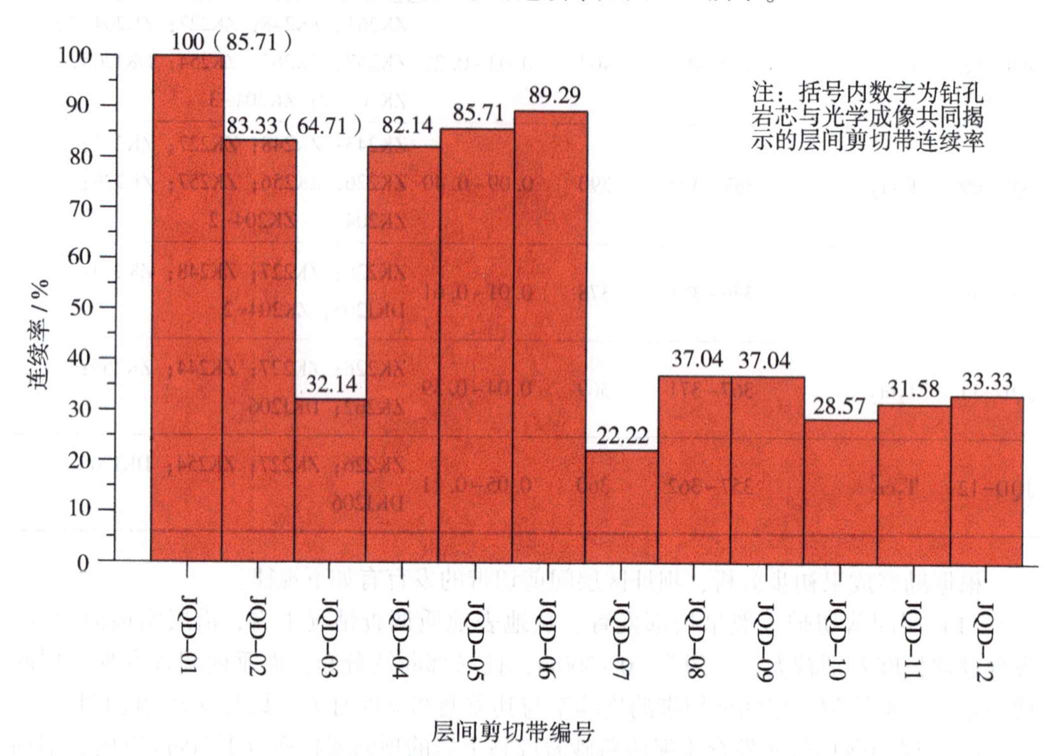

图5-2　基于钻孔电视调查统计数据的层间剪切带的连续率

5.2.2　坝址区层间剪切带的抗剪强度参数取值

根据层间剪切带工程地质勘察成果以及水工建筑物布置图，可知坝址区层间剪切带将对坝基、地下洞室围岩等稳定性造成不利影响。因此，需要根据室内与现场试验资料及工程类比，确定层间剪切带的物理力学参数，特别是抗剪强度参数，为工程稳定性计算与优化设计提供有力保障。

5.2.2.1　层间剪切带的基本类型

由于原生软弱夹层沉积环境的差异、发育形状的不同，岩层组合的不同，分布的范围不同，层间剪切带的破坏形式和程度不同，从而形成了不同厚度、不同泥化程度和不同泥化率的层间剪切带。总体上，层间剪切带的基本类型可分为两大类五个亚类。即剪切泥化带（Ⅰ）：能识别出明显错动破碎，层间剪切带和上下岩体有明显分界，根据结构性质和泥化程度，又可分为四个亚类［岩块岩屑型（A）、岩屑夹泥型（B）、泥夹岩屑型（C）和泥型（D）］；剪切破裂面（Ⅱ）（E）：层间剪切破裂面，仅表现为破裂面，未见充填物，有时几层平行发育，通常称为未泥化剪切带。以上五种基本类型层间剪切带对应的抗剪强度指标见表5-2。

表5-2　不同基本类型层间剪切带的抗剪强度参数

层间剪切带的基本类型	摩擦系数采用值	黏聚力采用值	备注
岩块岩屑型（A）	0.30~0.40		
岩屑夹泥型（B）	0.25~0.35		
泥夹岩屑型（C）	0.21~0.26		
泥型（D）	0.18~0.23		
剪切破裂面（E）	0.40~0.50		

5.2.2.2　层间剪切带抗剪强度参数的取值原则

参考黄河小浪底水利枢纽、葛洲坝水利枢纽和黄河碛口水利枢纽等工程，认为某一层位层间剪切带的综合抗剪强度指标由以下三个方面决定：层间剪切带的基本类型、不同基本类型层间剪切带在某一层中的分布概率、该层层间剪切带的整体连续率。

（1）层间剪切带的基本类型（表5-2）：研究表明，层间剪切带的基本类型不同，抗剪强度特征也不相同。前述五种基本类型对应的抗剪强度参数主要由试验确定，通常以现场大型原位抗剪试验为主，同时可以参考中型剪的试验结果。

剪切破裂面亦可称为破裂层面，其主要构造特点和工程性状介于完整岩体层面和岩块岩屑型层间剪切带之间，属于在层间层面或层理位置曾经错动过的、未发生泥化现象的、岩块岩屑含量并不高的特殊层面。调查描述布置在PD207和PD206等现场平硐中的试件剪切面特点，分析得到的大型原位抗剪试验结果不难发现：剪切破裂面的抗剪强度指标高于以上四种类型层间剪切带的抗剪强度指标，但是低于完整岩体层面的抗剪强度指标。因此，可以将剪切破裂面作为一种特殊的结构面类型单独列出，确定其抗剪强度指标则主要依据几组特定的现场大型原位抗剪试验结果。

另外，室内中型剪取样、原位抗剪试验一般选择在层间剪切带厚度大、性状差的部位，且试件尺寸不能全面包括层间剪切带起伏度的影响，而现场调查表明层面起伏度是确切存在的，因此应适当考虑起伏对提高抗剪强度指标的有利影响；再者，在试验制件的过程中，层间剪切带解除围压、回弹松弛、吸水等作用，也会引起层间剪切带性状的恶化，在一定程度上使得层间剪切带的抗剪强度指标偏低。

（2）层间剪切带的分布概率：调查和研究表明，在同一层位层间剪切带的不同区域，层间剪切带的基本类型和厚度特征等是有变化的。某一层位的层间剪切带一般由多个不同类型的层间剪切带组成。不同基本类型的层间剪切带，在该层位中所占的比例不同，该层位层间剪切带的综合抗剪强度指标亦不相同。因此，有必要根据勘察成果和数据统计，搞清楚坝址区每一关键层位层间剪切带中不同基本类型层间剪切带的分布概率（表5-3）。

（3）某一层位层间剪切带的整体连续率：根据坝址区层间剪切带揭露情况，在大量勘察数据统计分析的基础上，给出了坝址区关键层位层间剪切带的整体连续率（表5-3）。鉴于钻孔光学成像技术在层间剪切带识别方面的显著优势，统计分析主要依据钻孔光学成像调查成果。考虑到同一层层间剪切带在不同钻孔中的高程有差别，因此按高程区间划分，超出该区间的舍弃，在区间内有多层的，选择最接近的一层。

表 5-3　坝址区关键层位层间剪切带中不同基本类型的分布概率

层间剪切带编号	分布高程/m	钻孔数量	揭露数量	连续率	不同基本类型的分布概率/%				
					A	B	C	D	E
JQD-12	357~362	15	5	33.33	40	40		20	
JQD-11	376~371	19	6	31.58	16	17	50	17	
JQD-10	367~381	21	6	28.57	33		34		33
JQD-09	387~392	27	10	37.04	30	30	40		
JQD-08	402~405	27	10	37.04		40	50	10	
JQD-07	408~413	27	6	22.22	50	33	17		
JQD-06	418~423	28	25	89.29	28	24	40	8	
JQD-05	427~433	28	24	85.71	24	13	46	13	4
JQD-04	449~452	28	23	82.14	35	43	13		9
JQD-03	456~458	28	9	32.14	33	22	12		33
JQD-02	527~534	17	7	64.71	40		60		
JQD-01	630~637	14	10	85.71	50		17		33

5.2.2.3　层间剪切带抗剪强度参数的综合取值

对某一特定层面而言，在工程影响范围内，层间剪切带可能连续分布，也可能不连续分布，根据不同情况采用不同的计算公式。

（1）连续分布的层间剪切带的抗剪强度综合指标计算：

$$f = f_1 \cdot k_1 + f_2 \cdot k_2 + f_3 \cdot k_3 + f_4 \cdot k_4 + f_5 \cdot k_5 \qquad (5-1)$$

（2）不连续分布的层间剪切带的抗剪强度综合指标计算：

$$f = (f_1 \cdot k_1 + f_2 \cdot k_2 + f_3 \cdot k_3 + f_4 \cdot k_4 + f_5 \cdot k_5) \cdot P + (1 - P) \cdot F \qquad (5-2)$$

式中，f_1、f_2、f_3、f_4、f_5 为层间剪切带的抗剪强度；k_1、k_2、k_3、k_4、k_5 为层间剪切带的分布概率；P 为某层层间剪切带的连续率；F 为岩体层面的抗剪强度。

根据上述取值原则，在初步给出不同基本类型层间剪切带抗剪强度的基础上，可以计算出坝址区关键层位层间剪切带的抗剪强度综合指标，见表 5-4。

表 5-4　坝址区关键层位层间剪切带抗剪强度建议值（初步）

层间剪切带编号	分布高程/m	连续率/%	抗剪强度建议值
JQD-01	630~637	85.71	0.351~0.429
JQD-02	527~534	64.71	0.354~0.399
JQD-03	456~458	32.14	0.473~0.503

续表

层间剪切带编号	分布高程/m	连续率/%	抗剪强度建议值
JQD-04	449～452	82.14	0.325～0.402
JQD-05	427～433	85.71	0.287～0.349
JQD-06	418～423	89.29	0.275～0.343
JQD-07	408～413	22.22	0.487～0.508
JQD-08	402～405	37.04	0.429～0.455
JQD-09	387～392	37.04	0.438～0.468
JQD-10	376～381	28.57	0.458～0.477
JQD-11	367～371	31.58	0.472～0.498
JQD-12	357～362	33.33	0.452～0.482

5.3　含层间剪切带的层状岩体质量分级评价方法

对于含层间剪切带的层状复合岩体而言，层间剪切带的工程地质特性对岩体系统稳定性影响显著。研究表明[148]，含层间剪切带的层状复合岩体受力后，由于层间剪切带和上下盘相邻岩体之间的协调变形，整个岩体系统中的软弱部分（层间剪切带）首先发生破坏。层间剪切带与上下盘相邻岩体的强度差异越大，层状复合岩体系统越容易发生非稳定性破坏，这对岩体工程是极其不利的。由于连续软弱夹层（或层间剪切带/泥化夹层）往往具有集中成带发育的特征，而且局部地段性状较差，仅通过完整性系数很难反映其影响错动带对各段岩体稳定性的影响，必须考虑软弱夹层或剪切错动带的强度参数。众所周知，岩体材料的结构和性质是异常复杂的，影响岩体变形和破坏的因素也是多种多样的，尤其对具有特殊地质条件的大型工程而言，选取哪些分级指标体系，采用何种岩体质量分级方案，是一个亟待解决的重要问题。如何在岩体质量分级体系中充分考虑层间剪切带的影响，建立含层间剪切带的层状复合岩体的质量分级方法，将是层状岩体质量分级与工程地质评价的一个重要课题。

5.3.1　有关岩体质量分级方法对层间剪切带的考虑

有关岩体质量分级的方法，可以分为单因素单指标法和多因素综合指标法两大类，一般采用定性与定量相结合的方法。其中，国外有代表性的岩体质量分级方法主要有 RQD 法、RMR 法、Q 系统法等，国内主要有国标 BQ 法、水电规范 HC 法以及铁路 TB 法等方法。综观上述方法，不难发现：它们所采用的分级指标是基本一致的，只是侧重点不一样，例如 Q 系统法更加重视节理状态的影响。以上列举的几种方法，并没有对含软弱夹层（层间剪切带）岩体的情况做出明确解释，没有类似于考虑地下水、地应力以及节理产状那样，给出具体的修正方法，而只是对结构面状态进行了一些说明。因此，在这一点上，对于含层间剪切带的层状复合岩体，现行质量分级方法显得有些欠缺。

查阅相关文献资料，部分专家学者对此进行了积极有益的探索，并在有关文献中给出了不同的认识与看法。例如：武汉大学水利水电学院的孙万和[127]、成都理工大学的宋彦辉[144]、武汉理工大学的王明华[145]等。孙万和教授认为，应根据岩体结构特征，判断有无连续性层间剪切带，从而对层状岩体进行不同方法的质量分级与评价。对于一般的层状岩体，控制岩体承载力与稳定性的内在因素主要有层厚、岩性、结构面的抗剪强度及产状。层状岩体质量 M 值可以用似块度指标 B、岩石质量系数 S 和结构面摩擦系数 f 的乘积来表示。而对于有连续性层间剪切带的层状岩体，控制其稳定性的主要因素是层间剪切带的性质，其分级评价方法与块断结构岩体相似。块断结构岩体的层状岩体质量 M 值则直接由软弱夹层的摩擦系数 f 来表征，并根据层间剪切带的摩擦系数划分为三个质量等级。王明华[145]则只是在国标 BQ 法的基础上，引入了简单的考虑软弱结构面强度的修正系数。

5.3.2 含层间剪切带的层状复合岩体质量分级评价指标

目前，有关工程岩体质量分级的方法多种多样，据不完全统计至少有上百种之多[2]。然而，由于科学性和实用性的局限，真正能在国内外被承认并广泛应用的并不多。因为，任何一种岩体质量分级方法，都是为一定的目的服务的。综观上节提到的代表性岩体质量分级方法，不难发现它们采用的主要分级指标既有相同点，也有区别。例如，RMR 法较为重视结构面的影响，但未考虑地应力因素。Q 系统法考虑了岩体结构面、地应力及支护所需的参数等因素，但未考虑岩石单轴抗压强度和结构面方位的影响。岩体质量分级与评价方法，不可能包括所有的因素，分级因素的选择应考虑：①分级因素必须是涉及岩体质量及其稳定性的最重要、最基本的因素，分级因素过多将使得分级缺乏科学性和实用性，给工程应用带来困难。②分级因素的独立性，在同一分级方法中，应避免分级因素的重复和搭接。反映某一岩体质量特性的因素，可能有几个，例如岩石坚硬程度可用单轴抗压强度、点荷载强度、回弹指数等来表示，作为分级因素只能采用其中一个。③分级因素的各项指标必须容易获取，测试方法简单易行。有些力学指标，例如岩体变形模量，因为难以获取，不宜作为岩体质量分级指标。

考虑上述有关分级因素及其指标的选取原则，总结国内外具有代表性的分级方法，不难发现，岩体质量分级方法通用的几个分级因素和具体指标主要包括：岩石坚硬程度（岩石单轴饱和抗压强度、点荷载强度、回弹值）、岩体完整程度（完整性系数、体积节理数、节理平均间距）、岩石质量指标 RQD、节理状态（粗糙程度、充填情况、湿润程度）以及纵波速度等。除此之外，还有一些修正因素或指标，例如地应力、地下水、节理方位、层间剪切带等。

在确定合理的分级因素和具体指标后，权重的分配就成为分级方法成功与否的关键所在。岩石力学理论和工程实践都已证明，对于不同质量的岩体，各种因素的影响

是不一样的。在和差计分法中，权重体现在各项分级因素的评分上，在一定程度上反映各项因素的影响程度是不同的；在积商计分法中，权重分配充分体现了岩体质量（总计分）和分级因素（分项系数）之间的非线性关系，例如岩石坚硬程度和岩体完整程度等分级因素和岩体质量之间的关系是非线性的。

5.3.3　含层间剪切带的层状复合岩体质量分级评价方法

岩体结构类型是岩体质量分级的前提与基础，作者在第 2 章中明确提出了基于结构面间距划分标准的夹层状结构，认为结构面间距小于 10cm 的层状岩体往往呈片状或极薄层状，统筹划定为夹层状结构。同时在第 3 章中提到，对于含层间剪切带的层状复合岩体质量分级与评价，应考虑以下两种情况。

（1）对于单层厚度或结构面间距大于 10cm 的、连续性较好的、有一定规模的层间剪切带，应与其他相邻的岩体（包括硬岩、软岩及软硬互层岩体）区分开来，划定为独立的夹层结构类型，单独进行该层岩体的质量分级与评价；单列的软弱夹层结构，可以参考有关岩体质量分级方法进行评价，例如《水利水电工程地质勘察规范》（GB 50487—2008）和《工程岩体分级标准》（GB/T 50218—2014）等。其中《水利水电工程地质勘察规范》（GB 50487—2008）附录Ⅴ坝基岩体工程地质分类中详细列出了夹层状岩体以及软弱结构面发育情况的分类方法。依据上述方法得到的单列层间剪切带质量分级结果，往往是Ⅳ级或Ⅴ级岩体。另外，单列的层间剪切带还可以根据其抗剪强度（主要是摩擦系数）再细分为若干个亚级。特别是层间错动型层间剪切带，其摩擦系数 f 对工程岩体稳定性具有重要影响。因此，可以用摩擦系数 f 表征层间剪切带的岩体质量，进而进一步细分为几个亚级。层间剪切带的岩体质量亚级划分见表5-5。

表 5-5　剪切带岩体质量亚级划分及其工程地质特征

质量亚级	质量评价	评价指标 f	代表性夹层	工程地质特征
J-Ⅰ	较差	>0.35	泥质粉砂岩或黏土岩夹层；错动破裂层面等	大部分剪切带工程性状良好，f 值一般在 0.35~0.50；剪切带呈阶状或囊状，充填物以压碎岩、角砾岩等碎屑、碎块为主，间有少量泥质或泥质团块，泥质层面不连续
J-Ⅱ	差	0.25~0.35	岩块岩屑型或岩屑夹泥型泥化夹层	抗滑稳定性差，抗渗性能差；剪切带呈波浪起伏或起伏差较小，充填物以碎屑、碎块和泥质为主，内部可见劈理面和少量滑动面；泥质层面连续性一般
J-Ⅲ	很差	<0.25	泥化夹层，包括泥夹岩屑型和泥型等	抗滑稳定性极差，流变特性显著；剪切面平直光滑或起伏差很小，充填物以泥质为主，呈流塑状，内部发育一系列劈理面和滑动面，多见片状矿物定向排列，泥质层面连续性较好

层间剪切带的抗剪强度参数，包括抗剪断强度和抗剪强度，可以根据现场大型原位抗剪试验获得，也可以利用室内中型剪试验或直剪试验获得，并进行合理的工程类比，最终确定可靠的地质建议值。

（2）对于层厚小于 10cm 的、连续性相对较差或规模相对较小的层间剪切带，则可以视为工程地质性质较差的薄夹层或透镜体，参考国内外常用的有关岩体质量分级方法，采用类似于地下水等作用形式的折减弱化处理方法进行修正。下面分别对工程中常用的四种岩体质量分级方法进行含层间剪切带的修正处理，并依托具体工程实例检验修正方法的正确性与合理性。

1）基于国标 BQ 法的含层间剪切带的层状复合岩体质量分级的修正方法：

根据《工程岩体分级标准》（GB/T 50218—2014），岩体基本质量指标为

$$BQ = 100 + 3R_C + 250K_V \tag{5-3}$$

式中，R_C 为岩石单轴抗压强度；K_V 为岩体完整性系数。

虽然《工程岩体分级标准》（GB/T 50218—2014）具有广泛的普适性，但对于各种具体的工况，需要进行适当修正才能使该质量指标符合实际[5]。为考虑地下水、地应力和控制性结构面方位等因素的影响，《工程岩体分级标准》（GB/T 50218—2014）给出了相应的修正系数和修正后的岩体质量指标：

$$[BQ] = BQ - 100(K_1 + K_2 + K_3) \tag{5-4}$$

式中，K_1 为地下水状态修正系数；K_2 为初始应力状态修正系数；K_3 为工程轴线与主要软弱结构面方位修正系数。

在上述公式中，对主要软弱结构面的修正，仅考虑了结构面方位的影响，比如其走向与洞室、边坡延伸方向之间的夹角。但是，当存在不同级别、不同错动程度的多组结构面时，由于它们的力学性状差异显著，只是对软弱结构面方位进行修正是不全面的，还应该着重考虑另一个控制性因素，即软弱结构面的抗剪（断）强度参数，特别是对于层间剪切带等特殊结构面。因此，这里引入层间剪切带的强度修正系数，提出以下岩体质量指标修正公式和修正系数：

$$[BQ]' = [BQ] - 100K_4 = BQ - 100(K_1 + K_2 + K_3 + K_4) \tag{5-5}$$

式中，K_4 为层间剪切带的强度修正系数，并定义为

$$K_4 = 1 - \frac{f_c}{f_d} \tag{5-6}$$

式中，f_c 和 f_d 分别为层间剪切带和上下盘岩体的摩擦系数。

由式（5-6）可知，层间剪切带的摩擦系数 f_c 和上下盘岩体的摩擦系数 f_d 相差越大，层间剪切带的强度修正系数 K_4 就越大。相应地，岩体质量指标的修正力度也就越大，修正后的岩体级别越低。这与第 4 章 4.2 节中的分析结论是一致的。

有关地下水对层间剪切带强度特性的影响：由层间剪切带成因机制可知，软硬相间和软岩发育的二元结构是物质基础，构造应力和剪切作用是动力条件，地下水和风化作用是劣化条件。地下水的长期作用改变了软岩的物质组构，是层间剪切带进一步泥化衰减的主导因素。研究表明，黏土矿物亲水性特征使得层间剪切带在地下水的作用下颗粒间的连接能力发生显著变化，当含水量达到其液限值时，层间剪切带的强度

指标几乎降到最低点，甚至使得颗粒间完全丧失连接能力。以黄河中游地区某水利枢纽工程坝址区勘察平硐 PD302 发育的层间剪切带为例，不同含水量条件下测试得到的层间剪切带强度参数如表 5-6 所示。由表 5-6 可见，随着含水量的不断增大，层间剪切带的摩擦系数 f 明显降低，呈非线性减小趋势。

表 5-6　不同含水量条件下层间剪切带强度参数

样品编号	含水率/%	摩擦系数 f
PD302-1	14.75	0.254
PD302-2	16.29	0.227
PD302-4	17.94	0.213
PD302-7	22.86	0.194

由此可见，层间剪切带强度参数对地下水十分敏感。地下水越丰富，水-岩作用时间越长，层间剪切带泥化程度越高，摩擦系数 f 越低。根据式（5-5）、式（5-6）可知，含水量越高，层间剪切带的影响越显著，引起的复合岩体质量降低修正程度就越明显。

2）其他常用分级方法对含层间剪切带的层状复合岩体质量分级问题的考虑。

对于 RMR[158] 法、Q 系统法和水电规范 HC 法[32]，有关含层间剪切带情况的说明如下：RMR 法考虑了六项参数，分别是岩石强度、*RQD* 值、节理间距、节理状态、地下水和节理方位，并按照前五项参数按其对岩体质量的重要性赋予了不同的分值；对节理方位的考虑，则是按不同工程类型以及节理产状对其稳定性的影响程度，进行修正。Q 系统法也考虑了六项参数，分别是 *RQD* 值、节理组数、节理粗糙程度、节理蚀变程度、节理水折减系数和应力折减系数，并以六项因素所得分值的乘积作为岩体质量指标 Q 的分级依据。而 HC 法则以控制围岩稳定的岩石强度特征、岩体完整程度、结构面状态、地下水和主要结构面产状五项因素之和的总评分为基本判据，围岩强度应力比为限定判据，进行岩体质量分级。

可见，RMR 法对于层间剪切带的考虑相对较好，Q 系统法和 HC 法没有明确给出如何考虑层间剪切带的影响。研究表明，Q 系统法适合描述质量较差的破碎岩体，而 HC 法强调对于发育有层间剪切带的软硬岩互层和薄层状岩体，其质量等级应为Ⅲ～Ⅳ类。因此，尽管 Q 系统法和 HC 法对于层间剪切带的考虑不如 RMR 法，也在一定程度上体现了层间剪切带强度和变形特征对岩体质量与稳定性的影响。

对《工程岩体分级标准》（GB/T 50218—2014）进行的层间剪切带的强度特征修正后的岩体质量分级方法的有效性，有待进一步验证。

另外，需要指出的是，本书建立的含层间剪切带的层状复合岩体质量分级修正 BQ 法，是针对地下工程岩体而言的。对于边坡工程岩体，主要结构面类型与产状是岩体稳定性的重要影响因素，BQ 分级法给出了修正系数 λ、K_4 和 K_5 及具体计算方法[5]：

$$[BQ] = BQ - 100(K_4 + \lambda K_5) \tag{5-7}$$

$$K_5 = F_1 \times F_2 \times F_3 \tag{5-8}$$

式中，λ为边坡工程主要结构面类型与延伸性修正系数；K_4 为边坡工程地下水影响修正系数；K_5 为边坡工程主要结构面产状影响修正系数；F_1 为反映主要结构面倾向与边坡倾向间关系影响的系数；F_2 为反映主要结构面倾角影响的系数；F_3 为反映边坡倾角与主要结构面倾角间关系影响的系数。

当结构面类型与延伸性为断层和夹泥层时，修正系数λ的值取 1.0。由此可见，边坡工程岩体分级方法中充分考虑了软弱结构面类型、延伸性和产状的影响，已经将层间剪切带问题涵盖在内，因此无须进一步对其进行修正。

5.4 层状复合岩体质量分级修正 BQ 法的有效性验证

为了验证上述建立的《工程岩体分级标准》（GB/T 50218—2014）对于含层间剪切带的修正 BQ 法的科学性与实用性，本节以坝址区平硐 PD207 和平硐 PD302 的围岩质量分级为背景，将《工程岩体分级标准》（GB/T 50218—2014）修正方法所得岩体质量分级结果与 RMR 法、Q 系统法以及水电 HC 法的结果进行对比。

5.4.1 工程地质条件

坝址区勘察平硐 PD207 位于重力坝轴线的左坝肩，底面高程约为 527m，深度约 100m，平硐断面为 2m×2m。PD207 围岩由铜川组与二马营组两部分地层组成，上为铜川组青灰色巨厚层长石砂岩，下为二马营组的 $T_2er_2^{11}$ 岩组紫红色泥质粉砂岩。在巨厚层长石砂岩与紫红色泥质粉砂岩层面上发育一层剪切错动带。该层层间剪切带连续性较好，上盘岩体为巨厚层长石砂岩，下盘岩体为泥质粉砂岩，厚度不均匀，一般为 0.3~3cm，初步判定层间剪切带的类型以岩屑夹泥型和泥夹岩屑型为主，局部为岩块岩屑型或泥型。地质勘察过程中，对 PD207 剪切错动泥化带进行了详细的描述和统计，见表 5-7。

表 5-7 PD207 平硐剪切错动泥化夹层特征统计表

夹泥类型	累计长度/m	长度百分比/%	厚度下限均值/cm	厚度上限均值/cm	厚度范围/cm
岩块岩屑型	4.60	8.1	3.1	6.1	1~10
岩屑夹泥型	24.96	43.9	1.9	5.4	0.3~12
泥夹岩屑型	20.49	36.0	1.4	3.1	0.3~10
全泥型	5.67	10.0	0.3	1.0	0.2~1
不连续段	1.10	2.0			

勘察平硐 PD302 位于壶口坝址上游左岸公路边，底面高程约为 527m，深度约 65m，平硐断面为 2m×2m。PD302 围岩由灰黑色巨厚层砂岩和紫红色泥质粉砂岩组成。在巨厚层砂岩底部层面上发育一层剪切错动带。该层层间剪切带的连续性较好，岩性为灰白色与鲜红色相间的泥质粉砂岩，上盘岩体为巨厚层砂岩，下盘岩体为泥质粉砂

岩，厚度不均匀，一般为0.5~5cm，初步判定其类型以岩屑夹泥型和泥夹岩屑型为主，局部为岩块岩屑型或泥型。

5.4.2　考虑层间剪切带影响的层状岩体质量分级结果

在平硐PD302掘进过程中对该层剪切错动夹层进行了追踪与探测，发现该层层间剪切带自洞口延伸至平硐深度35m左右处尖灭。因此在采用国标BQ分级法对层间剪切带进行强度修正时，仅对前面35m围岩进行了修正，对35~65m范围内的岩体质量分级，未进行修正处理。

在进行围岩质量分级过程中，首先根据岩体结构特征和岩体完整程度对平硐分段，然后参照国标BQ分级法逐段对相应的分级评价指标进行评分，最后确定修正岩体质量指标，见表5-8、表5-9。

由表5-8、表5-9可知，平硐PD207围岩以Ⅲ级为主，占80%以上，只有洞口附近由于受强烈的风化卸荷等作用的影响，为Ⅳ级围岩，平硐深部岩体局部接近Ⅱ级围岩。平硐PD302围岩以Ⅲ级和Ⅳ级为主，占70 %以上。其中，Ⅳ级和Ⅴ级围岩主要分布在洞口和洞内构造破碎带附近。靠近平硐尽头的15m左右的围岩质量较好，岩石强度和岩体完整性较好，为Ⅱ级岩体。在剪切错动带出露的洞段，考虑其性状和产状进行修正后，岩体质量指标降低52~57分，质量级别降低1级左右，而无剪切错动带出露的部位岩体质量无变化。

5.4.3　修正的BQ法与其他分级方法的比较

为了对建立的含层间剪切带的层状复合岩体质量分级的修正BQ方法进行有效性检验和对比分析，同时采用RMR法、Q系统法和水电规范HC法对PD207和PD302围岩进行了质量分级，并将具体分级结果列于表5-8、表5-9中。由表5-8、表5-9可见，修正后的BQ岩体质量指标和质量等级，与RMR法、Q系统法以及HC分级法的结果比较接近，仅局部略有差异。其中修正后的BQ岩体质量等级与RMR法评分结果差异最小，原因是RMR法对于不连续结构面状态中对夹泥层的评分值有明确的规定和说明，从结构面状态、夹层厚度等方面考虑了层间剪切带特征带来的影响。

由于修正后的BQ法与RMR法、Q系统法和HC法选取的分级指标以及各指标的权重不完全相同，因此不同分级方法所得到的同一段围岩质量分级结果会有所不同。一般情况下这种差异不会太大。为进一步了解修正后的BQ法与RMR法、Q系统法和HC法之间的相关关系，对上述几种方法所得到的分级结果进行了数据拟合处理，最终得到了一定的相关关系，见图5-3。

表 5-8　修正方法所得勘探平硐 PD207 围岩质量分级结果及其对比

平硐深度分段/m	单轴饱和抗压强度 R_C /MPa	岩体完整性系数 K_V	岩体质量指标 [*BQ*]	含层间剪切带修正后 [*BQ*]′	修正后的 BQ 法分级结果	RMR 评分值	RMR 分级结果	Q 系统评分值	Q 系统分级结果	HC 法评分值	HC 分级结果
0~5	58.2	0.24	304.6	252.9	Ⅳ	36	Ⅳ	0.09	Ⅴ	31	Ⅳ
5~12	68.5	0.59	423.0	371.3	Ⅲ	53	Ⅲ	0.74	Ⅳ	53	Ⅲ
12~17	68.5	0.74	455.5	403.8	Ⅲ	57	Ⅲ	1.73	Ⅲ	59	Ⅲ
17~37	68.5	0.53	403.0	351.3	Ⅲ	51	Ⅲ	0.44	Ⅳ	58	Ⅲ
37~60	68.5	0.84	480.5	428.8	Ⅲ	58	Ⅲ	8.75	Ⅱ	75	Ⅱ
60~68	68.5	0.69	443.0	391.3	Ⅲ	57	Ⅲ	7.67	Ⅱ	63	Ⅲ
68~91	68.5	0.82	475.5	423.8	Ⅲ	65	Ⅱ	11.39	Ⅱ	74	Ⅱ

表 5-9　修正方法所得勘探平硐 PD302 围岩质量分级结果及其对比

平硐深度分段/m	饱和单轴抗压强度 R_C /MPa	岩体完整性系数 K_V	岩体质量指标 [*BQ*]	含层间剪切带修正后 [BQ]′	修正后的 BQ 法分级结果	RMR 评分值	RMR 分级结果	Q 系统评分值	Q 系统分级结果	HC 法评分值	HC 分级结果
0~5	48.7	0.18	281.1	224.4	Ⅴ	23	Ⅴ	0.05	Ⅴ	24	Ⅴ
5~8	54.9	0.30	329.7	273.0	Ⅳ	35	Ⅳ	0.13	Ⅳ	37	Ⅳ
8~12	54.9	0.39	352.2	295.5	Ⅳ	38	Ⅳ	0.20	Ⅳ	38	Ⅳ
12~16	71.2	0.43	417.1	360.4	Ⅲ	57	Ⅲ	0.60	Ⅳ	51	Ⅲ
16~24	71.2	0.56	449.6	392.9	Ⅲ	61	Ⅲ	1.75	Ⅲ	58	Ⅲ
24~35	71.2	0.78	504.6	447.9	Ⅲ	70	Ⅱ	3.90	Ⅲ	70	Ⅱ
35~41	30.2	0.18	277.8	277.8	Ⅳ	32	Ⅳ	0.07	Ⅴ	27	Ⅳ
41~43	30.2	0.27	300.3	300.3	Ⅳ	37	Ⅳ	0.11	Ⅳ	35	Ⅳ
43~50	49.8	0.84	455.4	455.4	Ⅱ	71	Ⅱ	11.67	Ⅱ	74	Ⅱ
50~61	49.8	0.87	462.9	462.9	Ⅱ	72	Ⅱ	12.08	Ⅱ	75	Ⅱ

由图 5-3 可见：①修正的 BQ 法与 RMR 法、Q 系统法和 HC 法之间具有较好的相关性，所得相关系数依次为 0.978、0.931 和 0.972；②RMR 法、修正的 BQ 法与 HC 法之间呈较明显的线性相关关系，所得相关系数依次为 0.953 和 0.972；③Q 系统法与 RMR、修正的 *BQ*、*HC* 值之间呈明显的指数递增或对数递增关系，其相关系数依次为 0.901、0.931 和 0.883。由此可见，本节建立的含层间剪切带的层状复合岩体质量分级修正 BQ 法与其他常用质量分级方法之间存在较好的相关性，该方法是正确的、符合实际的。

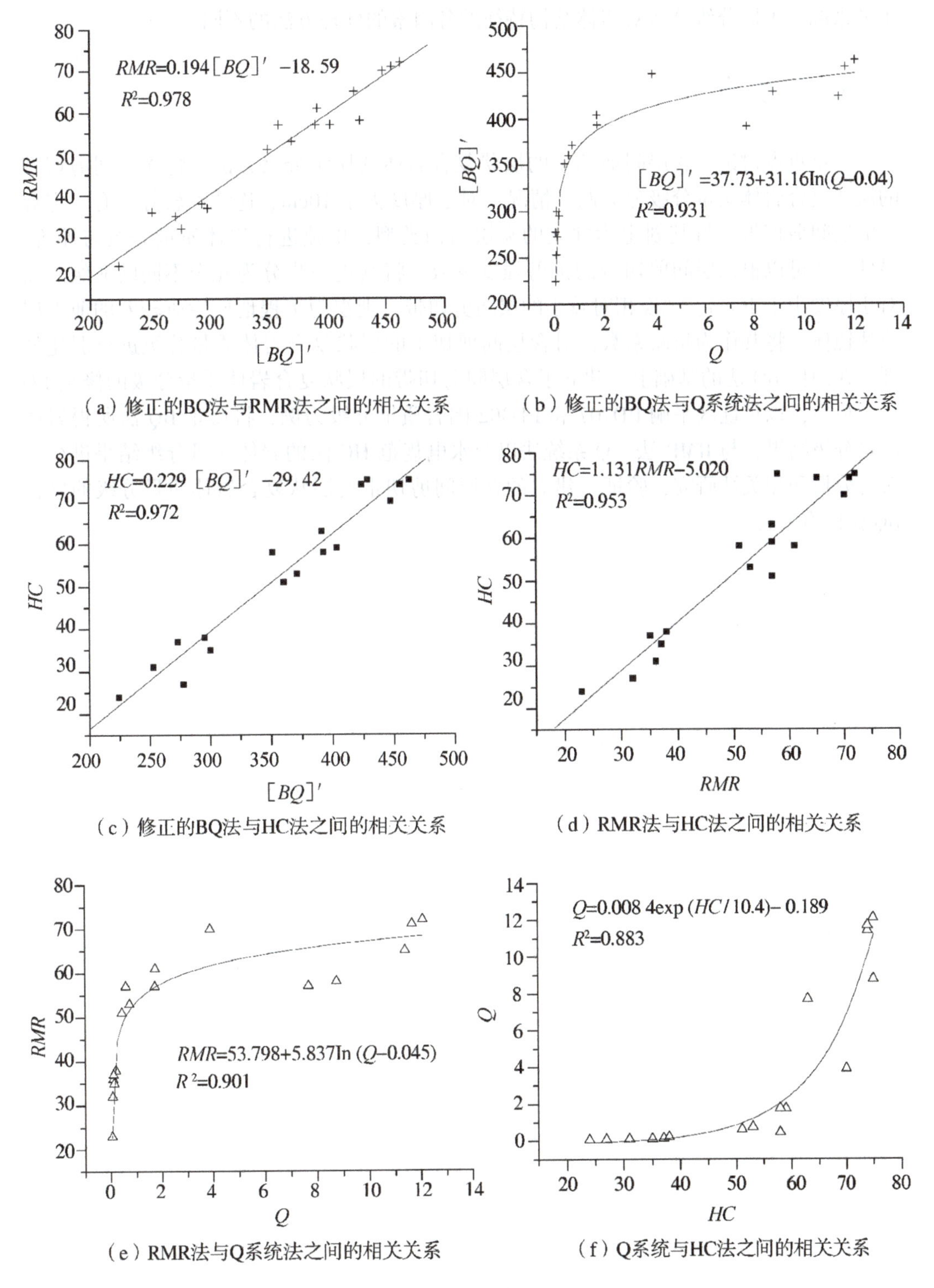

图 5-3　修正的 BQ 法与其他几种岩体质量分级方法之间的相关关系

需要说明的是，由于本区处于低地应力区，地下水的影响较小，所以这种差异的

主要来源是不同分级体系对岩体结构特征的各因素的处理方法的不同。

5.5 小结

本章重点讨论了含层间剪切带的层状复合岩体的质量分级方法。将含层间剪切带的层状复合岩体质量分级分为两种情况：对于厚度大于10cm、连续性较好、有一定规模的层间剪切带，将其划定为独立的夹层结构类型，单独进行岩体质量分级与评价；另外，还可以根据层间剪切带的抗剪强度参数，将其进一步分为几个不同的亚级。而对于厚度小于10cm、规模相对较小的层间剪切带，则视为工程地质性质较差的薄夹层或透镜体，将其作为折减系数，对含层间剪切带的层状复合岩体质量分级进行弱化处理，在国标BQ法的基础上，建立了含层间剪切带的层状复合岩体质量分级的修正BQ法。最后，以坝址区平硐PD207和PD302围岩质量分级为例，将修正BQ法所得岩体质量分级结果，与RMR法、Q系统法以及水电规范HC法的岩体质量分级结果进行了对比分析和相关性研究，验证了建立的含层间剪切带的层状复合岩体质量分级的修正BQ法的有效性。

第6章　近水平复杂层状岩体质量初步分级研究

6.1　引言

由第1章文献综述可知，国内外提出的有关岩体质量分类与分级的方法，目前已超过百种。这些方法中，既有单因素的，也有多因素的；既有通用的，也有专门的；既有定性的，也有定量的，还有定性与定量相结合的。然而，就工程实践与具体应用情况而言，岩体质量分级应根据工程类型和工程区地质环境的不同，而采取不同方法。在第1章中介绍的诸多岩体质量分级方法中，大多数是针对地下工程提出的，尤其是在地下洞室围岩分类中使用最多，应用效果最好的RMR法、Q系统法等方法。这些方法可以将地下工程围岩分级与相应的支护类型紧密结合，同时可以进一步推求岩体抗剪强度参数。目前，这些分级方法在坝基岩体与边坡岩体质量分级中，也逐渐得到应用，并积累了许多成功经验。然而，由于在坝基岩体质量分级过程中，结构面测量统计资料仅限于地表，代表性相对有限，而钻孔岩芯统计资料难以定向，也难以确定其中某些参数，导致这些方法在坝基岩体质量分级中的应用受到一定限制，其深入应用仍处在探索阶段[65]。边坡岩体受地形条件、岩层倾角和风化卸荷作用影响明显，同时还要考虑坡高、坡角、破坏方式等影响因素。专门面向坝基岩体和边坡岩体质量分级研究，起步相对较晚，成熟度有待进一步提高，一些理论问题至今缺乏比较一致的认识，是一个尚处于研究阶段的课题。

因此，基于对岩体质量分级方法的上述认识，结合在具体工程应用中的实践与体会，作者认为：①尽管许多岩体质量分级方法是针对地下工程提出的，鉴于坝基岩体和边坡岩体质量分级与评价方法尚不够成熟，仍然可以利用RMR法、Q系统法等方法对坝基、边坡岩体质量进行初步分级，并与某些坝基、边坡岩体质量分级方法进行对比，最后根据具体的地质条件和岩体特征，综合确定坝基、边坡岩体质量等级。②由于影响岩体质量与稳定性的因素众多，而且不同工程部位的影响因素也不一样，如果仅仅使用某一种方法，岩体质量分级结果的可靠性难以保证。因此，应将影响岩体质量的各种因素尽量予以考虑，在选择多种合理分级方法进行岩体质量分级的基础上，将多种分级方法所得分级结果进行对比分析，最后结合现场调查与地质分析成果，综合评定岩体质量等级。③针对具体工程，制定“个性化”岩体质量分级方案。大量工程实践表明，对于存在特殊地质问题的工程，例如对于岩性组合复杂、层间剪切带、岩溶强烈发

育等情况，完全套用现有某一种或几种固定的分级方法，很难解决这些问题。因此，不同的工程往往需要根据自身的特点，对工程岩体质量级别进行深入分析研究。

为此，本章在简单介绍国内外常用岩体质量分级基本方法和考虑分级因素的基础上，分别针对坝基岩体和洞室围岩质量，选择多种合适的分级方法和可操作性较强的分级指标，进行了初步分级研究，并给出了坝基岩体质量初步分级结果和坝址区地下洞室围岩质量分级方案。最后，基于坝址区左岸方案排沙洞和右岸方案发电洞围岩质量初步分级结果，探讨了不同分级方法之间的相关关系，给出了几种不同分级方法之间的定量关系表达式和相关系数。

6.2 岩体质量分级基本方法

6.2.1 南非地质力学 RMR 分级法

RMR（Rock Mass Rating）[9]方法由南非 Bieniawski 于 1973~1975 年提出，后经多次修正，于 1989 年发表在《工程岩体分类》一书中。该方法选用岩石饱和抗压强度、*RQD* 值、节理间距、节理条件及地下水等五个分级指标。第一步，根据表 6-1 确定各个分级指标所得分值，把各项分值累计起来可得到岩体的总分值，按照总分值判断岩体属于哪一个级别。分值越高，表明岩体质量越好。第二步，按裂隙产状对不同工程的影响（表 6-2）修正岩体的总分值。根据节理裂隙对不同工程的影响程度，扣除不同的分值，这是因为裂隙对各类工程的作用不是等同的。例如节理走向在隧道中的影响作用，不如在边坡工程中那样重要，则扣除的分值相应也较少。第三步，根据建议的岩体工程围岩分类表（表 6-3）来预测围岩的自支撑时间、岩体的抗剪强度以及可挖性等，作为设计与施工的参考依据。RMR 法可以给岩体质量确定一个数值，而不是一些容易混淆的术语，无疑这一思路与方向是正确的。由于记分法简单易行，该方法曾获得一定的推广。

表 6-1　岩体地质力学（RMR）分类表[9]

	分级指标		评分标准						
1	岩石强度/MPa	点荷载强度指标 I_S	>10	4~10	2~4	1~2	强度较低的岩石宜用单轴抗压强度		
		单轴抗压强度 R_C	>200	100~200	50~100	25~50	5~25	1~5	<1
		评分值	15	12	7	4	2	1	0
2	岩芯质量指标 *RQD*/%		90~100	75~90	50~75	25~50	<25		
	评分值		20	17	13	8	3		

续表

	分级指标		评分标准				
3	节理间距/cm		> 200	60~200	20~60	6~20	< 6
	评分值		20	15	10	8	5
4	节理条件		节理面很粗糙，不连续，闭合，岩壁不风化，坚硬	节理面略粗糙，张开度 < 1mm，岩壁微风化	节理面略粗糙，张开度 < 1mm，岩壁弱风化	节理面有擦痕或断层泥，张开度 1~5mm，连续性较好	节理面含有软弱夹层，张开度 > 5mm，连续性好
	评分值		30	25	20	10	0
5	地下水	每 10m 长隧洞流量（L/min）	无	< 10	10~25	25~125	> 125
		节理水压力/主应力	或 0	或 0~0.1	或 0.1~0.2	或 0.2~0.5	或> 0.5
		一般状况	完全干燥	稍潮湿	潮湿	滴水	有水流出或溢出
	评分值		15	10	7	4	0

表 6-2　按节理方向修正评分值[9]

节理走向或倾向		非常有利	有利	一般	不利	非常不利
修正评分值	隧洞	0	-2	-5	-10	-12
	地基	0	-2	-7	-15	-25
	边坡	0	-5	-25	-50	-60

表 6-3　岩体工程围岩分类表[9]

岩体质量级别		Ⅰ	Ⅱ	Ⅲ	Ⅳ	Ⅴ
岩体质量描述		非常好	好	一般	差	非常差
总评分值		81~100	61~80	41~60	21~40	< 20
围岩自稳状况	跨度/m	15	10	5	2.5	1
	自稳时间	20 年	1 年	1 周	10h	30min
岩体抗剪强度估算	C/kPa	>400	300~400	200~300	100~200	<100
	φ/°	>45	35~45	25~35	15~25	<15
可挖性		极困难	困难	一般	容易	极容易

6.2.2 岩体质量指标 Q 系统分级法

1974 年挪威学者巴顿、伦德等提出了 Q 分级法，是由 *RQD*、节理组数 J_n、节理面粗糙度 J_r、节理蚀变程度 J_a、节理水影响系数 J_w、应力折减系数 *SRF* 等六项分级指标组成的，其计算公式为[161]：

$$Q = (RQD/J_n) \cdot (J_r/J_a) \cdot (J_w/SRF) \tag{6-1}$$

式中，*RQD* 划分和评价见表 6-4，其他分级指标的划分与评价可从对应的表 6-5～表 6-9中查得。*Q* 值越大，表明岩体质量越好。

表 6-4　*RQD* 值的划分与评价

RQD/%	岩体质量描述
0～25	极差
25～50	差
50～75	一般
75～90	好
90～100	极好

表 6-5　节理组数 J_n

节理发育情况	J_n 值
A. 整体的、没有或少有节理	0.5～1.0
B. 1 组节理	2.0
C. 1～2 组节理	3.0
D. 2 组节理	4.0
E. 2 组节理和不规则节理	6.0
F. 3 组节理	9.0
G. 3 组节理和不规则节理	12
H. 4 组以上节理。具有大量节理，岩石被多组节理切割成方块	15
I. 破碎岩石，类似土砂岩石	20

表 6-6　节理面粗糙度 J_r

节理面粗糙度情况	J_r 值
a）节理面直接接触	
A. 不连续的节理	4.0
b）剪切位移 10cm 时的接触面情况	

续表

节理面粗糙度情况	J_r值
B. 粗糙或不规则的起伏节理	3.0
C. 平滑起伏状的节理	2.0
D. 光滑起伏状的节理	1.5
E. 平坦但粗糙或不规则节理	1.5
F. 平滑而平直的节理	1.0
G. 光滑且平直的节理	0.5
注：如节理的平均间距大于 3.0m 时，加 1.0 分	
c）节理面两壁不直接接触	
H. 节理面间充填有不能使节理面直接接触的连续厚的黏土矿物	1.0
I. 节理面间充填有不能使节理面直接接触的砂、砾石或挤压破碎带	1.0

表 6-7　节理蚀变系数 J_a

节理蚀变程度	J_a值	Φ /°
a）节理面直接接触		
A. 坚硬的、半软弱的、经过处理而紧密且具有不透水充填物的节理（例如石英或绿泥石充填）	0.75	
B. 节理面未产生蚀变，仅少数表面有污染	1.0	25~30
C. 节理面有轻微蚀变，表面为半软弱的矿物所覆盖，具有砂质微粒、风化岩土等	2.0	25~30
D. 节理为粉质黏土或砂质黏土覆盖，少量黏土或半软弱岩覆盖	3.0	25~35
E. 有软弱的或低摩擦角的黏土矿物覆盖在节理表面（如高岭土、云母绿泥石、滑石、石膏等）或含有少量膨胀性黏土（不连续覆盖、厚度 1~2cm 或更薄）的节理面	4.0	8~16
b）剪切位移小于 10cm 时，节理面直接接触		
F. 砂质微粒、岩石风化物充填	4.0	25~30
G. 紧密固结的半软弱黏土矿物充填（连续的或厚度小于 5mm）	6.0	16~24
H. 中等或轻微固结的软弱黏土矿物充填（连续的或厚度小于 5mm）	8.0	12~16
I. 膨胀性黏土充填，如连续的厚度小于 5mm 的蒙脱石充填	8.0~12.0	6~12
c）节理面两壁不直接接触		
J、K、L. 风化带或挤压破碎带岩石和黏土（对各种黏土状态的说明见 G 或 H、I）	6.0~12.0	6~12

续表

节理蚀变程度	J_a值	Φ /°
N. 粉质或砂质黏土及少量黏土	5.0	
O、P、Q. 厚的连续分布的黏土或夹层（对各种黏土状态的说明见G或H、I）	10~20	6~12

表 6-8 节理水影响系数 J_w

节理裂隙水情况	J_w值	近似的水压力/(kg/cm^2)
A. 开挖时干燥或有少量渗水，即有局部渗水，渗水量小于5L/min	1.0	< 0.1
B. 中等渗水或填充物偶然受水压力冲击	0.66	0.1~0.25
C. 大量渗水或高水压，节理未充填	0.5	0.25~1
D. 大量渗水或高水压，节理充填物被大量带走	0.33	0.25~1
E. 异常大的渗水或具有很高的水压，但水压随时间衰减	0.1~0.2	> 1
F. 异常大的渗水或具有很高且持续的无显著衰减的水压	0.05~0.1	> 1

表 6-9 应力折减系数 *SRF*

地应力情况			*SRF*值
a）当隧洞与软弱层交叉，开挖后可能引起岩体的松弛			
A. 含有黏土或化学风化岩石的软弱带多次出现，周围岩石非常疏松（处于任何深度部位）			10
B. 含有黏土或化学风化岩石的单一的软弱带，开挖深度≤50m			5.0
C. 含有黏土或化学风化岩石的单一的软弱带，开挖深度>50m			2.5
D. 在坚硬岩石中，多次出现层间剪切带，周围岩石疏松			7.5
E. 在坚硬岩石中，具有单一的剪切带（夹少量黏土），开挖深度≤50m			5.0
F. 在坚硬岩石中，具有单一的剪切带（夹少量黏土），开挖深度>50m			2.5
G. 松弛的张节理，多组节理，是“角砾”状（处于任何深度部位）			3.0
b）坚硬岩石，存在初始应力问题	R_C/σ_1	R_t/σ_1	
H. 低应力，靠近地表	> 200	> 13	5.0
J. 中等应力	10~200	0.66~13	1.0
K. 高应力，结构致密（对稳定时间有利，但对岩壁可能不利）	5~10	0.33~0.66	0.5~2.0
L. 弱岩爆	3~5	0.16~0.33	5~10
M. 强烈岩爆	2~3	< 0.16	50~200

续表

地应力情况	*SRF* 值
c）在高应力状态下，有挤出或塑性流动的软岩	
N. 轻微挤出	5~10
O. 强烈挤出	10~20
d）膨胀性岩石	
P. 吸水弱膨胀的岩石	5~10
R. 吸水强烈膨胀的岩石	10~15

岩体质量指标 Q 为一综合指标，它的范围一般从 0.001（膨胀性岩石、极坏岩石）到1 000（几乎无裂隙的完整岩体），不同 Q 值的级别可根据表 6-10 确定。

表 6-10　岩体质量 Q 值分级

分级名称	特别差	极差	很差	差	中等	好	很好	极好	特别好
Q 值	< 0.01	0.01~0.1	0.1~1	1~4	4~10	10~40	40~100	100~400	> 400

这一分级方法与地质力学分级法（RMR）都属于多指标法。RMR 法采用记分法，要求的指标比较容易获得，因此在矿业工程界获得更多的应用。Q 法则主要应用于隧道与大型地下洞室。

6.2.3　《工程岩体分级标准》BQ 分级法

2014 年发布的国家标准《工程岩体分级标准》（GB/T 50218—2014）[5] 根据岩石坚硬程度和岩体完整程度两个因素对岩体质量进行分级。对岩石坚硬程度和岩体完整程度，采用定性划分和定量指标两种方法确定。在定性划分中，主要以锤击、浸水和手捏等方法，结合岩石风化程度的观察来确定岩石的坚硬程度；通过测量结构面间距、张开度和充填情况即节理面结合度来确定岩体的完整程度。在定量指标划分中采用二级分级法：首先，根据岩石的单轴饱和抗压强度 R_C（MPa）和岩体的完整性指数 K_V 代入式（6-2）计算岩体的基本质量指标 BQ。结合岩体质量的定性特征和 BQ 值按表 6-11 对岩体质量进行初步分级。

$$BQ = 100 + 3R_C + 250K_V \tag{6-2}$$

当 R_C>$90K_V$+30 时，应以 $R_C = 90K_V + 30$ 和 K_V 代入式（6-2）计算 BQ 值；当 K_V<$0.04R_C$+0.4 时，应以 $K_V = 0.04R_C + 0.4$ 和 R_C 代入式（6-2）计算 BQ 值。按 BQ 值和岩体质量定性特征将岩体质量划分为 5 级，如表 6-11 所列。

表 6-11　岩体基本质量分级

基本质量级别	岩体质量的定性特征	岩体基本质量指标 BQ
Ⅰ	坚硬岩，岩体完整	> 550
Ⅱ	坚硬岩，岩体较完整；较坚硬岩，岩体完整	550~451
Ⅲ	坚硬岩，岩体较破碎；较坚硬岩或软、硬岩互层，岩体较完整；较软岩，岩体完整	450~351
Ⅳ	坚硬岩，岩体破碎；较坚硬岩，岩体较破碎~破碎；较软岩或软、硬岩互层，且以软岩为主，岩体较完整~较破碎；软岩，岩体完整~较完整	350~251
Ⅴ	较软岩，岩体破碎；软岩，岩体较破碎~破碎；全部极软岩或全部极破碎岩	< 250

注：表中岩石坚硬程度按表 6-12 划分，岩体的完整程度按表 6-13 划分。

表 6-12　岩石坚硬程度划分表

岩石单轴饱和抗压强度 R_C/MPa	> 60	60~30	30~15	15~5	< 5
坚硬程度	坚硬岩	较坚硬岩	较软岩	软岩	极软岩

表 6-13　岩体完整程度划分表

岩体完整性系数 K_V	> 0.75	0.75~0.55	0.55~0.35	0.35~0.15	<0.15
完整程度	完整	较完整	较破碎	破碎	极破碎

详细定级时，应考虑其他因素对岩体质量的影响，对岩体基本质量指标 BQ 进行修正，并以修正后的值按表 6-11 确定岩体级别。修正值［BQ］按下式计算：

$$[BQ] = BQ - 100(K_1 + K_2 + K_3) \tag{6-3}$$

式中，K_1 为地下水影响修正系数，按表 6-14 确定；K_2 为主要结构面产状影响修正系数，按表 6-15 确定；K_3 为初始应力状态影响修正系数，按表 6-16 确定。

表 6-14　地下水影响修正系数（K_1）表

地下水状态	BQ 值			
	> 450	450~350	350~250	< 250
潮湿或点滴状出水（K_1）	0	0.1	0.2~0.3	0.4~0.5
淋雨状或涌流状出水，水压≤0.1MPa 或单位水量≤10L/min（K_1）	0.1	0.2~0.3	0.4~0.6	0.7~0.9
淋雨状或涌流状出水，水压>0.1MPa 或单位水量>10L/min（K_1）	0.2	0.4~0.6	0.7~0.9	1.0

表 6-15　主要结构面产状影响修正系数（K_2）表

结构面产状及其与洞轴线的组合关系	结构面走向与洞轴线交角 $\alpha < 30°$，倾角 β 为 30°~75°	结构面走向与洞轴线交角 $\alpha > 60°$，倾角 $\beta > 75°$	其他组合
K_2	0.4~0.6	0~0.2	0.2~0.4

表 6-16　初始应力状态影响修正系数（K_3）表

地应力状态	BQ 值				
	>550	550~450	450~350	350~250	< 250
极高应力区（K_3）	1.0	1.0	1.0~1.5	1.0~1.5	1.0
高应力区（K_3）	0.5	0.5	0.5	0.5~1.0	0.5~1.0

6.2.4　《水利水电工程地质勘察规范》HC 分级法

《水利水电工程地质勘察规范》（GB 50487—2008）[69]分别在附录 N 和附录 V 中对围岩工程地质分类和坝基岩体工程地质分类方法进行了规定。其中，围岩工程地质分类以控制围岩稳定的岩石强度、岩体完整程度、结构面状态、地下水和主要结构面产状等 5 项因素之和的总评分值作为基本判据，围岩强度应力比作为限定判据，并应符合表 6-17 中的规定。各分级因素对应的评分标准，详见《水利水电工程地质勘察规范》（GB 50487—2008）附录 N 中的表 N.0.9-1~表 N.0.9-5。而坝基岩体工程地质分类以岩石的饱和抗压强度、岩体结构和节理面的发育情况，将坝基岩体分为 5 大类，16 个亚类，详见附录 V 中的表 V。

表 6-17　地下洞室围岩分类表

围岩类别	围岩总评分 T	围岩强度应力比 S
Ⅰ	> 85	> 4
Ⅱ	$85 \geqslant T > 65$	> 4
Ⅲ	$65 \geqslant T > 45$	> 2
Ⅳ	$45 \geqslant T > 25$	> 2
Ⅴ	$T \leqslant 25$	-

注：Ⅱ、Ⅲ、Ⅳ类围岩，当围岩强度应力比小于本表规定时，围岩等级宜相应降低一级。

6.3　岩体质量分级考虑因素

影响岩体质量及其稳定性的因素众多，如何考虑各种因素对岩体质量分级的影响，合理选择分级因素，是岩体质量分级研究中的重要内容。国内外岩体质量分级方法，都力求更合理地考虑各种因素的影响。我们认为，只考虑极少数或单个分级因素、指标的分级和那些将众多因素、指标都加以考虑的“包罗万象”的分级都是不合理的。

例如，早期的普氏坚固系数分级只考虑了岩石抗压强度，迪尔分级只考虑了 *RQD* 值，以及日本等提出的岩体弹性波速分级法等，看似简单，但是过于强调某一因素（指标）的作用，显然无法对复杂的工程岩体质量和稳定性等级做出正确的判断。而有些分级方法则将岩石的单轴抗压强度、弹性模量、岩体波速、节理间距、节理面状态、*RQD* 值、风化系数、地应力状态、地下水状态等因素统统列为分级指标，表面上似乎相当全面，但是却不实用。因为要获取众多分级指标是极其困难的，何况许多因素的影响是重复的，有的还是互相制约的。

6.3.1 分级因素的选取原则

目前，国内外研究者认为，分级因素的选择应遵循如下原则。

（1）分级因素尽量将影响工程岩体质量及其稳定性的主要方面（分级指标）包含在内，且应分清主次，将不同因素（指标）对岩体质量分级结果的影响层次区分出来。决定岩体质量和稳定的主要因素属于基本因素，是各类工程岩体的共性；次要因素对岩体质量及其稳定性的影响，随工程类型的不同而异，也随岩体赋存条件不同而异，是体现各类工程岩体个性的因素，属于辅助因素。可以根据基本因素确定岩体基本质量，按照次要因素对基本质量进行修正。

（2）选择的分级因素必须是各自独立的，不应互相交叉或包容。例如岩体风化程度，既影响岩体的坚硬程度，又影响岩体的完整程度，所以不应成为岩体强度或完整程度之外的一个独立因素。

（3）为了简化分级方法，应当把众多的影响因素分类组合，归并成为复合因素，作为一类分级因素。例如，可以把岩石单轴抗压强度，以及相关的其他物理力学性质指标都归属于岩石的坚硬程度一类因素（指标）中，而岩体中结构面的数量、规模、密度（间距）以及张开度、起伏情况、延伸长度、充填性状等，岩体完整性系数、体积节理数等归属于岩体的完整程度一类因素中。

（4）分级因素既要有定性描述指标，又要有定量划分指标，且分级指标容易获取。定性指标与定量指标相结合，可以提高分级的准确率。难以获取，耗时耗资巨大，需要专门技术测试的指标，不宜作为分级因素。

6.3.2 分级指标的定性描述与定量划分

岩体承受外荷载的能力，主要取决于完整岩块的坚硬程度、块度和它们之间的连接情况。因此，可以定义岩石坚硬程度和岩体完整程度为决定岩体质量的基本因素，它是岩体固有的，决定岩体质量和稳定性的基本属性。对于工程岩体而言，除了决定岩体质量的基本因素以外，还受一些与工程有关的外界因素的影响，例如结构面状态、地下水、地应力以及主要结构面产状与工程尺寸、方位间的关系等。

反映上述影响岩体质量的分级因素中，既有可以定性描述的，也有可以进行定量划分的。例如通过实地观测岩体基本情况，对地层岩性、岩体结构类型、结构面发育分布状况、岩体风化程度等进行准确的定性描述，可以从宏观上把握岩体质量分级的边界条件。但是只有定性描述，而无定量指标作为判据的分级方法，应用时随意性大，

准确性差；相反，如果只是根据某些定量指标来进行岩体质量分级，由于定量指标的局限性，结果往往会带来一定的片面性。因此，现阶段的工程岩体质量分级，应采用定性描述、定性划分与定量指标相结合的方法。

例如，《工程岩体分级标准》（GB/T 50218—2014）明确指出，岩石坚硬程度和岩体完整程度是确定岩体基本质量的两个基本因素，应采用定性划分和定量指标两种方法确定。岩石坚硬程度的定性划分，见表6-18；岩体完整程度的定性划分，见表6-19、表6-20。

表6-18　岩石坚硬程度的定性划分

名称		定性鉴定	代表性岩石
硬质岩	坚硬岩	锤击声清脆，有回弹，震手，难击碎；浸水后，大多无吸水反应	新鲜~微风化；花岗岩、正长石、闪长岩、安山岩等
	较坚硬岩	锤击声较清脆，有轻微回弹，稍震手，较难击碎；浸水后，有轻微吸水反应	①弱风化的坚硬岩 ②新鲜~微风化的熔结凝灰岩、大理岩、板岩等
软质岩	较软岩	锤击不清脆，无回弹，较易击碎；浸水后，指甲可刻出印痕	①弱~强风化的坚硬岩 ②微风化的凝灰岩、千枚岩、砂质泥岩、页岩等
	软岩	锤击声哑，无回弹，有凹痕，易击碎；浸水后，手可扒开	①弱风化的坚硬岩 ②弱~强风化的较坚硬岩 ③新鲜的泥岩等
	极软岩	锤击声哑，无回弹，有较深凹痕，手可捏碎；浸水后，可捏成团	①全风化的各种岩石 ②各种半成岩

表6-19　岩体完整程度的定性划分

名称	结构面发育程度		主要结构面的结合程度	主要结构面类型	相应的岩体结构类型
	组数	平均间距/m			
完整	1~2	> 1.0	好或一般	节理、裂隙、层面	整体状或巨厚层状
较完整	1~2	> 1.0	差	节理、裂隙、层面	块状或中厚层状
	2~3	1.0~0.4	好或一般		块状结构
较破碎	2~3	1.0~0.4	差	节理、裂隙、层面、小断层	裂隙块状或中厚层状
	> 3	0.4~0.2	好		镶嵌碎裂结构
			一般		中、薄层结构
破碎	> 3	0.4~0.2	差	各种类型结构面	裂隙块状结构
		< 0.2	一般或差		碎裂状结构
极破碎	无序		极差		散体状结构

表 6-20　结构面结合程度的定性划分

名称	结构面特征
结合好	张开度小于 1mm，无充填物 张开度 1~3mm，为硅质或铁质胶结 张开度大于 3mm，结构面粗糙
结合一般	张开度 1~3mm，为钙质或泥质胶结 张开度大于 3mm，结构面粗糙，为铁质或钙质胶结
结合差	张开度 1~3mm，结构面平直，为泥质或泥质和钙质胶结
结合很差	泥质充填或泥夹石屑，充填厚度大于起伏差

表征岩石坚硬程度的定量评价指标有多种，例如：岩石单轴饱和抗压强度、点荷载强度、弹性（变形）模量、回弹值等，其中岩石单轴饱和抗压强度具有容易获取、代表性强、与其他力学指标相关性较好等特点，应用最为广泛。具体划分标准见表 6-12。另外，对于制样比较困难或便于现场测试的岩石，一般可以采用点荷载强度换算成岩石单轴饱和抗压强度。

$$R_C = 22.82(I_{S(50)})^{0.75} \tag{6-3}$$

表征岩体完整程度的定量评价指标也较多，主要有：岩体完整性系数 K_V、岩体体积节理数 J_V、岩石质量指标 RQD、节理平均间距 d_p、1.0m 长岩芯段包含的节理数等。目前，国内外采用较普遍的是前 3 项定量指标。考虑到国内各勘察单位、研究单位采用的钻头、钻具型号各异，所获取的 RQD 值缺乏统一性和可比性，因此岩体完整性系数 K_V 是工程中最常用的完整程度定量指标，具体划分标准见表 6-13。当无条件实测 K_V 值时，也可以用岩体体积节理数 J_V 来代替，二者之间的对应关系，参见表 6-21。20 世纪 70 至 90 年代，铁道部科学研究院西南研究所结合隧道工程围岩分级试验研究，在大瑶山隧道等 20 座铁路隧道工程中进行了 K_V 与 J_V 之间关系的统计分析工作，并于 1986 年给出如下经验公式：

$$K_V = 1.087 - J_V/42.3 \tag{6-4}$$

表 6-21　K_V 与 J_V 的对照表

J_V/（条·m^{-3}）	< 3	3~10	10~20	20~35	> 35
K_V	> 0.75	0.75~0.55	0.55~0.35	0.35~0.15	< 0.15

6.3.3　分级指标权重的分配

在正确选定分级因素以后，各因素在确定岩体质量级别时，权重的分配就成为分级方法合理与否的关键。岩体力学理论和实践证明，对于不同质量的岩体，各种因素的影响是不一样的。在和差计分法中，权重体现在对各因素的评分上，虽然对于不同级别岩体总评分一般是等间距的，但考虑到各因素的评分，最终各因素对岩体质量的影响仍然是不一样的。

积商计分法中权重的分配，体现在两个方面：其一是积商法本身体现了分级因素和岩体质量间的非线性关系。例如，当考虑岩石单轴饱和抗压强度 R_C 和岩体完整性系数 K_V 时，岩体基本质量可以用 $R_C \cdot K_V$ 来表示，在 R_C-K_V 坐标平面上，岩体质量是一族双曲线。其二，在质量级别相同的岩体中，完整性较差的岩体，就需要较高的岩石强度；但是当 K_V 低到一定程度时，岩体质量对 R_C 就不再敏感，即当岩体很破碎时，岩石强度再高，也不会对岩体质量有大的改善。相反地，当岩石强度很低时，再高的 K_V 值对岩体质量不会有大的改善。这种结果恰好反映了岩体的基本工程力学特性。所以，用岩石单轴饱和抗压强度 R_C 和岩体完整性系数 K_V 的乘积来表达岩体基本质量，恰当地反映了两个分级因素权重的变化关系。积商计分法中分级因素权重的分配，还体现在分级档次中各质量级别岩体的总计分是非等距的，这也说明了岩石坚硬程度和岩体完整程度等分级因素和岩体质量的关系是非线性的。

6.4　坝基岩体质量分级初步研究

6.4.1　坝址区地层岩性、地质构造特征

根据地层分布高程判断，坝基岩体主要涉及二马营组地层的 $T_2er_2^9$、$T_2er_2^{10}$ 和 $T_2er_2^{11}$ 岩组以及铜川组地层的 $T_2t_1^1$ 和 $T_2t_1^{2-1}$ 岩组。其中，$T_2er_2^9$ 岩组为暗紫红色粉砂岩夹巨厚层~中薄层长石砂岩及少量砂质黏土岩，相变较大。砂岩所占比例为 6.05%~30.16%，粉砂岩占 46.09%~93.95%，黏土岩占 0~23.75%。$T_2er_2^{10}$ 岩组为青灰色巨厚层~中厚层长石砂岩与暗紫红色粉砂岩互层，含少量黏土岩，局部相变较大。砂岩所占比例为 14.40%~63.74%，粉砂岩占 35.27%~84.46%，黏土岩占 0~13.61%。$T_2er_2^{11}$ 岩组为暗紫红色粉砂岩夹巨厚层~中薄层长石砂岩及少量砂质黏土岩。砂岩所占比例为 6.46%~20.81%，粉砂岩占 64.71%~93.54%，黏土岩占 0~18.54%。较硬的砂岩一般呈中厚层~巨厚层状，较软的黏土岩则以薄层状或透镜体状分布于砂岩和粉砂岩之间。铜川组地层为长石砂岩与粉砂岩互层，下部的 $T_2t_1^1$ 岩组为青灰色巨厚层长石砂岩夹厚层~巨厚层粉砂岩，底部分布有不连续的砾岩，与下伏二马营组上段地层呈整合接触。砂岩所占比例为 45.20%~69.79%，粉砂岩占 27.13%~50.12%，黏土岩占 0~21.66%。$T_2t_1^{2-1}$ 岩组为暗紫红色粉砂岩夹巨厚层~中薄层长石砂岩和少量黏土岩。砂岩所占比例为 12.85%~42.87%，粉砂岩占 37.81%~85.71%，黏土岩占 0~28.17%。

坝址区地质构造相对简单，坝址区未发现断层、褶皱等构造，主要发育有陡倾角节理裂隙和层间剪切带等。坝址区结构面包括原生结构面（层面、层理等）、构造节理裂隙以及顺层剪切破碎带，详见 3.5 节。

6.4.2　坝基岩体结构分类

岩体结构是影响岩体质量的重要因素，也是坝基岩体质量分级、坝基岩体稳定性评价的前提与基础。对于层状岩体结构而言，由于软硬岩石相间分布，层面间距变化较大，岩体结构总体划分依据主要是结构面间距。本课题在第 2 章中针对目前层状岩

体单层厚度划分依据存在的差异与不足，综合分析后提出了基于结构面间距的层状岩体结构类型划分的修正方案。同时，结合坝址区层状岩体风化卸荷与层间剪切带发育特点，提出了更具针对性的夹层结构。根据该方案提出的划分方法，结合建筑物涉及岩组的结构面间距平均值与结构面间距百分比统计资料，初步建立了适用于近水平复杂层状岩体的结构类型划分方案。

通过对地质调查、钻孔勘察、物探测试和实测剖面资料的统计分析，将坝址区层状岩体结构划分为巨厚层状结构、厚层状结构、中厚层状结构、薄层状结构和夹层状结构等五种类型。其中，巨厚层状岩体包括整体巨厚层状（>2m）和一般巨厚层状(>1m)两种类型。坝基、坝肩部位具体的层状岩体结构类型划分及其主要工程地质特征，见表2-15。

由于岩层的相变较大，不同岩性呈不等厚的韵律互层发育。因此根据现阶段工程地质岩组的划分，同一个岩组可能包含不同的层状岩体结构类型。

另外，由于覆盖层及强风化卸荷带岩体在重力坝坝基、面板坝趾板、心墙坝齿槽以及进出口边坡、隧洞过沟浅埋段等部位需要挖除，因此工程建筑物区域的薄层状和夹层状结构岩体所占比例将会减少。

6.4.3 坝基岩体质量分级因素与指标

坝基岩体质量分级是将大坝作用和影响范围内的岩体按照岩体工程特性的优劣及其对建坝的适宜程度进行的等级划分，是岩体工程地质条件评价的重要手段。坝基岩体质量分级方法种类众多，综合多因素分级方法考虑的影响因素较多，比单因素分级方法更接近实际，因而在大型水利水电工程实践中应用较广。

坝址区岩性层位较多，既有坚硬~较坚硬的砂岩类，又有较坚硬~较软的粉砂岩类，还有更为软弱的黏土岩类，岩石组合较为复杂。坝址区岩体层状结构特征十分显著，岩体层面、层理、层间剪切带（大多数已经发育成为泥化夹层）较发育，陡倾角节理裂隙较发育。因此，在坝基岩体质量分级时，以岩体所属地层和岩石组合特征为基础，同时考虑岩石强度、岩体结构特征及风化卸荷的影响程度，进行基本工程地质单元划分和坝基岩体质量初步分级。结合现场测试和室内试验成果，对坝基岩体质量初步分级结果进行修正，最终确定坝基岩体质量分级。

针对坝址区工程地质条件及岩体层状结构等特点，控制坝基岩体质量的主要因素有：① 岩层组合特征；② 岩石岩性；③ 岩体结构特征；④ 岩体风化卸荷特征；⑤ 结构面性状；⑥ 层间剪切带/泥化夹层及其泥化特征。

具体选用的分级指标包括：① 基本指标：岩石单轴饱和抗压强度、结构面间距及其特征（表征岩体结构）、岩体完整性系数（综合表征岩体结构、岩体完整程度以及风化卸荷程度等）；② 参考指标：*RQD* 值（反映岩体完整程度、岩体结构等）、岩体波速特征等。

6.4.3.1 坝基岩体单轴饱和抗压强度

根据坝址区岩石物理力学性质试验成果，T_2er_2、$T_2t_1^1$ 和 $T_2t_1^2$ 岩组砂岩类的单轴饱和抗压强度平均值分别为60.40MPa、56.17 MPa和55.12MPa，一般值分别为50~75

MPa 、45~77 MPa 和 45~78 MPa，属较坚硬岩~坚硬岩。其中，铜川组砂岩类的单轴饱和抗压强度略低于二马营组；T_2er_2、$T_2t_1^1$ 和 $T_2t_1^2$ 岩组粉砂岩类单轴饱和抗压强度平均值分别为 36. 57MPa、33. 84MPa 和 30. 62MPa，一般值分别为 25~55 MPa 、25~48 MPa 和 25~50MPa，均属较软岩~较坚硬岩。T_2er_2、$T_2t_1^1$ 和 $T_2t_1^2$ 岩组黏土岩类的单轴饱和抗压强度平均值分别为 30. 47MPa、26. 40MPa 和 20. 86MPa，一般值分别为 20~32 MPa 、21~35 MPa 和 16~26 MPa，均属较软岩。

6. 4. 3. 2　坝基岩体纵波速度与完整性系数

岩体纵波波速的高低主要受岩体结构、完整性、岩石强度、风化卸荷、地下水状况等多种因素制约，因此它是表征岩体质量的一项综合指标。项目建议书阶段的地质勘察，在坝址区 7 个平硐、30 余个钻孔中进行了弹性波测试。根据岩体声波综合测井以及平硐弹性波测试统计资料，砂岩纵波速度为 4 000~4 900m/s，钙质、泥质粉砂岩纵波速度为 3 700~4 500m/s，黏土岩纵波速度为 1 700~3 700m/s。强风化、弱风化、微风化卸荷带岩体的纵波速度分别为 1 300~2 500m/s、2 500~4 000m/s 和>4 000m/s。因此，纵波速度的高低反映了岩体质量的优劣程度，坝基岩体纵波速度与岩体完整性系数见表 6-22。

表 6-22　坝基岩体纵波速度与完整性系数

岩体级别		纵波速度/（$m \cdot s^{-1}$）	完整性系数	基本特征
Ⅱ		>4 000	>0. 75	完整
Ⅲ	$Ⅲ_1$	3 200~4 000	0. 55~0. 75	较完整
	$Ⅲ_2$	2 500~3 200	0. 35~0. 55	较完整~较差

6. 4. 3. 3　坝基岩体质量指标 RQD

RQD 作为反映岩体完整程度的定量参数之一，已被广泛应用于水利水电工程的岩体质量评价。该工程河床坝基地段有近 30 个勘探钻孔，各钻孔均有丰富的 RQD 资料，基本上反映了河床坝基岩体的完整程度。另外，*RQD* 值在表征层状岩体层面裂隙、缓倾角结构面等方面具有较为明显的优势，而且与透水性指标以及纵波速度等具有良好的相关性。根据坝址区岩体特点和 RQD 统计资料，参照有关规范和国际标准，将Ⅲ级岩体各细分为两个亚类，适当提高了Ⅱ级岩体的下限值。坝基岩体 *RQD* 值的统计分析结果见表 6-23。

表 6-23　坝基岩体质量指标 *RQD* 值

岩体级别		*RQD*/%		岩体完整性	岩体结构特征
		国际标准	选取值		
Ⅱ		75~90	>85	完整	巨厚层~整体状
Ⅲ	$Ⅲ_1$	62. 5~75	65~85	较完整	厚层~块状
	$Ⅲ_2$	50~62. 5	45~65	较完整	中厚层~次块状

6.4.4 坝基岩体质量分级初步结果

坝基岩体质量取决于多种地质因素的耦合作用，各种因素对岩体力学性质的影响不尽相同。另外，在不同地质单元中，起控制作用的各种地质因素之间的主次关系也常常会发生变化。因此，任何单一因素的分级，都不可能全面反映岩体质量级差，必须采用多因素综合评判的方法，进行坝基岩体质量综合分级。

在深入分析坝址区地层岩性组合、岩体强度、风化卸荷、岩体结构、岩体纵波速度和层间剪切带等影响因素的基础上，结合现场地质调查、地质勘察成果和岩体力学试验成果，选取合理的分级指标，根据分级方法的适用性和具体应用情况，参照《水利水电工程地质勘察规范》（GB 50487—2008），将坝基岩体质量划分为Ⅱ、Ⅲ级两大类。其中，又将Ⅲ级岩体分为两个亚类，即$B_{Ⅲ_1}$和$B_{Ⅲ_2}$；$B_{Ⅲ_1}$类为厚层状结构，$B_{Ⅲ_2}$类为中厚层~薄层状结构。具体分级结果见表6-24。

表6-24 坝基岩体质量初步分级结果

类别		岩体结构	中硬岩（R_C为30~60MPa）		较软岩（R_C< 30MPa）	
			岩体特征	工程地质评价	岩体特征	工程地质评价
$B_Ⅱ$		巨厚层状结构	巨厚层砂岩和钙质粉砂岩，结构面不发育，间距大于2m；岩体嵌合紧密，无充填或钙质充填	岩体完整，属坚硬~较坚硬岩，强度较高，岩体抗滑、抗变形性能较强		
Ⅲ	$B_{Ⅲ_1}$	厚层状结构	厚层砂岩和钙泥质粉砂岩,结构面较发育,间距0.5~2.0m;嵌合较紧密,无充填或钙质充填	岩体较完整，有一定的强度，抗滑、抗变形性能受结构面和岩石强度控制	低强度的粉砂岩和粉砂质黏土岩，巨厚层~厚层状，结构面不发育或轻度发育	岩体完整，岩体抗滑、抗变形性能受岩体强度控制
	$B_{Ⅲ_2}$	中厚层~薄层状结构	砂岩和钙泥质粉砂岩，结构面中等发育，节理间距0.3~0.5m；贯穿性的节理裂隙较少；钙质或碎屑充填	岩体较完整，局部完整性差，抗滑、抗变形性能受结构面和岩石强度控制		

6.5　地下洞室围岩质量分级初步研究

6.5.1　洞室围岩质量分级方法

为正确评价地下洞室围岩稳定性，合理选取围岩物理力学参数，优化围岩支护措施，需要对围岩质量进行科学分级。根据坝址区地下洞室岩体强度差异较大、层状结构特征明显、层间剪切带较发育等特点，主要选择《水利水电工程地质勘察规范》(GB 50487—2008）提出的方法（HC 分级法），同时参考国内外工程界常用的 RMR（或 GSI）法、Q 系统法和《工程岩体分级标准》(GB 50218—2014）建议法（简称 BQ 分级法)，对地下洞室围岩进行工程地质分类。地下洞室围岩质量分级的具体步骤是：首先，根据地质调查、勘探钻孔和平硐揭露的基本地质条件，进行工程地质分段和相应的、详细的分段地质勘察资料分析；其次，结合现场与室内岩石（体）试验成果，以及物探测试成果，针对各个洞室工程的部位和特点，选取合理的质量分级指标，按照上述四种方法进行评分，可以得到围岩质量初步分级结果；最后，以 HC 分级法作为标准和基础，对四种方法所得围岩质量初步分级结果之间的相关性进行分析，说明四种方法之间的一致性和存在的差异，并综合确定围岩质量的初步分级结果。

6.5.2　洞室围岩质量分级指标

上述四种围岩质量分级方法均考虑了岩体完整性、结构面性状以及地下水的影响。HC 分级法和 BQ 分级法中考虑因素较为全面，重点突出了岩石强度和岩体完整性的影响，并对地下水、结构面产状、地应力的影响进行了相应的修正。相比较而言，HC 分级法还考虑了结构面状态，在对岩体完整性和结构面状态赋分时，相应地区分为硬质岩和软质岩等两种情况，更具合理性。然而，上述分级方法基本上都没有直接考虑洞室几何形状、洞室跨度、泥化夹层等因素的影响，这些因素恰恰是影响层状围岩稳定性的重要方面。

根据地下洞室区工程地质条件，具体选用的岩体质量分级指标包括：岩石单轴饱和抗压强度、岩体完整性系数、岩石 *RQD* 值、结构面特征（包括结构面间距和结构面状态)、地下水以及结构面产状与洞室轴线方向之间的关系等。至于层间剪切带对岩体质量的影响，应根据其规模采用不同的处理方式，具体修正方法详见第 5 章。因本章属于初步分级，暂时不单独考虑其影响。

(1）岩体完整性。岩体完整性系数 K_V 是表征岩体完整性程度的定量指标，在围岩 HC 分级法中占有 40 分比重，也是 BQ 分级法分类体系中的两大主要定量指标之一，因此准确描述岩体完整性对于围岩分类具有重要意义。K_V 一般通过测定的岩石与岩体声波速度来计算，即 $K_V=(V_{pm}/V_{pr})^2$。若无条件取得实测值时，也可用岩体体积节理数 J_V 表征对应的 K_V 值。或者当岩体嵌合紧密，声波纵波速级差不明显时，利用声速指标计算 K_V 值不能准确反映岩体完整性时，亦可采用岩石质量指标 *RQD* 来确定 K_V 值的大小。表 6-25 给出了岩体 *RQD* 值、岩体体积节理数 J_V 与岩体完整性系数 K_V 之间的对应关系。

表 6-25　*RQD* 值、J_V 值与岩体完整性系数 K_V 之间的对应关系

RQD/%	100~90	90~75	75~50	50~25	25~0
J_V/（条·m^{-3}）	<3	3~10	10~20	20~35	>35
K_V	>0.75	0.75~0.55	0.55~0.35	0.35~0.15	<0.15
完整程度	完整	较完整	较破碎	破碎	极破碎

（2）岩石单轴饱和抗压强度。在上述 HC 分级法、BQ 分级法和 RMR 分级法中，均需要考虑岩石单轴饱和抗压强度。单轴饱和抗压强度作为表征岩石坚硬程度的定量指标，是岩体质量分类的重要因素之一。根据现场与室内试验成果，地下洞室区采用的各类岩石单轴饱和抗压强度取值，见表 6-11 和 6.4.3.1 节的论述。

（3）结构面特征。结构面（层面、层理、节理等）的间距、裂隙面的状态，按现场实测结果取相应测线范围内的统计值，具体结果参见 6.2.2 节。有关结构面产状与洞室轴线方向的组合问题，根据现场调查或勘探平硐中实测的裂隙产状资料进行统计分析，确定各硐线工程地质分段中的节理裂隙优势产状，确定优势节理裂隙倾角及其走向与洞室轴线的夹角关系，最终给出相应的修正值。

（4）地下水。根据现场对 PD201~PD214 等勘探平硐的地质调查结果以及钻孔地下水位统计资料，地下洞室大多数处于干燥~湿润状态，或有渗水滴水现象，仅局部出现线状流水现象。地下水多为基岩裂隙水，具有层状分布的特点，且分布不均匀；基本不存在统一的地下水位，地下水活动相对较弱。

（5）地应力。在上述 HC 分级法、Q 系统法和 BQ 分级法中，均需要考虑岩体应力状态的影响。在 HC 分级法中，围岩强度应力比是限定判据指标；而 Q 系统分级法和 BQ 分级法中，围岩应力状态则是主要影响修正系数之一。为此，在可行性研究阶段有针对性地选择坝址区 PD211 平硐某段开展了地应力测试研究，有关测试研究成果见参考文献［157］中的有关内容。

6.5.3　洞室围岩质量初步分级的几种方案

根据地下洞室区基本地质条件初步分析，洞室围岩主要涉及二马营组地层的 $T_2er_2^{10}$ 和 $T_2er_2^{11}$ 岩组以及铜川组地层的 $T_2t_1^1$ 和 $T_2t_1^{2-1}$ 岩组。结合坝址区具体地质条件，根据不同分级方法对应的评分标准，对选取的分级指标赋分，得出各级围岩的总评分，考虑修正情况，最终给出围岩质量基本级别。上述四种分级方法对应的初步分级方案见表 6-26~表 6-29。

表 6-26 RMR 法综合评分与围岩分级结果

	分级指标	与分级指标对应的详细赋分值				
1	岩石单轴饱和抗压强度/MPa	75~60	65~50	50~40	45~30	35~25
	分数值	8~6	7~6	6~5	5~4	4~2
2	*RQD*/%	>90	75~90	50~75	30~50	15~30
	分数值	18~15	14~12	12~10	10~8	8~6
3	结构面间距/m	>2.0	1.0~2.0	0.5~1.0	0.3~0.5	<0.3
	分数值	18~15	14~12	12~10	10~8	8~6
4	结构面状态	微粗糙，闭合或不连续张开，新鲜	微粗糙，张开小于1mm，微风化	微粗糙，张开1~2mm，弱风化	镜面或夹泥小于5mm，张开1~5mm	夹泥大于5mm或张开大于5mm
	分数值	20~18	17~14	15~13	12~10	10~8
5	地下水	干燥~湿润	湿润	湿润~渗水	渗水滴水	线状流水
	分数值	12~10	10~8	9~7	8~6	6~4
6	结构面方位	中等	中等~较差	中等~较差	较差	差
	分数值	0~-2	-2~-3	-3~-5	-4~-6	-6~-8
	总分值	62~76	49~60	40~49	30~40	18~30
	围岩级别	Ⅱ	$Ⅲ_1$	$Ⅲ_2$	$Ⅳ_1$	$Ⅳ_2$

表 6-27 Q 系统法围岩分级计算结果

分级指标及赋分值						*Q* 评分	质量评价	质量级别
RQD	J_n	J_r	J_a	J_w	*SRF*	*Q*	质量评价	围岩级别
90~100	2.0~3.0	1.5~1.0	1.0~2.0	1.0	1.0	15~75	好	Ⅱ
75~90	3.6~4.0	1.5~1.0	3.5~4.0	1.0	1.0	4.70~10.70	较好	$Ⅲ_1$
50~75	5.0~6.0	1.5~1.0	4.5~5.0	1.0~0.8	1.0	1.33~5.00	一般	$Ⅲ_2$
30~50	8.0~9.0	1.5~1.0	7.5~8.0	0.8~0.75	1.0	0.31~1.00	差	$Ⅳ_1$
15~30	9.0~12	1.5~1.0	8.0~9.0	0.75~0.66	2.0	0.09~0.47	极差	$Ⅳ_2$

表 6-28 水电规范（HC）法围岩分级综合评分

	分级指标	与分级指标对应的详细赋分值				
1	单轴饱和抗压强度/MPa	75~60	65~50	50~40	45~30	35~25
	评分	22~20	18~16	16~14	15~10	12~10
2	岩体完整性系数	0.75~0.95	0.70~0.80	0.60~0.70	0.45~0.65	0.35~0.45
	评分	30~32	28~30	22~25	16~20	10~12
3	结构面张度/mm	<0.5	0.5~1.0	0.5~2.0	1.0~5.0	1.0~5.0
	充填情况	无充填	无充填或方解石	岩屑	岩屑或泥质	泥质
	裂隙面情况	平直~起伏粗糙	平直粗糙	起伏光滑~粗糙	起伏粗糙	平直粗糙
	评分	21~24	15~18	14~16	10~15	10~12
4	地下水活动状态	干燥或湿润	湿润或滴水	少量滴水	线状滴水	线状流水
	评分	0	0~-2	-2~-6	-4~-6	-6~-8
5	结构面走向与洞轴线夹角	90°~60°	90°~60°	<30°		
	结构面倾角	>70°	70°~45°	90°~45°		
	评分	0~-2	-2~-4	-2~-5		
	总评分	69~78	54~64	44~53	30~44	22~30
	围岩类别	Ⅱ	$Ⅲ_1$	$Ⅲ_2$	$Ⅳ_1$	$Ⅳ_2$

表 6-29 BQ 分级法围岩分级计算结果

基本指标及赋分值		*BQ* 分值	修正指标及赋分值			［*BQ*］分值	质量级别
R_C	K_V	*BQ*	K_1	K_2	K_3	［*BQ*］	围岩级别
60~75	0.75~0.95	457~550	0~0.1	0~0.2	0	450~550	Ⅱ
50~65	0.70~0.80	430~485	0~0.1	0.1~0.2	0	400~450	$Ⅲ_1$
40~50	0.60~0.70	360~415	0~0.1	0.1~0.3	0	350~400	$Ⅲ_2$
30~45	0.45~0.65	295~360	0~0.2	0.2~0.4	0	300~350	$Ⅳ_1$
20~35	0.35~0.45	252~310	0~0.3	0.3~0.6	0	250~300	$Ⅳ_2$

6.5.4　主要建筑物洞室围岩质量初步分级结果与评价

根据地下洞室区基本地质条件初步分析，地下洞室围岩主要涉及二马营组地层的 $T_2er_2^{10}$ 和 $T_2er_2^{11}$ 岩组以及铜川组地层的 $T_2t_1^1$ 和 $T_2t_1^{2-1}$ 岩组。各个岩组地层岩性组合见前述章节。根据部分钻孔统计，巨厚层岩石所占比例多数在70%以上，平均单层厚度2~5m，厚层和中厚层岩石所占比例为25%~30%，薄层状岩石所占比例小于5%。因此，洞室围岩主要为巨厚层、厚层、中厚~薄层三个基本结构类型。表6-26~表6-29结合坝址区具体工程地质条件，给出了国内外常用的几种地下洞室围岩质量分级方案、评分标准及其对应的初步分级结果。

由表6-26~表6-29可见，地下洞室围岩质量主要分为Ⅱ、Ⅲ、Ⅳ三个等级。其中Ⅲ、Ⅳ级围岩又分别进一步细分为两个亚级。根据给出的分级方案，可对坝址区主要建筑物（导流洞、泄洪洞、排沙洞、发电洞等）围岩质量进行初步分级。考虑到上述几种不同分级方案的适用性，部分洞段重点参考了HC法和BQ法分级方案。对于局部埋深较浅，处于弱风化卸荷带的围岩以及厚度较大，分布稳定的顺层层间剪切带，直接按照降低级别考虑；而对于厚度较小，分布范围不确定的顺层层间剪切带，不再单独划分，甚至忽略其影响。条件允许时，亦可在施工过程中根据其出露位置（顶底板及其附近），直接扩挖处理。

6.5.5　四种岩体质量分级方法之间的相关性分析

虽然各种方法的分级参评因素不同，但基本上都是以岩石坚硬程度（岩石强度）和岩体结构完整性作为控制岩体质量等级的基础。因此，它们之间具有可比性和相关性的前提和基础，各种方法所得到的岩体质量分级结果在某种程度上是可以相互对比和换算的[159]，从而可以提高岩体质量综合评价和分级结果的可靠性，并为各种方法的评价结果提供了统一认识以及相互验证的依据[160]。

关于各种岩体质量评价分级方法间的相关性研究，国外主要进行了RMR方法与Q系统之间以及GSI系统之间的关系研究，并给出了相应的关系式[161]。国内外亦有一些文献报道了有关BQ法、HC法和Q系统等分级方法之间相关关系的初步研究成果[160,162-164]。本研究课题结合某大型水利枢纽具体地质条件，以坝址区近水平复杂层状岩体为研究对象，根据现场勘察资料和有关试验测试数据，分别利用国内外最常用的RMR法、Q系统法、BQ法以及HC法对主要水工建筑物洞室围岩质量进行了初步分级。在此基础上，参考各个洞室围岩详细分级结果，试图对上述四种岩体质量评价分级方法的相关性进行系统的定量研究，以期建立起相互之间的定量对应关系，为近水平复杂层状岩体质量分级方案的选择提供理论依据和借鉴经验，进而为工程设计、施工提供合理的基础地质资料。

6.5.5.1　四种岩体质量分级方法特点对比

根据6.2节中叙述可见，RMR法、Q系统法、BQ法和HC法等四种国内外最常用的岩体质量分级方法之间在分级因素选择、分级标准划分等方面既有相同点，又存在不同之处（表6-30）。

其共同点在于四种分级方法均考虑了岩体完整性、结构面特征、地下水条件等三大因素；不同点在于，RMR 法没有考虑初始应力状态的影响，Q 系统法没有考虑岩石强度、结构面产状与洞轴线之间的关系等因素，BQ 法和 HC 法全面考虑了六大因素，相对较全面。BQ 法和 HC 法的主要区别在于对初始应力状态的考虑方式，以及在岩体完整性、结构面特征评分时是否区分硬质岩和软质岩等方面。

表 6-30　四种方法在分级因素选择、指标计算方法上的对比

分级方法	分级因素						指标计算方法
	岩石强度	岩体完整性	结构面特征	结构面产状与洞轴线关系	地下水	初始应力状态	
RMR 法	√	√	√	√	√	×	和差法
Q 系统法	×	√	√	×	√	√	积商法
HC 法	√	√	√	√	√	√	和差法
BQ 法	√	√	√	√	√	√	和差法+积商法

HC 法、BQ 法与 RMR 法基本一致，都将围岩质量划分为五级，分别为：Ⅰ级（极好的岩体，围岩稳定）；Ⅱ级（好的岩体，围岩基本稳定）；Ⅲ级（一般岩体，围岩整体稳定，局部围岩稳定性差）；Ⅳ级（较差的岩体，围岩不稳定）；Ⅴ级（极差的岩体，围岩无自稳能力）。而 Q 系统法则根据 Q 值（0.001~1 000）将岩体从劣到优划分为九个质量等级（表 6-10）。为了方便对比和使用，参考 Q 值与 RMR 值之间的定量对应关系[20]（Barton，1993 年在对地应力影响系数 SRF 修正后提出）$RMR \approx 15\lg Q + 50$，亦可将 Q 值合并后把岩体质量划分为五个等级（表 6-31）。

表 6-31　四种方法质量等级划分对比

分级方法	分级标准	质量等级				
		Ⅰ	Ⅱ	Ⅲ	Ⅳ	Ⅴ
RMR 法	RMR 值	81~100	61~80	41~60	21~40	≤20
Q 系统法	Q 值	> 100	100~10	10~1	1~0.1	0.1~0.001
HC 法	T 值	> 85	85~66	65~46	45~26	≤25
BQ 法	[BQ] 值	> 550	550~451	450~351	350~251	≤250

6.5.5.2　基于洞室围岩质量初步分级结果的不同方法之间的相关性分析

同时利用上述四种方法，对左岸地面方案和右岸地面方案主要建筑物洞室围岩质量进行了初步分级研究（见 6.5.4 节）。由于选取的分级指标及各指标的权重不完全相同，因此不同分级方法得到的地下洞室围岩质量分级结果亦会有所不同。一般情况下这种差异不会太大。基于不同方法完成的主要建筑物洞室围岩质量初步分级结果（以左岸地面方案排沙洞和右岸地面方案发电洞为例），可以进一步探讨不同分级方法之间

的相关关系。

将洞室围岩质量分级结果（总评分值）进行回归拟合，可以得到RMR法、Q系统法、BQ法和HC法等四种方法之间的相关关系，如图6-1、图6-2所示。图中分别给出了其相关性方程和相关系数。

由图6-1和图6-2可见：①RMR、BQ与HC分级方法评分值之间呈较好的线性相关关系，其相关系数范围多为0.918~0.980，均大于0.9。②RMR、BQ与HC分级方法评分值与Q系统评分值之间呈明显的指数递增关系，基于左岸地面方案排沙洞围岩质量分级结果的相关系数多为0.917~0.918，而基于右岸地面方案发电洞围岩质量分级结果的相关系数多为0.788~0.861。因此，基于左岸地面方案排沙洞围岩质量分级结果的RMR、BQ与HC分级方法评分值与Q系统评分值之间的相关性略优于基于右岸地面方案发电洞围岩质量分级结果的相关性。③图6-1和图6-2中的RMR评分值与Q评分值之间的相关关系分别为$RMR \approx 9.39\lg Q + 34.29$、$RMR \approx 11.43\lg Q + 30.38$，与Bieniawski（1976年）提出的$RMR \approx 9\lg Q + 44$及Barton（2002年）提出的$RMR \approx 15\lg Q + 50$是基本吻合的。

另外，RMR法、Q系统法、BQ法和HC法等四种分级方法之间的相关系数较高，说明四种岩体质量分级方法在坝址区地下洞室围岩质量分级与评价中具有较高的可比性，分级结果具有较高的可信性。尤其是，RMR、BQ与HC分级方法评分值之间的相关系数均大于0.9，相关性较好。因此，在坝址区地下洞室围岩质量评价中采用多种方法进行分级，分级结果之间可以相互对比、验证和补充，从而最终得到较为准确的综合质量等级与评价结果。

对基于四种不同分级方法得到的右岸方案发电洞和左岸方案排沙洞围岩质量等级结果进行统计归纳，可以得到与四种方法对应的各个质量等级岩体所占比例对比情况以及不同质量等级岩体所占比例平均值（图6-3、图6-4）。由图可见：①四种不同方法得到的同一质量等级岩体所占比例基本接近，也说明了四种方法具有较好的相关性，分级结果具有较好的一致性。②四种不同方法得到的右岸方案发电洞围岩同一质量等级所占比例接近程度优于左岸方案排沙洞围岩。③不同质量等级岩体所占比例平均值，从高到低依次为Ⅲ级>Ⅱ级>Ⅳ级，所占比例平均值分别约为70%、20%和10%，其中$Ⅲ_2$级所占比例最高，约为40%；$Ⅳ_2$级比例最低，约为4%。这与6.5.4节给出的洞室围岩质量分段分级结果是基本一致的。④统计分析数据表明，坝址区洞室围岩质量整体以Ⅲ级为主，Ⅱ级为辅，Ⅳ级所占比例一般不超过10%。

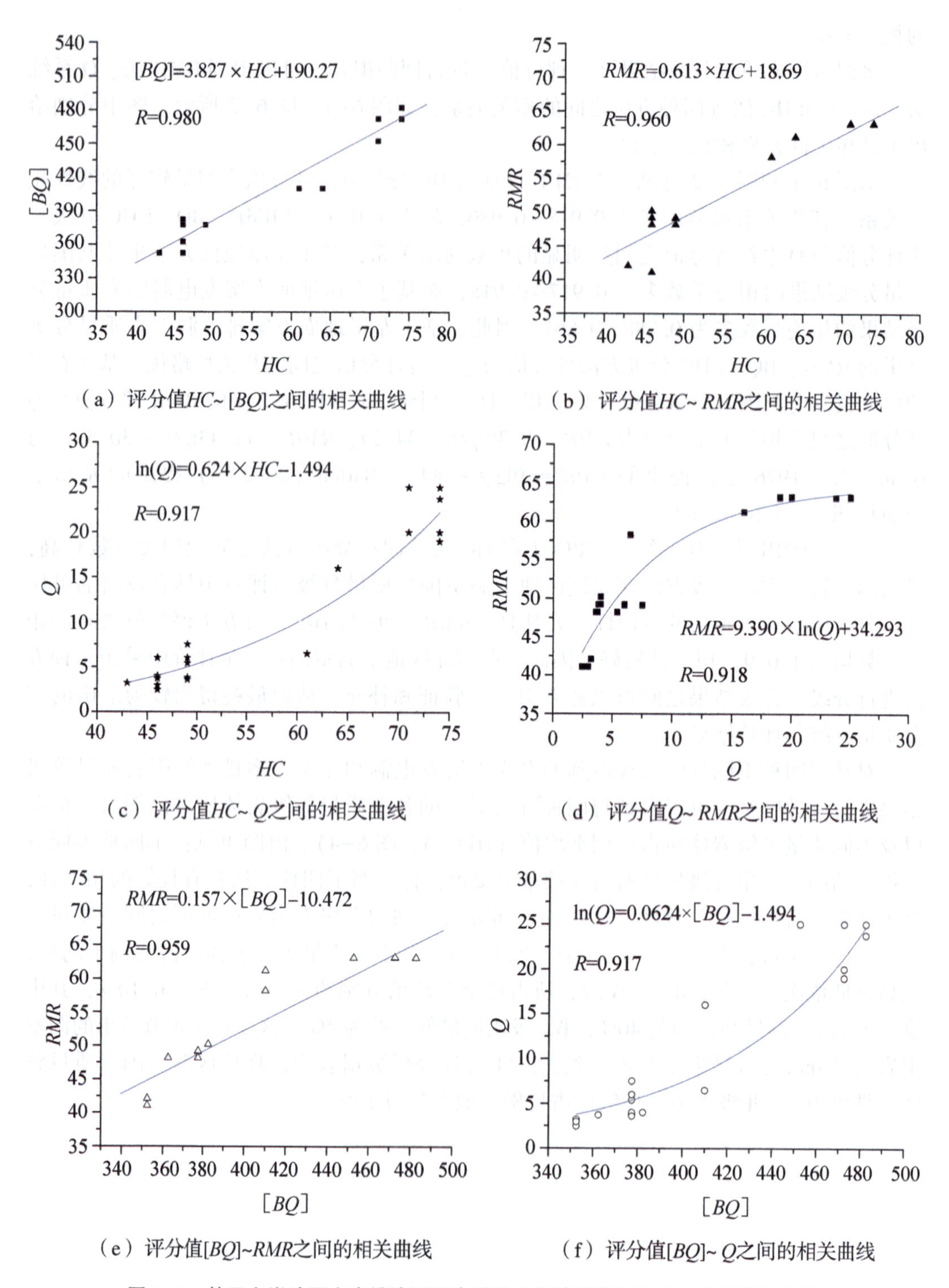

（a）评分值HC~[BQ]之间的相关曲线　（b）评分值HC~RMR之间的相关曲线

（c）评分值HC~Q之间的相关曲线　（d）评分值Q~RMR之间的相关曲线

（e）评分值[BQ]~RMR之间的相关曲线　（f）评分值[BQ]~Q之间的相关曲线

图6-1　基于左岸地面方案排沙洞围岩质量分级结果的四种方法之间的相关性

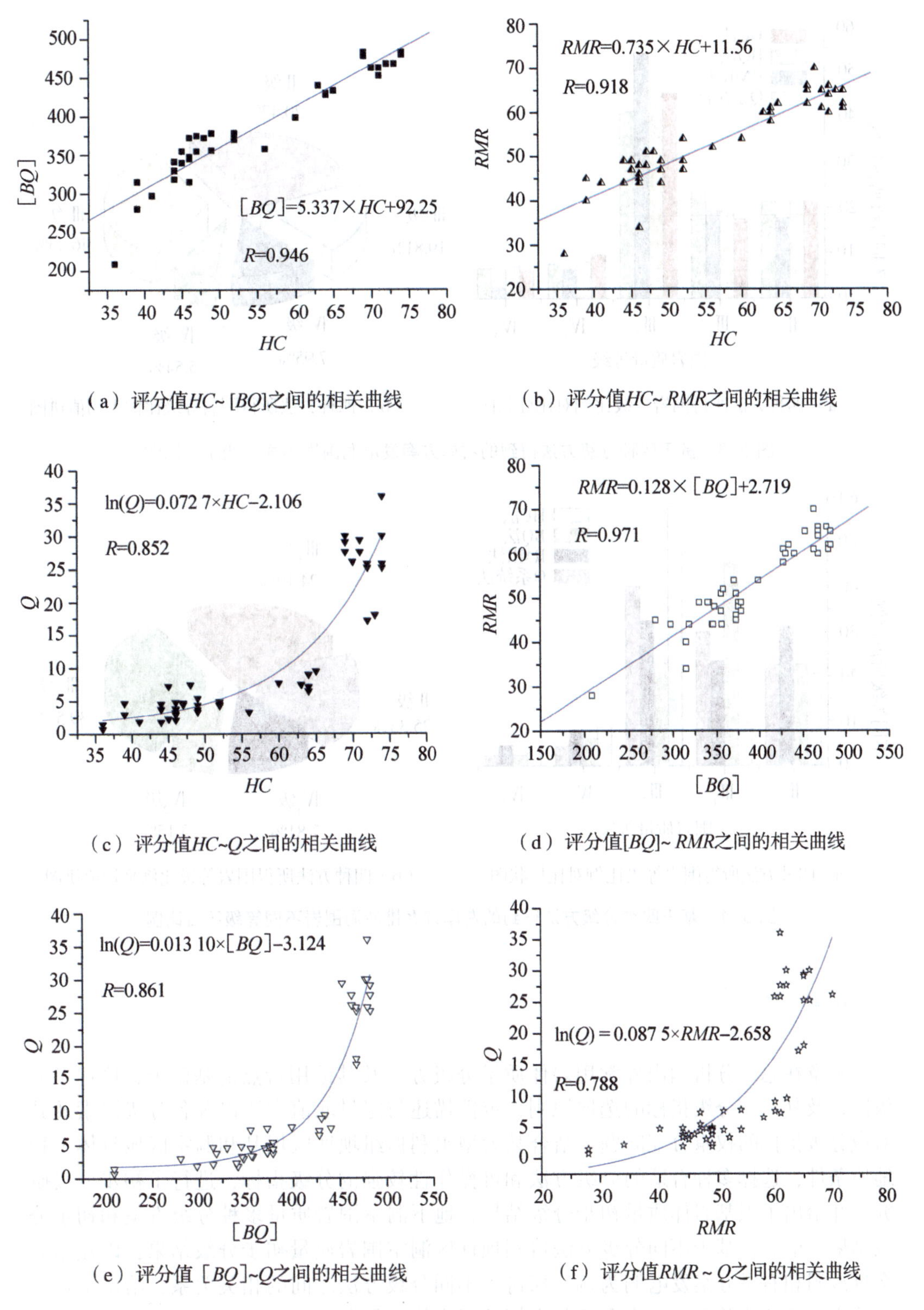

（a）评分值HC~[BQ]之间的相关曲线

（b）评分值HC~RMR之间的相关曲线

（c）评分值HC~Q之间的相关曲线

（d）评分值[BQ]~RMR之间的相关曲线

（e）评分值［BQ］~Q之间的相关曲线

（f）评分值RMR~Q之间的相关曲线

图 6-2　基于右岸地面方案发电洞围岩质量分级结果的四种方法之间的相关性

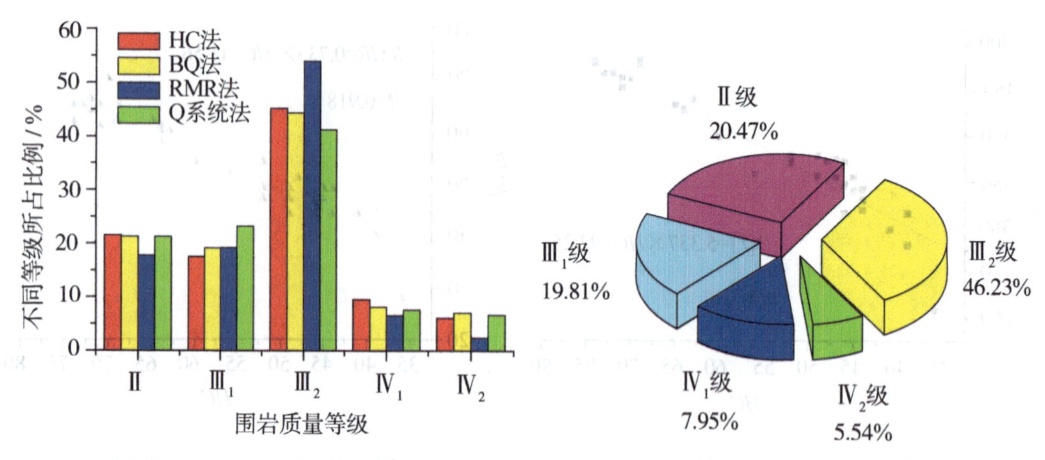

（a）四种方法所得围岩等级比例对比柱状图　（b）四种方法所得围岩等级比例平均值饼图

图 6-3　基于四种分级方法得到的右岸方案发电洞围岩不同等级所占比例

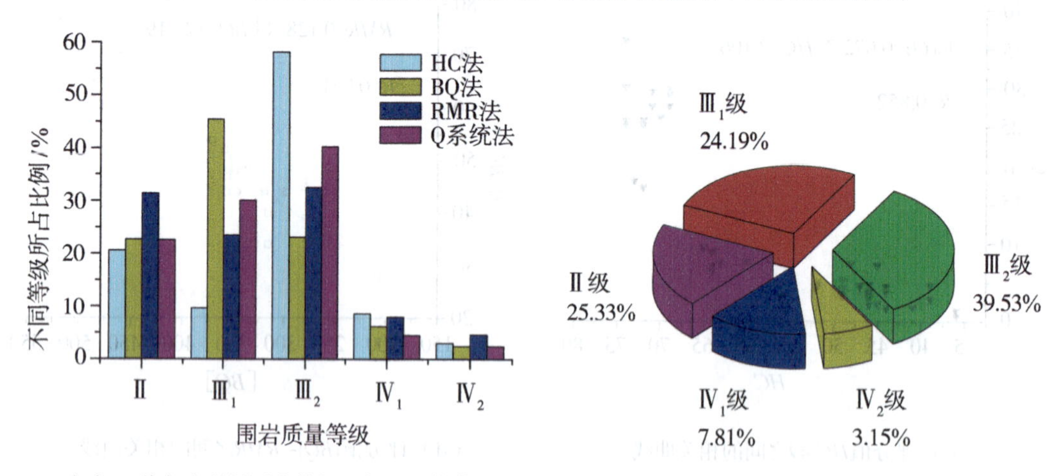

（a）四种方法所得围岩等级比例对比柱状图　（b）四种方法所得围岩等级比例平均值饼图

图 6-4　基于四种分级方法得到的左岸方案排沙洞围岩不同等级所占比例

6.6　小结

本章在总结分析国内外常用岩体质量分级方法及其适用特点的基础上，论述了分级因素及其对应分级指标的选取原则、定性描述与定量取值方法以及各分级因素及其对应分级指标的权重分配问题。结合某大型水利枢纽坝址区坝基和洞室区域具体工程地质条件，选择多种合适的分级方法和可操作性较强的分级指标，进行了初步分级研究，并给出了坝基岩体质量初步分级结果，地下洞室围岩质量多种分级方案和初步分级结果。最后，基于不同分级方法得到坝址区洞室围岩质量初步分级结果，以左岸方案排沙洞和右岸方案发电洞为例，探讨了不同分级方法之间的相关关系，给出了定量关系表达式和相关系数，为合理制定坝址区岩体质量分级评价方案，最终确定坝址区岩体质量等级提供了参考依据。

第7章 改进的距离判别-层次分析法及其在复杂层状岩体质量分级中的应用

7.1 引言

由前述章节可知，迄今为止国内外有关岩体质量分级方法种类繁多，考虑的分级因素越来越合理，形成了定性与定量相结合的多因素综合的多元化的分级方法体系，例如国内外最常用的RMR分级法、Q系统分级法、BQ分级法以及水电规范HC分级法等。尽管这些分级方法具有物理意义明确、可操作性强、具有一定的实际工程统计基础等优点，已经在工程实践中广泛应用。然而，这些分级方法本身也存在一些不足，例如：①RMR分级法较为重视岩石强度和结构面的影响，未考虑地应力因素。②Q系统分级法考虑了岩体结构面、地应力及支护所需参数等因素，未直接考虑岩石单轴抗压强度以及主要结构面产状的影响。③国标BQ法和水电规范HC法考虑分级因素相对较为全面。定量分析时，二者均重点考虑了岩石强度和岩体完整系数两个指标。而对于岩体所处的地下水状态、地应力环境以及主要结构面产状等影响因素的处理方式上二者有所差异。BQ法将地下水、地应力和结构面产状等因素作为定量结果的一种修正；而HC法则将地下水、结构面状态、结构面产状等因素直接作为定量计分指标参与评分，将地应力因素作为限定判据。另外，BQ法还存在修正系数选取偏差较大等问题。由于BQ法中地下水等修正系数的选取多是范围值，在具体选用时容易产生偏差。例如，地下水影响系数K_1，如果地下水状态为淋雨状，水压< 0.1MPa，BQ值为350~250，修正系数K_1为0.4~0.6，那么在计算时到底取0.4还是0.6呢？而取0.4或0.6在计算结果中的差值达20。又如初始应力状态影响修正系数K_4，如果在极高应力区，BQ值350~250，修正系数1.0~1.5，那么在取值时取1.0 ~1.5，计算结果的偏差将达50，占分级值的1/2，这对围岩级别判定的影响是相当大的。④以上常用分级方法均未直接考虑洞室规模、层间剪切带、外水压力等因素的影响。⑤RMR法、BQ法、HC法中，当评分值在两级边界时，如何准确地确定级别是一个值得探讨的问题。例如，在计算修正值［BQ］时，可能会出现结果在两级边缘处的情况，而按此结果确定的等级与初定等级相差可达两个等级，在这样的情况下应该如何准确合理定级，值得探讨。

另外，由于工程岩体赋存地质环境的复杂性、工程规模与形式的多样性等问题越来越突出，常规岩体质量分级方法经常会遇到一些无法克服的困难，从而显得捉襟见肘。例如：①分级因素选取的不确定性。尽管岩石坚硬程度、岩体完整程度已被普遍认为是影响岩体质量等级的两个基本因素，但是其余影响因素的选取则不尽相同，处理（修正）方式也存在较大差异，换言之，岩体质量分级因素与指标的选取存在不确定性。②分级指标取值的模糊性和随机性。例如单轴饱和抗压强度 R_C 被人为地分为 5 级或 7 级，很容易造成边界附近的指标值相差极小就划归不同级别或赋予不同的评分值，同样岩体完整性系数 K_V 以及 *RQD* 值等分级指标也存在类似的问题。也就是说，分级指标本身的取值边界存在模糊性和随机性。③适用对象的差异性。由于工程形式的差异，导致选择岩体质量影响因素的侧重点不一，因此岩体质量分级方法的适用范围也有所不同。例如：Q 系统分级法、水电规范 HC 法等适用于地下隧洞围岩质量分级；CSMR 法适用于边坡岩体质量分级；还有专门性的水电规范坝基岩体质量分级等。

20 世纪 80 年代以来，随着各学科之间的广泛交叉融合、数学及计算机技术的发展，一些新理论、新方法相继应用于岩体质量分级与评价中，为解决上述工程岩体质量分级因素和指标取值存在的模糊性、随机性和不确定性问题提供了新的思路与探索方法，成为传统岩体质量分级方法的有效延伸和有益补充。例如，基于模糊数学理论的模糊聚类分析方法[165-167]、模糊模式识别[168-169]和模糊综合评判法[170-173]等，采用模糊贴近度评价岩体质量等级，具有一定的合理性；基于灰色系统理论的灰色聚类分析法[174]、灰色关联分析法[175]等，在解决“少数据不确定性”方面具有一定优势；鉴于岩体质量分级与多种不确定性因素相关，属于典型复杂非线性输入-输出问题，许多学者将人工神经网络方法[44,176-177]引入岩体质量分级与评价中；可拓评判方法[42,178-179]可以从各种分类方法中选用不同的考虑因素进行综合评价，这样可以使分级评价指标最优化地接近实际情况，分级结果比传统方法更加准确。鉴于支持向量机[52-53,180]在处理小样本学习问题上的优越性和能够获得全局最优解的特点，可以解决岩石工程中遇到“数据有限”和“模型与参数给不准”的瓶颈问题，也被引入建立岩体质量分级中。另外，专家系统[181]、集对分析法[182]、未确知理论[64]、理想点法[63,183]、属性数学理论[184]和距离判别法[54-55]等智能分析方法也被引入岩体质量分级中。为了解决分级指标的权重问题，又引入了层次分析法[185]，并与其他方法联合运用[186-187]，取得了较好效果。

引入智能优化方面的新理论和新方法，使得岩体质量分级与评价更加趋向科学化、合理化。然而，由于理论自身的缺陷与应用过程中存在的问题，使得利用这些理论与方法建立的岩体质量分级模型或多或少地存在一定的问题。如模糊理论，就存在着隶属度、权重难以确定，评判模型选择不同而影响判断结果等缺陷；灰色理论的准确性和实际应用的简便性有待商榷；专家系统方法则因为专家知识往往是琐碎的、不精确的和不确定的，并且获取和表达专家知识又是一项非常繁重、困难的工作，导致应用专家系统时出现许多问题；人工神经网络方法在学习样本数量有限时，精度难以保证，学习样本数量大时，又易陷入维数灾难，泛化应用性不高；支持向量机方法所确定的边界抗干扰能力差、对噪声数据敏感[188]。

判别分析法是多元统计分析中用于判别样品所属类型的一种统计方法。该方法是根据已掌握的、历史上每个类别的若干样本的数据信息，总结出客观事物分类的规律性，建立判别公式和判别准则；当遇到新的样本点时，只要根据总结出来的判别公式和判别准则，就能判别该样本点所属的类别。判别分析与聚类分析不同，判别分析必

须事先知道需要判别的类型和数目，并且要有一批类型已知的样品，才能建立判别式（判别函数），然后对新样品的类型进行判别分析。而聚类分析的基本思想是，一批给定样品划分的类型和数目事先都不知道，需要通过聚类分析以后才能确定。判别分析法是由英国统计学家 Pearson 在 1921 年首先提出的，鉴于判别分析法在分类预测方面的诸多优点，该方法已在自然科学和社会科学的各个领域得到广泛应用[189-190]，包括医学、气象学、社会学、经济学、考古学、环境科学、地质学以及农林学、教育学、体育学等领域的多个层面。常用岩体质量分级方法表明，岩体质量等级通常分为 5 级，属于已知类别的预测优化问题。因此，判别分析法也被逐渐引入到岩体质量分级方法中[54-55]。

传统马氏距离判别分析法中每个指标在决定马氏距离大小时是同等重要的。实际上，这些指标在判定样本 X 归属于总体 G 的哪一种类型时所起的作用是不尽相同的。尤其是岩体质量分级问题，岩石强度与岩体完整性指标的重要性一般大于地下水、地应力等。因此马氏距离夸大了一些微小变化指标的作用。特别是当分级指标较多而且差异较大时，如果不对分级指标的重要性进行有效区分，可能造成较大误判。为此，文献［56］、［57］等在马氏距离中加入指标权重进行处理，建立了加权马氏距离判别法。但是在确定指标权重时采用的主成分分析方法，对于指标之间并不完全存在相关关系的岩体质量分级问题，其适用性有待进一步商榷。

对于如何确定各因素的权重因子或权重矩阵，不同学者持有不同的观点和认识。层次分析法[198]通过对因子的两两比较的重要性来描述其权重，有效地避免了专家打分法存在的主观随意性等缺陷。同时，对于难以完全定量分析的岩体质量分级与评价问题，利用层次分析法确定岩体质量分级问题中指标变量的权重系数或权重矩阵是较为理想的。然而，传统的层次分析法在生成判断矩阵时采用 9 标度法，专家的主观因素仍然占主导地位，使得评判结果容易带有片面性。如果判断矩阵的一致性较差时，又会导致计算量大、精度难以保证。因此，传统的 9 标度或 6 标度层次分析法仍然存在主观随意性大、计算效率低等诸多缺陷。想要准确高效地获取权重系数或权重矩阵时，传统的层次分析法仍然需要进一步改进。

纵观岩体质量分级发展历程及其应用现状，不难发现，现有的岩体质量分级方法或方案已经相当多，不下百种。作者认为，目前不宜再去研究形式不同的全新的分级方法或方案。亟待解决的问题是，如何有效地利用这些最常用的分级方法，对其进行优化和完善，更好地服务于具体的工程实践。基于这一点，针对距离判别法在岩体质量分级预测方面的诸多优缺点，本章在前述常用分级方法的基础上，对传统距离判别法和层次分析法中存在的问题进行了改进，提出了以加权距离判别法为中心，以 3 标度层次分析法确定权重系数的改进的距离判别法，即一种改进的距离判别–层次分析法，并利用有关文献实测数据验证了改进的距离判别–层次分析法岩体质量分级预测模型的有效性与准确性。根据某大型水利枢纽工程坝址区层状岩体特点，选择合理的分级指标，建立了适用于层状岩体质量分级的改进的距离判别–层次分析法预测模型。几种不同方法得到的分级结果对比表明，建立的层状岩体质量分级的改进的距离判别–层次分析法模型是合理的、可靠的。

7.2 距离判别法基本原理

在复杂的实际问题中进行判别归类时，由于假设前提、判别依据及处理手法的不同，可以应用不同的判别方法，这些方法的基本思想是“确定一个判别函数，根据已有的判别准则，对新的样品进行比较归类”。常用的判别分析方法是距离判别分析法（Distance Discriminating Analysis，DDA），其基本思想是计算样品与各已知类别之间的距离，如果它与其中的某一类距离最近，那么就可判定它属于该类。用来比较到各个中心距离的数学函数称为判别函数。这种根据距离远近判别的方法，原理简单，直观易懂。

7.2.1 马氏距离判别法

7.2.1.1 马氏距离

距离判别法中常用的距离是欧氏（Euclidean）距离和马氏（Mahalanobis）距离（印度统计学家 Mahalanobis 于 1936 年提出）。实际上，由于欧氏距离没有考虑总体分布的分散性信息，而马氏距离不受量纲的影响，不涉及总体的分布类型，可以排除变量之间相关性干扰，具有方法简单、结论明确等优点[191-193]，因此距离判别法中最常用的是马氏距离，亦称马氏距离判别法。

设 $G=\{X_1, X_2, \cdots, X_m\}^T$ 为 m 维总体（考察 m 个指标），样本 $X=\{x_1, x_2, \cdots, x_m\}^T$。令 $u_i=E(X_i)\ (i=1, 2, \cdots, m)$，则总体均值向量 $u=\{u_1, u_2, \cdots, u_m\}^T$。总体 G 的协方差矩阵为

$$\sum = COV(G) = E[(G-u)(G-u)^T] \tag{7-1}$$

样本 X 与总体 G 的马氏距离定义为 X 与 G 类重心间的距离

$$d^2(X, G) = (X-u)^T \sum{}^{-1} (X-u) \tag{7-2}$$

有了马氏距离的概念，就可以通过计算样品到每个总体的马氏距离，并将其判归到马氏距离最小的那个总体。

7.2.1.2 两个总体的距离判别

先考虑两个总体（$i=2$）的情况，设 x，y 是从均值向量为 u、协方差矩阵为 Σ 的总体 G 中抽取的两个样品，则马氏距离定义为

$$\begin{aligned} d^2(x, y) &= (x-y)^T \sum{}^{-1} (x-y) \\ d^2(x, G) &= (x-\mu)^T \sum{}^{-1} (x-\mu) \\ d^2(G_1, G_2) &= (\mu_1-\mu_2)^T \sum{}^{-1} (\mu_1-\mu_2) \end{aligned} \tag{7-3}$$

设 G_1，G_2 为两个不同的 p 元已知总体，G_i 的均值向量为 $u_i (i=1, 2)$，协方差矩阵为 $\sum_i (i=1, 2)$。设 $X=\{x_1, x_2, \cdots, x_p\}^T$ 是一个待判样品，距离判别准则为

$$\begin{cases} x \in G_1, & 如\ d^2(x,\ G_1) < d^2(x,\ G_2) \\ x \in G_2, & 如\ d^2(x,\ G_1) > d^2(x,\ G_2) \\ 待判, & 如\ d^2(x,\ G_1) = d^2(x,\ G_2) \end{cases} \tag{7-4}$$

（1）总体协方差矩阵已知，且相等时

$$\begin{aligned} & d^2(x,\ G_2) - d^2(x,\ G_1) \\ & = (x - u_2)' \sum{}^{-1}(x - u_2) - (x - u_1)' \sum{}^{-1}(x - u_1) \\ & = 2[x - \frac{(u_1 + u_2)}{2}]' \sum{}^{-1}(u_1 - u_2) \end{aligned} \tag{7 - 5}$$

记　$W(x) = a^T(x - \bar{u})$，$\bar{u} = \dfrac{u_1 + u_2}{2}$，$\alpha = \sum{}^{-1}(u_1 - u_2) = (a_1,\ a_2,\ \cdots,\ a_p)'$，则有

$$d^2(X,\ G) = 2[(x - \bar{u})]^T\alpha = 2W(x) \tag{7-6}$$

此时，距离判别准则简化为

$$\begin{cases} x \in G_1, & 如\ W(x) > 0 \\ x \in G_2, & 如\ W(x) < 0 \\ 待判, & 如\ W(x) = 0 \end{cases} \tag{7-7}$$

（2）总体协方差矩阵已知，但不相等时

令

$$\begin{aligned} d_1^2(x) = (x - \mu_1)^T \sum{}_1^{-1}(x - \mu_1) \\ d_2^2(x) = (x - \mu_2)^T \sum{}_2^{-1}(x - \mu_2) \end{aligned} \tag{7-8}$$

此时，距离判别准则简化为

$$\begin{cases} x \in G_1, & 若\ d_1^2(x) < d_2^2(x) \\ x \in G_2, & 若\ d_1^2(x) > d_2^2(x) \\ 待判, & 若\ d_1^2(x) = d_2^2(x) \end{cases} \tag{7-9}$$

7.2.1.3　多个总体的距离判别

假定有 k 个 m 维总体：$G_1,\ G_2,\ \cdots,\ G_k(k > 2)$，均值向量分别为 $u_1,\ u_2,\ \cdots,\ u_k$，协方差矩阵分别为 $\sum_1,\ \sum_2,\ \cdots,\ \sum_k$。对任意给定的待判样本 $X = \{x_1,\ x_2,\ \cdots,\ x_m\}^T$，如果各个总体出现的先验概率相等，则 X 与 $G_i(i = 1,\ 2,\ \cdots,\ k)$ 的马氏距离为

$$d^2(x,\ G_i) = (x - \mu_i)' \sum{}^{-1}(x - \mu_i) = x' \sum{}^{-1} x - 2x' \sum{}^{-1}\mu_i + \mu'_i \sum{}^{-1}\mu_i \tag{7-10}$$

由此可见，式（7-10）中的第一项 $x' \sum{}^{-1} x$ 与 i 无关，则舍去，可得一个等价的判别函数

$$f_i(x) = -2x' \sum{}^{-1}\mu_i + \mu'_i \sum{}^{-1}\mu_i = -2(x' \sum{}^{-1}\mu_i - \frac{1}{2}\mu'_i \sum{}^{-1}\mu_i) \tag{7-11}$$

则距离判别法的判别准则为

$$f_l(x) = \max_{1 \leq i \leq k} f_i(x)\text{，则 } x \in G_l \tag{7-12}$$

实际上，也就是当 $i=1$ 时，若有

$$d^2(X,\ G_l) = \min_{1 \leq i \leq k}\{d^2(X,\ G_i)\}\text{，则 } x \in G_l \tag{7-13}$$

在实际应用中，总体参数均值向量分别为 u_1，u_2，…，u_k，协方差矩阵分别为 $\sum_1$，$\sum_2$，…，$\sum_k$，通常是未知的，其取值需要利用训练样本进行估计。设有容量为 n_i 的 $X_{ij} = \{x_{ij1},\ x_{ij2},\ \cdots,\ x_{ijk}\}^T(i = 1,\ 2,\ \cdots,\ n_i;\ j = 1,\ 2,\ \cdots,\ n_j)$ 是来自样本 $G_i(i = 1,\ 2,\ \cdots,\ m)$ 的训练样本，则均值向量分别为 u_1，u_2，…，u_k 和协方差矩阵分别为 $\sum_1$，$\sum_2$，…，$\sum_k$，可估计为

$$u_i = \overline{x_i} = \left(\frac{1}{n_i}\sum_{j=1}^{n} x_{ij1},\ \frac{1}{n_i}\sum_{j=1}^{n} x_{ij2},\ \cdots,\ \frac{1}{n_i}\sum_{j=1}^{n} x_{ijk}\right)' \tag{7-14}$$

$$\sum = S_k = \frac{1}{n-m}\sum_{i=1}^{m}(n_i - 1)S_i \tag{7-15}$$

其中，$S_i = \frac{1}{n_i}\sum_{j=1}^{n}(x_{ij} - \overline{x_i})(x_{ij} - \overline{x_i})'$，$n = \sum_{i=1}^{m} n_i$。

7.2.2 判别准则的有效性评价

当判别准则提出后，还要研究其有效性或优良性。判别准则的优良性主要体现在两个方面：一是对于已知分类的样本，其回代误判率低；二是对于未知分类的新样本，具有很高的判断正确率。考察判别准则的优良性主要采用误判率来衡量。考察误判率，则以训练样本为基础的回代方法来估计误判率[194]或交叉确认估计。

7.2.2.1 误判率的回代估计法

以两个总体为例，设 G_1 和 G_2 为容量 n_1、n_2 的 m 维总体。误判率的回代确认估计是将全体训练样本作为 n_1+n_2 个新样本，逐个代入已经建立的判别准则中判别其归属，这个过程称为回判，回判结果见表 7-1。表 7-1 中，n_{12} 表示将属于总体 G_1 的样本误判为总体 G_2 的个数，n_{21} 表示将属于总体 G_2 的样本误判为总体 G_1 的个数，则总的误判个数为 $n_{12}+n_{21}$。误判率 P_r 为误判个数与全体训练样本个数的比值。

表 7-1 回判结果

实际归类	G_1	G_2
G_1	n_{11}	n_{12}
G_2	n_{21}	n_{22}

误判率 P_r 的回代估计为

$$P_r = \frac{n_{12} + n_{21}}{n_1 + n_2} \tag{7-16}$$

7.2.2.2 误判率的交叉确认估计

误判率的交叉确认估计是每次剔除训练样本中的一个样品，利用其余容量为 n_1+

n_2-1的训练样本建立判别准则，再利用建立的判别准则对删除的那个样品进行判别。对训练样本中的每个样品做上述分析，以其误判比例作为误判率的估计。具体步骤如下。

（1）从总体 G_1 的容量为 n_1 的训练样本开始，剔除其中的一个样品，用剩余的容量为 n_1-1 的训练样本和总体 G_2 的训练样本建立判别函数。

（2）用建立的判别函数对删除的那个样品做判别。

（3）重复步骤（1）、（2），直到 G_1 的训练样本中的 n_1 个样品依次被删除，又进行判别。其误判样品个数记为 n_{12}。

（4）对总体 G_2 的训练样本重复步骤（1）、（2）、（3），并将其误判样品个数记为 n_{21}。误判率 P_r 的交叉确认估计表达式同式（7-16）。

7.3 距离判别法存在的不足及其改进

上述介绍的传统的马氏距离判别分析法中，对样本 X 的 m 个指标是无区别同等对待的，即每个指标在决定马氏距离大小时是同等重要的。实际上，这些指标在判定样本 X 归属于总体 G 的哪一种类型时所起的作用是不尽相同的，即其重要性程度存在差异。尤其是对于岩体质量分级问题，岩石强度与岩体完整性系数属于基本指标，其重要程度一般大于地下水、地应力等指标。因此，马氏距离夸大了一些微小变化指标的作用。特别是当实际问题中的指标个数较多，指标的重要性存在较大差异时，如果不对指标的重要性进行区分，在判定时可能造成较大的误判。为了减小这种影响，人们开始考虑对各个指标进行加权处理。根据何桢等[195-196]的研究，在马氏距离的基础上加入指标的权重，以区分各指标重要性的差异程度。由此得到的加权马氏距离平方为

$$d_W^2(X, G) = (X - u)^T W \sum{}^{-1} W(X - u) \tag{7-17}$$

式中，权重矩阵 $W = \mathrm{diag}(w_1, w_2, \cdots, w_m)$ 为对角阵，$w_i \in [0, 1](i = 1, 2, \cdots, m)$ 为对应于各指标在距离函数中的权重因子。

对于如何确定权重因子或权重矩阵，不同学者有不同的观点和认识。概括起来主要有主成分分析法[197]、层次分析法[198]、灰色关联度法、粗糙集等。

7.3.1 基于主成分分析的加权距离判别法

主成分分析（Principal Component Analysis，PCA）是一种数据压缩和特征信息提取技术，一种在数学上实现数据降维的方法。当数据维数高、变量多，且变量间存在一定的相关关系时，主成分分析法可以通过投影方法将高维数据以尽可能少的信息损失投影到低维空间，使数据降维，达到简化数据结构，实现将多个相关变量综合变化为少数几个不相关变量的目的。主成分分析法的基本思想是设法将原来众多的具有一定相关性的指标（比如 m 个指标），重新组合成一组新的互不相关的综合指标来代替原来的指标。通常数学上的处理就是将原来 m 个指标做线性组合，作为新的综合指标。

7.3.1.1 主成分分析的数学模型

假定有 n 个样品（多元观测值），每个样品观测 m 项指标（变量）的原始数据资

料阵 $X=x_{ij}(i=1, 2, \cdots, n; j=1, 2, \cdots, m)$。用数据矩阵 X 的 m 个列向量（即 m 个指标向量）$X_1, X_2, \cdots, X_m$ 做线性组合 $F=AX$，得到综合指标向量：

$$\begin{cases} F_1 = a_{11}X_1 + a_{21}X_2 + \cdots + a_{m1}X_m \\ F_2 = a_{12}X_1 + a_{22}X_2 + \cdots + a_{m2}X_m \\ \cdots\cdots \\ F_m = a_{1m}X_1 + a_{2m}X_2 + \cdots + a_{mm}X_m \end{cases} \tag{7-18}$$

但是这种线性组合，如果不加限制，可以有很多。为此，要求组合系数 a_i 为单位向量，即 $a_i'a_i=1$，并做如下要求：①F_i 与 F_j（$i\neq j$, $i, j=1, \cdots, m$）互不相关，即 $COV(F_i, F_j)=0$。②F_1 是 X 的一切线性组合中方差最大的，称为第一主成分。如果 F_1 不足以代表原来 m 个指标的信息，再考虑选取第二个线性组合即 F_2。F_2 是与 F_1 不相关的 X 的一切线性组合中方差最大的，为了有效地反映原有信息，F_1 已有的信息就不需要再出现在 F_2 中，称 F_2 为第二主成分，依此类推，可以构造出第三、第四、…、第 m 个主成分。③$F_1, F_2, \cdots, F_m$ 的方差之和等于 $X_1, X_2, \cdots, X_m$ 的方差之和。

m 个主成分从原始指标所提供的信息总量中所提取的信息量依次递减，每一个主成分所提取的信息量用方差来度量，主成分方差的贡献就等于初始指标相关系数矩阵相应的特征值 λ_i。方差的贡献率为 $\alpha_i = \lambda_i / \sum_{i=1}^{m} \lambda_i$，$\alpha_i$ 越大，说明相应的主成分反映综合信息的能力越强。

7.3.1.2　主成分分析的求解步骤

主成分的求解过程也就是求解转换矩阵 A 的过程，一般步骤如下：①首先将原有变量数据标准化，然后计算各变量之间的协方差矩阵 $\sum$。②计算协方差矩阵 $\sum$ 的特征值 $\lambda_1 \geqslant \lambda_2 \geqslant \cdots \geqslant \lambda_m > 0$ 及相应的正交化单位特征向量 $T_1, T_2, \cdots, T_m$。其中转换矩阵 $A=T'$。③选择主成分，在已确定的全部 m 个主成分中合理选择 p 个来实现最终的评价分析。一般采用方差贡献率 λ_i 解释主成分 F_i 所反映的信息量的大小。④选取主成分的个数 p，取决于累计方差贡献率 $G(p)=\sum_{i=1}^{p}\lambda_i / \sum_{k=1}^{m}\lambda_k$。通常情况下，若前 p 个主成分的累计贡献率能达到一个较高的百分数（一般85%以上），则对应的前 p 个主成分便包含了 m 个原始变量所能提供的绝大部分信息，则主成分个数就是 p。

7.3.1.3　基于主成分分析的加权距离判别法

假定总体 G 的均值向量为 u，协方差矩阵 $\sum >0$，且 $\sum =R$，$u=0$，其中 R 为 G 的相关系数矩阵。若非如此，则可对数据进行标准化处理（即令 $\sum =1$，$u=0$），同时可以消除量纲的影响。计算协方差矩阵 $\sum$ 的特征值 $\lambda_1 \geqslant \lambda_2 \geqslant \cdots \geqslant \lambda_m > 0$ 及相应的正交化单位特征向量 $T_1, T_2, \cdots, T_m$。记 $\Lambda=\mathrm{diag}(\lambda_1, \lambda_2, \cdots, \lambda_m)$，$T=(T_1, T_2, \cdots, T_m)$，则有 $F=T'X$，$\Lambda = T^T \sum T$，$F=(F_1, F_2, \cdots, F_m)$。定义 $\eta=\mathrm{diag}(\eta_1, \eta_2, \cdots, \eta_m)$，则 F_i 对 X 各分量方差总和的贡献率为 $\eta_i = \dfrac{\lambda_i}{tr\sum} = \dfrac{\lambda_i}{tr(\Lambda)}$，简称 F_i 的方

差贡献率[199-200]。由于 F_i 与 F_j（$i \neq j$, $i, j = 1, \cdots, m$）互不相关，可将 F_i 的方差贡献率视为 F_i 的权值[56]。

根据上述分析，结合式（7-17）给出的加权马氏距离的表达形式，可以推导出权重矩阵 W，并给出相应的加权马氏距离判别准则。经过变换处理后，G_i 的均值向量与协方差矩阵分别为 $u_i^* = T^T u_i$，$\sum_i^* = T^T \sum_i T$，则 F 到 G_i 的加权马氏距离平方为

$$\begin{aligned} d_i^*(F, G_i)_\eta &= (F - u_i^*)^T \eta \sum\nolimits_i^* \eta (F - u_i^*) \\ &= [T^T (X - u_i)^T] \eta T^T \sum\nolimits_i^{-1} T\eta [T^T (X - u_i)] \\ &= (X - u_i)^T T\eta T^T \sum\nolimits_i^{-1} T\eta T^T (X - u_i) \end{aligned} \tag{7-19}$$

将式（7-19）与式（7-17）对比，不难发现

$$W = T\eta T^T = \frac{1}{tr(\Lambda)} T\Lambda T^T = \frac{1}{tr(\Lambda)} \sum = \frac{1}{tr(\Lambda)} R \tag{7-20}$$

于是可以给出加权马氏距离判别法的表达式及其判别规则

$$d_W^2 = T\eta T^T = \frac{1}{tr^2(\Lambda)} (X - u)^T R \sum\nolimits^{-1} R (X - u) \tag{7-21}$$

若 $d_{Wt}^2 = \min\{d_{Wi}^2, 1 \leqslant i \leqslant m\}$，则 $X \in G_t (t = 1, 2, \cdots, m)$

主成分分析法的原理简单，求解过程清晰，但是在某些方面仍然存在一些欠妥的地方，例如因为采用的是线性变换，要求变量间存在一定的相关关系等。对于岩体质量分级问题，分级指标之间并不完全存在一定相关关系，例如岩石坚硬程度、岩体完整性、地应力、地下水等之间，几乎是不相关的。因此，基于主成分分析法的加权距离判别法对岩体质量分级问题的适用性有待进一步商榷。

7.3.2　基于层次分析法的加权距离判别法

人们在进行社会的、经济的、自然的以及管理领域问题的系统分析中，常常面临的是由众多复杂因素构成的、同时缺乏足够定量数据的棘手问题。层次分析法为解决此类问题提供了一种新的、便捷的分析方法。层次分析法（Analytic Hierarchy Process, AHP）是美国运筹学家 T. L. Saaty 教授于 20 世纪 70 年代提出的一种多目标决策方法。在确定权重系数的问题上，层次分析法已成为目前应用最多的、最有效的方法之一。层次分析法通过对因子的两两比较的重要性来描述其权重，有效地避免了专家打分法[201]存在的主观随意性等缺陷。同时，对于难以完全定量分析的问题，尤其是对于岩体质量分级问题，对分级因素或指标的描述，通常采用的是定性与定量相结合的方法，层次分析法克服了数学理论性较强的理想点法[183]等存在的对指标定量性要求较高的不足。基于此，利用层次分析法确定岩体质量分级问题中指标变量的权重系数或权重矩阵是较为理想的。另外，层次分析法已在岩体质量与稳定性评价中得到应用[202-203]。

层次分析法采用先分解后综合的系统思想，其基本思路是：首先把复杂的问题逐阶分解成简单的组成因素，然后将这些因素按支配关系分组形成有序的递阶层次结构；其次通过对这些因素的两两比较，可以得到各个因素在每个层次中的相对重要性，即目标权重，从而将多目标问题转化为加权单目标问题。采用层次分析法确定权重，具

有较强的逻辑性、实用性和系统性，并能准确地得出各评价指标权重系数整理和综合人们的主观判断，使定性分析与定量分析有机结合，实现定量化决策。层次分析法建模与分析步骤如下。

7.3.2.1　层次分析法模型及步骤

（1）建立递阶层次结构模型。应用层次分析法进行决策分析时，首先要把问题条理化、层次化，构造出一个有层次的结构模型。模型中，复杂问题被分解为元素，元素又按照其属性及关系形成若干层次。上一层次的元素作为准则对下一层次的有关元素起支配作用。这些层次可以分为三类：①最高层，该层次只有一个要素，一般为分析问题的理想结果或预定目标，因此也称为目标层；② 中间层，包括了为实现目标所涉及的中间环节，它可以由若干个层次组成，包括所需要考虑到的准则和子准则，因此也称为准则；③ 最底层，包括了为实现目标可供选择的各种措施和决策方案等，因此也成为指标层或方案层、措施层等。递阶层次的结构模型，见图 7-1。

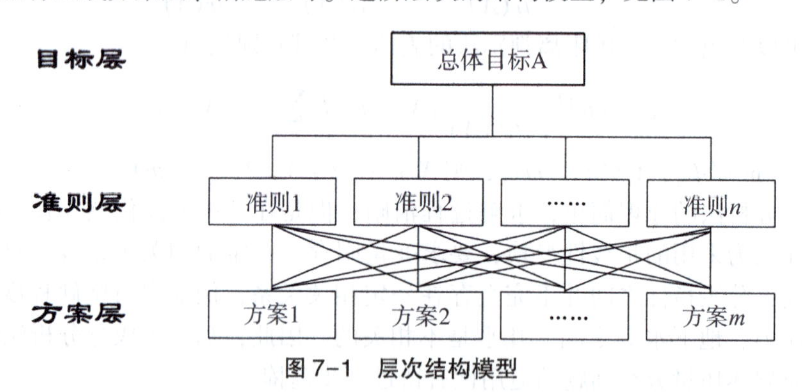

图 7-1　层次结构模型

层次结构的层次数与问题所需要分析的详尽程度及复杂程度有关。一般所分层次数不受限制，每一层次中各元素所支配的要素最好不超过 9 个，这是因为支配的要素过多会造成判断矩阵中要素之间的两两比较困难。一个好的层次结构对于问题的解决是极其重要的，如果在层次的划分和确定层次要素间的支配关系上举棋不定，那么就必须重新分析问题，弄清各要素之间的相互关系，以确保构造出一个合理的层次结构。层次结构是网络中最简单、实用的结构形式。当问题比较复杂难以用层次结构表示时，可以采用反馈层次结构、内部依存的层次结构等更复杂的扩展形式。层次划分应把握简单实用的原则。对于岩体质量等级问题而言，分级因素或指标一般不超过 7 个，分级数量一般为 5 级，选取一个层次就可以了。

（2）构造判断矩阵。层次结构反映了各因素之间的关系，但是准则层中的各准则在目标衡量中所占的比重并不一定相同，在决策者眼中它们各自占有一定比例。在确定影响因子的比重时，经常遇到权重不易定量化的困难。此外，当影响因子较多时，直接考虑各因子对该因素有多大程度的影响，常常会因为考虑不周全、顾此失彼而使得决策者提出与他实际认为的重要程度不一致的数据，甚至有可能提出一组隐含矛盾的数据。假定要比较 n 个因素 $F=f_i(i=1, 2, \cdots, n)$ 对某问题 Z 的影响大小，Saaty 等建议采取因素两两比较，建立比较矩阵的办法。即每次取两个因素 f_i 和 f_j，并以 a_{ij} 表示 f_i 和 f_j 对 Z 的影响大小之比，全部比较结果用矩阵 $A=(a_{ij})_{n\times n}$ 表示，则称 A 为比较矩

阵或判断矩阵。很明显，若f_i和f_j对Z的影响大小之比为a_{ij}，则f_j和f_i对Z的影响大小之比为$a_{ji}=\frac{1}{a_{ij}}$，且有$a_{ii}=a_{jj}=1$。关于如何确定a_{ij}的值，Saaty等建议引用数字1~9及其倒数作为标度，即著名的9标度法（表7-2）。

表7-2 1~9标度及其含义

标度	含义
1	表示两个因素相比，具有同等的重要性
3	表示两个因素相比，前者的重要性比后者稍高
5	表示两个因素相比，前者的重要性明显高于后者
7	表示两个因素相比，前者的重要性比后者高得多
9	表示两个因素相比，前者的重要性远远高于后者
2，4，6，8	表示两个因素的重要性相比，介于上述两个相邻判断尺度之间
倒数	若两个因素f_i与f_j的重要性之比为a_{ij}，则f_j和f_i的重要性之比为$a_{ji}=\frac{1}{a_{ij}}$

Saaty等认为如果标度分级太多，容易增加判断难度，从而提供虚假数据，采用1~9标度是合适的。另外，需要指出的是，两两比较判断的次数达到$\frac{n(n-1)}{2}$是必要的。把所有元素都和某一元素进行比较，只能进行$n-1$次比较的弊病在于：任何一个判断的失误均可导致不合理的排序，而个别判断失误对于无法定量描述的系统而言是很难避免的。

（3）层次单排序及其一致性检验。判断矩阵A对应于最大特征值λ_{max}的特征向量W，经归一化处理后即为同一层次相应因素对于上一层次某一因素相对重要性的排序权值，这一过程称为层次单排序。上述构造比较判断矩阵的方法虽然能较为客观地反映出一对因子影响力的差别，然而，在综合全部比较结果时，其中难免包含一定程度的非一致性。若比较结果前后完全一致，且矩阵A的元素满足$a_{ij}a_{jk}=a_{ik}$，$\forall i, j, k=1, 2, \cdots, n$，则称正互反矩阵$A$为一致矩阵。因此需要检验构造出来的矩阵$A$是否满足一致性要求。

定理1 正互反矩阵A的最大特征值λ_{max}必为正实数，其对应特征向量的所有分量均为正实数。A的其余特征值的模，均严格小于λ_{max}。

定理2 若A为一致矩阵，则有：①A必为正互反矩阵；②A的转置矩阵A^T也是一致矩阵；③A的任意两行成比例，比例因子大于零，从而rank（A）=1（同样A的任意两列也成比例）；④若A的最大特征值λ_{max}对应的特征向量为$W=(w_1, w_2, \cdots, w_n)^T$，则有$a_{ij}=\frac{w_i}{w_j}$，$\forall i, j, k=1, 2, \cdots, n$。

定理3 n阶正互反矩阵A为一致矩阵，当且仅当其最大特征值$\lambda_{max}=n$，且当正互反矩阵A非一致时，必有$\lambda_{max}>n$。

由定理3可知，可以根据 λ_{max} 是否等于 n 来检验判断矩阵 A 是否为一致矩阵。如果 λ_{max} 比 n 大得越多，A 的非一致性程度也就越严重，λ_{max} 对应的标准化特征向量也就越无法真实地反映出各因素的权重。对判断矩阵的一致性检验步骤如下。

1）计算一致性指标 CI：

$$CI = \frac{\lambda_{max} - n}{n - 1} \tag{7-22}$$

2）查找平均随机一致性指标 RI。对于 $n=1$，2，…，9，Saaty 采用随机方法构造500个样本矩阵，随机地从1~9及其倒数中抽取数字构造正互反矩阵，求得最大特征值的平均值 λ'_{max} 计算得到的。RI 的结果见表7-3。

表7-3　RI 取值一览表

n	1	2	3	4	5	6	7	8	9	10	11
RI	0	0	0.58	0.90	1.12	1.24	1.32	1.41	1.45	1.49	1.51

3）计算一致性比例 CR：

$$CR = \frac{CI}{RI} \tag{7-23}$$

当 $CR<0.10$ 时，认为判断矩阵的一致性是可以接受的，否则应对判断矩阵进行适当修正。

对于多层次问题，还应进行层次总排序及其一致性检验。

7.3.2.2　层次分析法存在的不足及其改进

传统层次分析法在生成判断矩阵时采用9标度法，实际应用中专家的主观因素占主导地位，使得评判结果很容易带有一定的片面性。而在进行判断矩阵的一致性检验时，假如判断矩阵不具有一致性，就说明破坏了层次分析法方案中优选排序的主要功能，因而必须重新构造、重新计算，直到通过检验为止。这样就导致计算量大、精度难以保证。为此，一些学者开始考虑对层次分析法的标度等问题进行修正与改进。关于改进的层次分析法，有的文献［204］建议采用6标度法代替9标度法来建立判断矩阵，但上述问题仍然没有得到有效解决。为此，本课题尝试采用3标度判断法代替9标度判断法建立判断矩阵：即当甲、乙两元素比较时，若甲比乙重要，则用1表示；若甲与乙同等重要，则用0表示；若甲没有乙重要，则用-1表示。改进的3标度层次分析法使得专家很容易对两两要素做出哪个要素更重要的决策，而且无须进行一致性检验。除此之外，还大大减少了迭代的次数，能很好地提高收敛速度，并且能够满足计算精度的要求。

改进的层次分析法的主要优点在于，构造判断矩阵时采用的3标度判断法更简洁实用，不仅大大降低了矩阵因素两两比较时误判的概率，而且省略了判断矩阵一致性检验的环节，提高了计算效率。具体步骤或实现过程如下。

（1）构造判断矩阵。首先通过专家评判的办法，对每组要素进行两两比较其相对重要性，并采用3标度法得到相应的比较矩阵：

$$A=(a_{ij})_{n\times n}=\begin{bmatrix} a_{11} & a_{12} & \cdots & a_{1n} \\ a_{21} & a_{22} & \cdots & a_{2n} \\ \vdots & \vdots & \ddots & \vdots \\ a_{n1} & a_{n2} & \cdots & a_{nn} \end{bmatrix}$$

其中，a_{ij} 为指标 i 与指标 j 相比的重要性，$a_{ij}=\begin{cases}1, & \text{指标 } i \text{ 比指标 } j \text{ 重要；} \\ 0, & \text{指标 } i \text{ 与指标 } j \text{ 同等重要；} \\ -1, & \text{指标 } i \text{ 没有指标 } j \text{ 重要。}\end{cases}$

（2）计算最优传递矩阵。标度判断矩阵除了表示各属性指标间的重要性关系外，还可通过最优传递矩阵法[205]准则表示层下各属性指标的权重程度。其步骤如下：

1）计算 A 最优传递矩阵 O：

$$O=(o_{ij})_{n\times n}=\begin{bmatrix} o_{11} & o_{12} & \cdots & o_{1n} \\ o_{21} & o_{22} & \cdots & o_{2n} \\ \vdots & \vdots & \ddots & \vdots \\ o_{n1} & o_{n2} & \cdots & o_{nn} \end{bmatrix}$$

其中，最优传递矩阵 O 的元素有 $o_{ij}=\dfrac{1}{n}\sum_{k=1}^{n}(a_{it}+a_{tj})$。

2）将得到的最优传递矩阵 O 转化为一致性矩阵 D，一致性矩阵 D 也称为该准则层下的判断矩阵。其中，一致性矩阵 D 的元素有 $d_{ij}=\exp(o_{ij})$。

（3）计算一致性矩阵 D 的特征向量。首先计算矩阵 D 的每一行元素的乘积 $P_i=\prod_{j=1}^{n}d_{ij}$，$(i=1, 2, \cdots, n)$，然后利用方根法计算 $\overline{W}_i=\sqrt[n]{P_i}$，再对向量 $\overline{W}=(\overline{w}_1, \overline{w}_2, \cdots, \overline{w}_n)^T$ 进行归一化处理，求得特征向量 $W=(w_1, w_2, \cdots, w_n)^T$，即可作为各指标的权重系数。

7.4　基于改进的距离判别-层次分析法的岩体质量分级

7.4.1　岩体质量分级指标的选择与级别划分的确定

由 7.3 节的分析可知，影响工程岩体的质量及其稳定性的因素众多，既有定性描述的，也有定量表达的；既有岩石本身的，又有岩体结构特征的，还有赋存地质环境的，等等。参考有关规范和研究成果，综合考虑工程岩体赋存的地质环境，本着所选取的分级因素或指标简单明了、易于测定的原则，并为了方便与相关研究成果进行对比，验证建立模型的有效性，最终确定岩石单轴饱和抗压强度 R_C、岩层平均厚度 h、节理间距 d、RQD 指标值和地下水情况 w 等五个影响因素指标作为判别因子。根据有关规范及研究成果，可将五个影响因素指标按照单因素法划分为不同的等级，建立相应的单因素分级标准[206]。参照国内外通用的岩体质量分级方案，可以将岩体质量等级划分为五级。

7.4.2 改进的距离判别-层次分析法的岩体质量分级步骤

由前述可知，改进的距离判别-层次分析法，实际上是将层次分析法和距离判别法联为一体，综合利用。该方法以加权距离判别法为中心，在确定权重时引入改进的3标度层次分析法，既有效地解决了传统距离判别法中存在的判别因子权重等值的不足，又克服了1~9标度层次分析法中存在的构造判断矩阵时两两比较赋值随意性大的难题。在建立改进的距离判别-层次分析法的基础上，将其引入岩体质量分级问题中，是对传统距离判别法应用于岩体质量分级问题的进一步完善和修正。应用改进的距离判别-层次分析法进行层状岩体质量分级的基本思想和步骤简述如下（图7-2）：

（1）确定岩体质量分级评价目标与分级指标体系。分析影响岩体质量的影响因素，选取合适的分级指标（判别因子），并参考有关规范和研究成果对分级指标进行评价或划分为不同的级别，建立单因素分级标准和分级指标体系。

（2）基于改进的层次分析法确定分级指标体系的权重系数。对选定的分级指标（判别因子）体系，按照3标度判断法构造判断矩阵，并利用最优传递矩阵方法计算各分级指标的最终权重系数。

（3）构建改进的距离判别-层次分析法岩体质量分级模型。根据大量的实测分析资料，选择合理的训练样本，基于得到的分级指标的权重矩阵或权重系数，计算加权马氏距离，并根据判别准则，给出判别分析结果，最终建立改进的距离判别-层次分析法岩体质量分级模型。

（4）改进的距离判别-层次分析法岩体质量分级模型的有效性检验。利用回代估计法或交叉确认估计法计算判别分析结果的误判率，当误判率很小，满足实际需要时，可认为建立的改进的距离判别-层次分析法岩体质量分级模型是有效的，可以进行工程应用的。否则，需重新建立判别分析模型。

（5）改进的距离判别-层次分析法岩体质量分级模型的工程应用。可以将经过检验，符合实际要求的模型应用于工程岩体质量分级预测优化中。

7.4.3 改进的距离判别-层次分析法岩体质量分级模型

以李天斌等[206]提供的二郎山隧道K259+041~K261+980里程段的围岩实测资料为例，选取工程区有代表性的21个不同洞段的岩体质量分级结果作为学习训练样本，并以岩石单轴饱和抗压强度R_C、岩层平均厚度h、节理间距d、RQD指标值和地下水情况w等五个影响因素指标作为判别因子进行学习，K262+535~K263+202里程段13个洞段为待判样本进行判别检验。实测资料显示，工程区岩体主要分为四个级别：Ⅱ、Ⅲ、Ⅳ和Ⅴ级。因此，可以以Ⅱ、Ⅲ、Ⅳ和Ⅴ级岩体作为四个不同的总体G_i（$i=1, 2, 3, 4$），分别求出四个总体的协方差矩阵。

基于改进的层次分析法确定指标的权重系数。根据3标度判断方法，对5个分级指标岩石单轴饱和抗压强度R_C、岩层平均厚度h、节理间距d、RQD指标值和地下水情况w，构造两两比较判断矩阵如下。

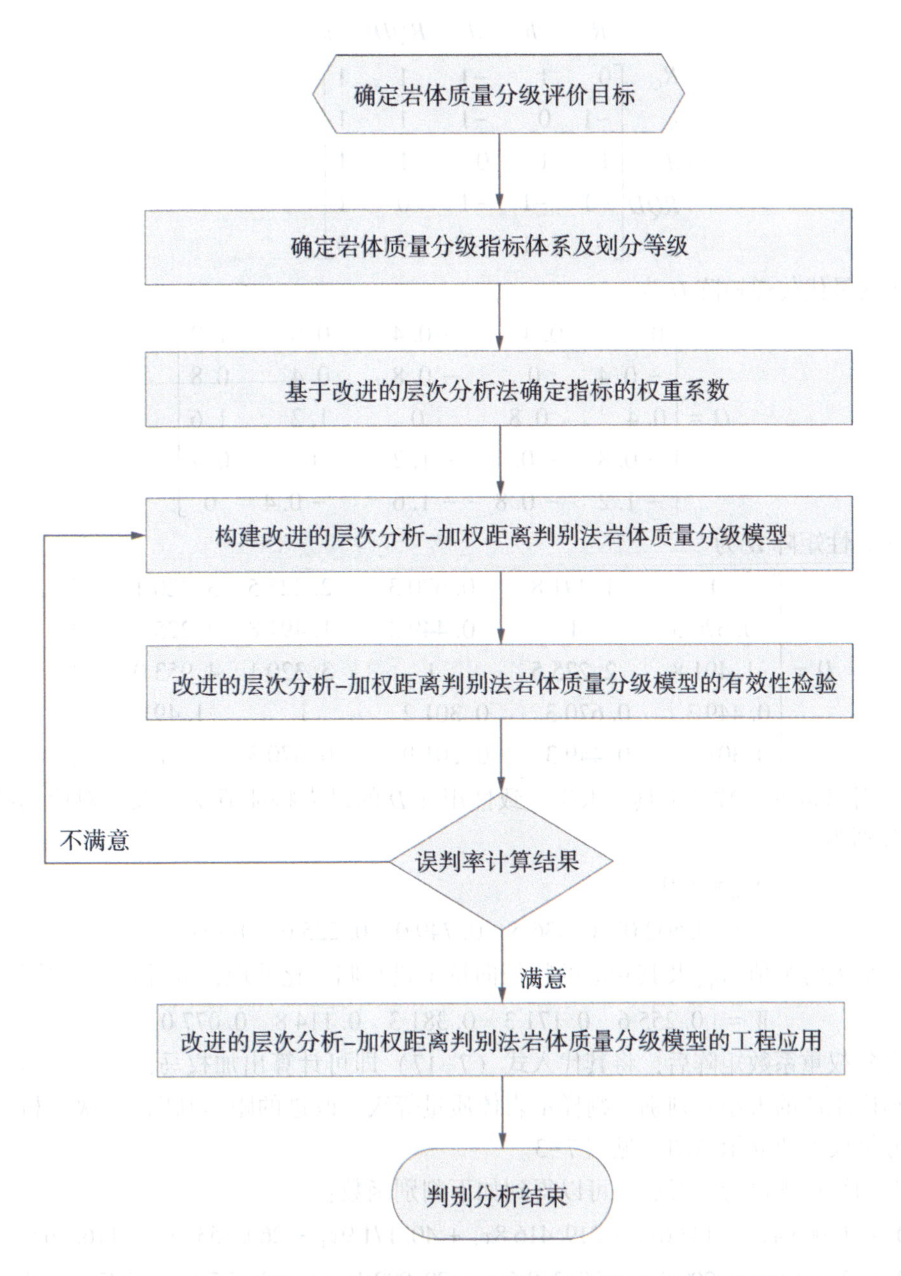

图 7-2　改进的层次分析-距离判别法的岩体质量分级基本步骤

$$A=\begin{array}{c} \\ R_C \\ h \\ d \\ RQD \\ w \end{array}\begin{array}{c} \begin{array}{ccccc} R_C & h & d & RQD & w \end{array} \\ \begin{bmatrix} 0 & 1 & -1 & 1 & 1 \\ -1 & 0 & -1 & 1 & 1 \\ 1 & 1 & 0 & 1 & 1 \\ -1 & -1 & -1 & 0 & 1 \\ -1 & -1 & -1 & -1 & 0 \end{bmatrix} \end{array}$$

A 的最优传递矩阵 O 为

$$O=\begin{bmatrix} 0 & 0.4 & -0.4 & 0.8 & 1.2 \\ -0.4 & 0 & -0.8 & 0.4 & 0.8 \\ 0.4 & 0.8 & 0 & 1.2 & 1.6 \\ -0.8 & -0.4 & -1.2 & 0 & 0.4 \\ -1.2 & -0.8 & -1.6 & -0.4 & 0 \end{bmatrix}$$

一致性矩阵 D 为

$$D=\begin{bmatrix} 1 & 1.4918 & 0.6703 & 2.2255 & 3.3201 \\ 0.6703 & 1 & 0.4493 & 1.4918 & 2.2255 \\ 1.4918 & 2.2255 & 1 & 3.3201 & 4.9530 \\ 0.4493 & 0.6703 & 0.3012 & 1 & 1.4918 \\ 0.3012 & 0.4493 & 0.2019 & 0.6703 & 1 \end{bmatrix}$$

应用 Matlab 等数学工具，求出一致性矩阵 D 的最大特征值 λ_{max} 及其对应的特征向量 V 分别为

$$\lambda_{max}=5.0$$

$$V=[0.5020 \quad 0.3365 \quad 0.7490 \quad 0.2256 \quad 0.1512]^T$$

对最大特征值 λ_{max} 及其对应的特征向量 V 进行归一化处理，可得到权重系数

$$W=[0.2556 \quad 0.1713 \quad 0.3813 \quad 0.1148 \quad 0.0770]^T$$

得到权重系数矩阵后，将其代入式（7-17）即可计算出加权马氏距离，然后依据加权马氏距离的大小来判别待判样本岩体质量等级。改进的距离判别-层次分析法岩体质量分级模型建立示意图，见图 7-3。

对训练样本进行学习后，可以得到如下判别函数：

$$\begin{aligned} Y_1(X) &= 1.9054x_1 - 1436x_2 + 219.4168x_3 + 40.1719x_4 + 260.8533x_5 - 116.9671 \\ Y_2(X) &= 2.9869x_1 - 2099x_2 + 99.2796x_3 + 79.8821x_4 + 303.8751x_5 - 347.6468 \\ Y_3(X) &= 2.6164x_1 - 1641x_2 + 81.8022x_3 + 84.6141x_4 + 252.3486x_5 - 388.8918 \\ Y_4(X) &= 2.3625x_1 - 1170x_2 + 200.5835x_3 + 82.8009x_4 + 209.3510x_5 - 419.9999 \end{aligned} \tag{7-24}$$

判别准则为，当 $Y_i(X)>0$ 时，$X \in G_i(i=1, 2, 3, 4)$

根据建立的改进的距离判别-层次分析法岩体质量分级模型得到的判别学习及预测结果及其与其他方法所得结果对比情况，见表 7-4。

类似地，根据王彪[207]等提供的四川省金沙江白鹤滩水电站工程岩体实测资料作为

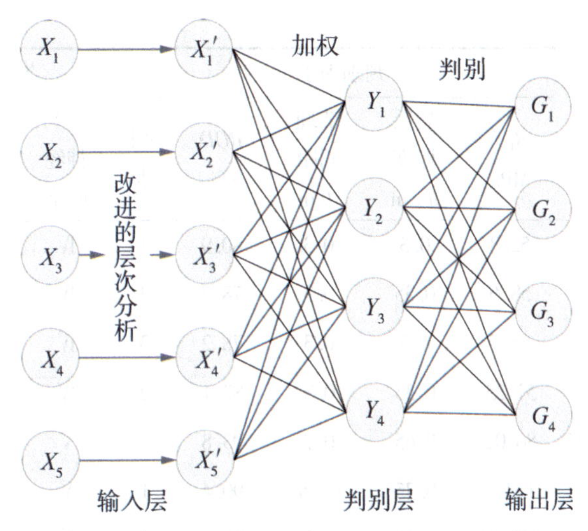

图 7-3 改进的距离判别-层次分析法岩体质量分级模型建立示意图

学习训练样本及待判样本，也可以根据建立的改进的距离判别-层次分析法岩体质量分级模型得到判别学习及预测结果，见表 7-5。

7.4.4 改进的距离判别-层次分析法模型的有效性检验

根据式（7-16），利用训练好的改进的距离判别-层次分析法岩体质量分级模型对学习样本进行回代估计判别检验，判别检验结果与实际结果一致，误判率为零。

表 7-4 改进的距离判别-层次分析法岩体质量分级结果及对比（据李天斌数据）

样本编号	桩号里程	判别因子					岩体质量分级结果			
		R_C/MPa	岩层厚度 h/m	节理间距 d/m	RQD/%	地下水	ART1神经网络	BP 神经网络	本课题方法	实际结果
1	K259+041~076	22.94	0.05	0.22	28.6	4	Ⅱ	Ⅱ	Ⅱ	Ⅱ
2	K259+116~172	29.18	0.05	0.1	30.8	4	Ⅱ	Ⅱ	Ⅱ	Ⅱ
3	K259+576~652	36.98	0.05	0.1	31.5	4	Ⅱ	Ⅱ	Ⅱ	Ⅱ
4	K261+255~428	38.17	0.2	0.2	70.2	3	Ⅲ	Ⅲ	Ⅲ	Ⅲ
5	K262+135~190	47.81	0.05	0.1	62.3	3	Ⅲ	Ⅲ	Ⅲ	Ⅲ
6	K262+294~394	52.21	0.05	0.1	70.6	3	Ⅲ	Ⅲ	Ⅲ	Ⅲ
7	K260+850~895	60.58	0.35	0.3	83.7	2	Ⅳ	Ⅳ	Ⅳ	Ⅳ
8	K261+585~610	58.62	0.3	0.3	76.7	1	Ⅳ	Ⅳ	Ⅳ	Ⅳ
9	K261+720~965	63.94	0.3	0.3	84.1	1	Ⅳ	Ⅳ	Ⅳ	Ⅳ
10	K261+980~K262+000	57.88	0.35	0.3	83.6	1	Ⅳ	Ⅳ	Ⅳ	Ⅳ

续表

样本编号	桩号里程	判别因子					岩体质量分级结果			
		R_C/MPa	岩层厚度 h/m	节理间距 d/m	RQD/%	地下水	ART1神经网络	BP神经网络	本课题方法	实际结果
11	K262+010~020	52.8	0.3	0.3	80.9	1	Ⅳ	Ⅳ	Ⅳ	Ⅳ
12	K262+286~335	58.6	0.35	0.3	78.7	3	Ⅳ	Ⅳ	Ⅳ	Ⅳ
13	K262+505~535	56.7	0.3	0.3	78.2	3	Ⅳ	Ⅳ	Ⅳ	Ⅳ
14	K262+410~510	57.25	0.35	0.3	82.1	2	Ⅳ	Ⅳ	Ⅳ	Ⅳ
15	K259+795~K260+155	86.02	0.65	0.7	93.8	1	Ⅴ	Ⅴ	Ⅴ	Ⅴ
16	K260+340~450	113.3	0.75	0.65	90.4	1	Ⅴ	Ⅴ	Ⅴ	Ⅴ
17	K260+464~547	109.34	0.65	0.6	90.6	1	Ⅴ	Ⅴ	Ⅴ	Ⅴ
18	K260+670~850	87.62	0.6	0.55	86.3	1	Ⅴ	Ⅴ	Ⅴ	Ⅴ
19	K260+895~K261+255	107.92	0.6	0.5	86.1	1	Ⅴ	Ⅴ	Ⅴ	Ⅴ
20	K261+428~585	46.86	0.5	0.5	85.4	1	Ⅴ	Ⅴ	Ⅴ	Ⅴ
21	K261+965~980	58.39	0.6	0.55	94.5	1	Ⅴ	Ⅴ	Ⅴ	Ⅴ
22*	K262+535~575	56.7	0.3	0.3	78.2	3	Ⅳ	Ⅳ	Ⅳ	Ⅳ
23*	K262+560~590	58.4	0.7	0.65	86.6	2	Ⅴ	Ⅴ	Ⅴ	Ⅴ
24*	K262+590~635	57.25	0.35	0.3	82.1	2	Ⅳ	Ⅳ	Ⅳ	Ⅳ
25*	K262+635~690	47.81	0.05	0.1	62.3	3	Ⅲ	Ⅲ	Ⅲ	Ⅲ
26*	K262+690~794	56.76	0.35	0.35	75.8	2	Ⅳ	Ⅳ	Ⅳ	Ⅳ
27*	K262+794~894	52.21	0.05	0.1	70.6	3	Ⅲ	Ⅲ	Ⅲ	Ⅲ
28*	K262+894~926	34.06	0.28	0.23	53.2	4	-	Ⅲ	Ⅱ	Ⅱ
29*	K262+926~980	39.38	0.05	0.1	61.2	3	Ⅲ	Ⅱ	Ⅲ	Ⅲ
30*	K262+980~K263+025	58.78	0.35	0.3	76.7	2	Ⅳ	Ⅳ	Ⅳ	Ⅳ
31*	K263+025~050	55.54	0.05	0.1	53.1	3	Ⅲ	Ⅱ	Ⅲ	Ⅲ
32*	K263+050~077	58	0.35	0.3	78.3	3	Ⅳ	Ⅳ	Ⅳ	Ⅳ
33*	K263+077~113	32.5	0.05	0.1	51.2	3	Ⅲ	Ⅲ	Ⅲ	Ⅲ
34*	K263+113~202	28.7	0.05	0.1	26.2	3	Ⅱ	Ⅱ	Ⅱ	Ⅱ

注：(1) 地下水情况：1 干燥，2 滴水，3 线状，4 股状；(2) “*”表示待判样本。

表 7-5　改进的距离判别-层次分析法岩体质量分级结果及对比（据王彪数据）

样本编号	判别因子						岩体质量分级结果			
	R_C/MPa	岩体声波速度 V_p/(m·s^{-1})	体积节理数 J_v/(条·m^{-3})	节理面粗糙系数 J_r	节理面风化变异系数 J_a	透水性系数	BP 神经网络	传统距离判别法	本课题方法	实际结果
1	35.25	1 798	1.5	3	27.08	0.7	Ⅳ	Ⅳ	Ⅳ	Ⅳ
2	54.48	2 510	1.5	3	27	0.7	Ⅲ	Ⅳ	Ⅳ	Ⅳ
3	41.6	1 200	1.5	3	22.6	0.7	Ⅳ	Ⅳ	Ⅳ	Ⅳ
4	37.07	1 266	1.5	3	26.42	0.6	Ⅴ	Ⅳ	Ⅳ	Ⅳ
5	64	2 800	1.5	3	17.3	0.7	Ⅳ	Ⅳ	Ⅳ	Ⅳ
6	86	2 890	1.5	3	15.1	0.7	Ⅳ	Ⅳ	Ⅳ	Ⅳ
7	70.28	3 729	3	3	7.96	0.8	Ⅲ	Ⅲ	Ⅲ	Ⅲ
8	77.35	4 150	3	2	12.2	0.8	Ⅲ	Ⅲ	Ⅲ	Ⅲ
9	81.66	4 916	3	2	9.98	1	Ⅱ	Ⅱ	Ⅱ	Ⅱ
10	82.2	4 090	1.5	2	20.7	0.9	Ⅲ	Ⅲ	Ⅲ	Ⅲ
11	68.2	2 250	3	3	23.2	0.7	Ⅳ	Ⅳ	Ⅳ	Ⅳ
12	92	3 675	3	2	13.9	0.8	Ⅱ	Ⅲ	Ⅲ	Ⅲ
13	54.6	3 600	3	3	19.4	0.8	Ⅳ	Ⅳ	Ⅳ	Ⅳ
14	57.1	4 135	1.5	2	6.8	0.9	Ⅲ	Ⅲ	Ⅲ	Ⅲ
15	68.5	3 618	1.5	3	19.9	0.8	Ⅲ	Ⅳ	Ⅳ	Ⅳ
16	35.79	2 600	2	3	25.52	1	Ⅳ	Ⅳ	Ⅳ	Ⅳ
17	70.89	4 200	2	2	10.39	0.9	Ⅲ	Ⅲ	Ⅲ	Ⅲ
18	71.98	4 200	1.5	1	12.18	0.9	Ⅲ	Ⅱ	Ⅲ	Ⅲ
19	65.6	4 700	1.5	1	6.7	0.9	Ⅱ	Ⅱ	Ⅱ	Ⅱ
20	45.45	5 000	2	2	16.9	0.6	Ⅲ	Ⅲ	Ⅲ	Ⅲ
21 *	64.33	5 000	3	1	10.52	1	Ⅱ	Ⅱ	Ⅱ	Ⅱ
22 *	63.6	5 000	3	1	7.51	1	Ⅱ	Ⅱ	Ⅱ	Ⅱ
23 *	52.3	2 200	1.5	3	32.91	0.8	Ⅳ	Ⅳ	Ⅳ	Ⅳ
24 *	111.3	5 025	1.5	1	20	0.9	Ⅲ	Ⅲ	Ⅱ	Ⅲ
25 *	127.5	4 600	1.5	1	12.3	0.9	Ⅱ	Ⅱ	Ⅱ	Ⅱ
26 *	104.3	5 000	1.5	0.8	17.4	0.9	Ⅱ	Ⅱ	Ⅱ	Ⅱ
27 *	111.2	4 600	1.5	0.8	15.5	0.9	Ⅰ	Ⅱ	Ⅱ	Ⅱ
28 *	120.1	4 600	1.5	1	8.5	0.9	Ⅱ	Ⅱ	Ⅱ	Ⅱ

续表

样本编号	判别因子						岩体质量分级结果			
	R_C/MPa	岩体声波速度 V_p/(m·s^{-1})	体积节理数 J_v/(条·m^{-3})	节理面粗糙系数 J_a	节理面风化变异系数 J_r	透水性系数	BP 神经网络	传统距离判别法	本课题方法	实际结果
29＊	68.5	3 618	1.5	3	19.9	0.8	Ⅳ	Ⅳ	Ⅳ	Ⅳ
30＊	79.1	4 900	1	3	18.3	0.9	Ⅲ	Ⅳ	Ⅲ	Ⅲ

注："＊"表示待判样本。

根据表 7-4 中的对比结果，不难发现：改进的距离判别-层次分析法岩体质量分级模型所得结果与实际工程情况完全相同，与李天斌等[206]应用 ART1 神经网络法得到的判别结果也基本相同，比利用 BP 神经网络法得到的分级结果准确性高。这充分说明了改进的距离判别-层次分析法岩体质量分级模型的合理性与有效性。而且，改进的距离判别-层次分析法模型的训练速度比一般神经网络方法快，同时不存在陷入局部极小值的问题。因此，与神经网络方法相比，改进的距离判别-层次分析法更具优越性。另外，表 7-5 给出的对比结果表明，BP 神经网络法的预测准确率仅为 83%；传统距离判别法的综合判别准确率为 93%（对学习样本回代判别时 18 号样本误判，待判样本中 30 号样本误判）；而改进的距离判别-层次分析法的综合判别准确率为 97%（学习样本的回代判别结果全部正确，仅待判样本中的 24 号样本误判），判别结果与文献［54］利用主成分分析法计算加权马氏距离得到的判别结果是一致的。由此可见，改进的距离判别-层次分析法岩体质量分级预测模型的有效性与准确性更为明显。

7.5 改进的距离判别-层次分析法在近水平复杂层状岩体质量分级中的应用

7.5.1 近水平层状岩体质量分级指标体系

根据前述章节可知，层状岩体通常由多种软硬不同的岩层组合而成，且包含在地质体形成过程中由各种地质营造力所形成的结构面，既有层面、层理面，还有节理面、断裂面、层间剪切带等结构面。层状岩体结构是层状岩体的典型特征之一。另外，横观各向异性、软弱泥化夹层等也是影响层状岩体质量的重要因素。由于地质体所形成的地质环境比较复杂，影响岩体质量的因素亦有明显的模糊性、随机性和不确定性。因此，影响岩体质量分级及其稳定性评价的方面和因素很多。进行层状岩体质量分级及其稳定性评价时，需紧密结合层状岩体结构特征，重点考虑结构面间距、岩石强度、岩体完整性等主要影响因素，同时考虑节理间距、节理状态、节理产状、地下水、地应力等因素。另外，洞室跨度不同，对岩体质量的定义和要求也不同。在确定判别因子时，需考虑周全。

坝址区为缓倾角近水平单斜地层，总体走向为 10°～30°，倾向 NW，倾角为 0°～

3°。地质构造简单，坝址区未发现断层、褶皱等构造，发育有陡倾角的节理裂隙和顺层层间剪切带等。坝址区的结构面，主要包括原生结构面（层面、层理等）、构造节理裂隙以及顺层剪切破碎带等。其中，原生结构面产状与岩层产状基本一致，绝大多数胶结程度高，仅在风化卸荷影响下呈微张~张开状态，一般为碎屑或泥质充填；构造节理裂隙的倾角以 70°~90°为主，其发育程度与地层岩性、层厚和构造部位密切相关。在中厚层~厚层砂岩地层中发育较多，粉砂岩地层发育较少。地表及平硐调查表明，穿层的节理裂隙相对较少，仅在规模较大时贯穿相邻的较软岩层。坝址区主要发育有四组节理，大多呈闭合~微张状态。节理裂隙密度与岩性、岩层厚度以及风化卸荷程度有关，一般无充填或钙质充填，部分为碎屑或泥质充填；节理面多平直粗糙，部分为弯曲光滑。

综上所述，对近水平层状岩体质量进行分级与评价时，选取的分级因素或分级指标，既有定性的，也有定量的。主要考虑以下几个方面。

（1）层状岩体结构面间距：结合坝址区实测结果，基于结构面间距的划分标准与分级情况，详见第 2 章有关内容及表 2-13 和表 2-14。

（2）单轴饱和抗压强度：根据试验成果，坝址区各类岩石单轴饱和抗压强度取值见表 6-11 和 6.4.3.1 节的论述。参考有关规程、规范，坝址区岩石单轴饱和抗压强度可分为五级：坚硬岩（> 60MPa）、较坚硬岩（60~30MPa）、较软岩（30~15MPa）、软岩（15~5MPa）、极软岩（<5MPa）。

（3）岩体完整性系数 K_V：岩体完整程度是表征岩体质量的基本因素。岩体完整性系数 K_V 主要根据岩块与岩体声波速度来计算，用于定量描述岩体完整程度。K_V 及其与 J_v 之间的对应关系见表 6-25。

（4）岩体基本质量指标 *RQD* 值：*RQD* 值在表征层状岩体层面裂隙、缓倾角结构面等方面具有明显的优势，而且与透水性指标、岩体纵波速度等具有良好的相关性。坝址区岩体 *RQD* 统计分析结果见表 6-22。

（5）节理条件：由于节理间距已经可以在岩体完整性系数和单层厚度因素划分中有所体现，因此不再作为独立的分级指标使用；这里，节理条件主要是指节理状态。参考有关规范，具体划分如下：①节理面很粗糙，节理不连续，节理裂隙宽度为零，节理面岩石坚硬；② 节理面稍粗糙，宽度小于 1mm，节理面岩石坚硬；③节理面稍粗糙，宽度小于 1mm ，节理面的岩石软弱；④节理面光滑或含有宽度小于 5mm 软弱夹层，张开度 1~5mm，节理连续；⑤含厚度大于 5mm 软弱夹层，张开度大于 5mm，节理连续。

（6）地下水：参考水利水电工程地质勘察规范等，以每 10m 长的洞室涌水量 *Q* 将地下水划分为五级，①干燥~湿润（0~10L/ min）；②湿润~渗水（10~25L/min）；③渗水~滴水（25~50L/ min）；④串珠状滴水~线状流水（50~125L/min）；⑤涌水（> 125L/min）。

（7）主要结构面产状：坝址区节理裂隙产状不均，应根据具体工程部位具体分析。总体上，陡倾角占大多数，中等倾角次之，缓倾角较少。主要结构面产状（走向、倾角等）对洞室稳定性的影响见表 7-6。

表 7-6　主要结构面产状（走向、倾角等）对洞室稳定性的影响

结构面走向与洞轴线夹角 β	$90°\geq\beta\geq60°$				$60°>\beta\geq30°$				$\beta<30°$			
结构面倾角 α	$\alpha>70°$	$70°\geq\alpha>45°$	$45°\geq\alpha>20°$	$\alpha\leq20°$	$\alpha>70°$	$70°\geq\alpha>45°$	$45°\geq\alpha>20°$	$\alpha\leq20°$	$\alpha>70°$	$70°\geq\alpha>45°$	$45°\geq\alpha>20°$	$\alpha\leq20°$
影响程度评价	非常有利 A_1	有利 A_2	一般 A_3	不利 A_4	有利 B_1	一般 B_2	不利 B_3	不利 B_4	一般 C_1	不利 C_2	不利 C_3	非常不利 C_4
指标评分量化	100	80	60	40	80	60	40	30	60	40	30	10

（8）层间剪切带：层间剪切带对层状岩体质量和稳定性产生不利影响。有无层间剪切带发育、层间剪切带发育特征（厚度、连续性等）是层状岩体质量分级必须考虑的另一个因素。有关处理方式详见前述第 5 章。

（9）地应力：参考有关规程、规范，根据地应力对层状岩体质量及稳定性的影响可分为：低地应力（$R_C/\sigma_{max}>7$），中等地应力（R_C/σ_{max} 为 4~7），高地应力（$R_C/\sigma_{max}<4$）。其中 σ_{max} 为垂直洞轴线方向平面内的最大天然主应力。

（10）跨度：可分为两种情况，即对于跨度大于 20m 的建筑物，例如坝址区地下厂房等，巨厚层岩体的定义，采用结构面间距大于 2m 的标准；而对于跨度小于 20m 的，例如发电洞等，巨厚层岩体的定义，采用结构面间距大于 1m 的标准。

对于某大型水利枢纽工程而言，根据地应力测试结果可知，工程区各部位均属于低地应力区。另外，除地下厂房外，其余洞室跨度均小于 20m。因此，在进行坝址区发电洞、排沙洞、泄洪洞、导流洞等洞室围岩质量分级评价时，仅需要选取前面 7 个分级指标即可。

7.5.2　近水平层状岩体质量等级划分

由前述论述可知，国内外通用的岩体质量分级方案，大多将岩体质量等级划分为五级，从优到劣，依次为Ⅰ、Ⅱ、Ⅲ、Ⅳ、Ⅴ级。岩体质量分级的五级方案也在工程实践中得到广泛认可与应用。基于此，在进行某大型水利枢纽近水平层状岩体质量分级与评价时，也按照五级方案来划分质量等级。同时，根据坝址区岩体质量的实际情况，又可将Ⅱ、Ⅲ级岩体进一步细分为$Ⅱ_1$、$Ⅱ_2$以及$Ⅲ_1$、$Ⅲ_2$等两个质量亚级。与前述过程一样，针对近水平复杂层状岩体质量分级问题，构建距离判别模型时，也需考虑 5 个总体。

7.5.3　基于改进的层次分析的指标体系权重确定

根据前述分析，选定并建立分级指标（判别因子）体系后，可以利用改进的 3 标

度层次分析法获得分级指标体系的权重系数。即首先按照 3 标度判断法构造判断矩阵，再利用最优传递矩阵方法计算各分级指标的最终权重系数。根据 3 标度判断方法，对 7.5.1 节中给出的 10 个分级指标，选定其中有显著影响的 7 项，即岩层结构面间距 h、岩石单轴饱和抗压强度 R_C、岩体完整性系数 K_V、RQD 指标值、节理产状 J_C、地下水情况 W 和层间剪切带 J_Q，构造两两比较判断矩阵如下：

$$
\begin{array}{c} \\ h \\ R_C \\ K_V \\ A = RQD \\ J_C \\ W \\ J_Q \end{array}
\begin{array}{c} \begin{array}{ccccccc} h & R_C & K_V & RQD & J_C & W & J_Q \end{array} \\
\begin{bmatrix} 0 & -1 & 1 & 1 & 1 & 1 & 1 \\ 1 & 0 & 1 & 1 & 1 & 1 & 1 \\ -1 & -1 & 0 & 1 & 1 & 1 & 1 \\ -1 & -1 & -1 & 0 & 1 & 1 & 1 \\ -1 & -1 & -1 & -1 & 0 & 1 & 1 \\ -1 & -1 & -1 & -1 & -1 & 0 & 1 \\ -1 & -1 & -1 & -1 & -1 & -1 & 0 \end{bmatrix} \end{array}
$$

A 的最优传递矩阵 O 为

$$
O = \begin{bmatrix} 0 & -0.286 & 0.286 & 0.571 & 0.857 & 1.143 & 1.429 \\ 0.286 & 0 & 0.571 & 0.857 & 1.143 & 1.429 & 1.714 \\ -0.286 & -0.571 & 0 & 0.286 & 0.571 & 0.857 & 1.143 \\ -0.571 & -0.857 & -0.286 & 0 & 0.286 & 0.571 & 0.857 \\ -0.857 & -1.143 & -0.571 & -0.286 & 0 & 0.286 & 0.571 \\ -1.143 & -1.429 & -0.857 & -0.571 & -0.286 & 0 & 0.286 \\ -1.429 & -1.714 & -1.143 & -0.857 & -0.571 & -0.286 & 0 \end{bmatrix}
$$

一致性矩阵 D 为

$$
D = \begin{bmatrix} 1 & 0.751 & 1.331 & 1.771 & 2.356 & 3.136 & 4.173 \\ 1.331 & 1 & 1.771 & 2.356 & 3.136 & 4.173 & 5.553 \\ 0.751 & 0.565 & 1 & 1.331 & 1.771 & 2.356 & 3.136 \\ 0.565 & 0.424 & 0.751 & 1 & 1.331 & 1.771 & 2.356 \\ 0.424 & 0.319 & 0.565 & 0.751 & 1 & 1.331 & 1.771 \\ 0.319 & 0.240 & 0.424 & 0.565 & 0.751 & 1 & 1.331 \\ 0.240 & 0.180 & 0.319 & 0.424 & 0.565 & 0.751 & 1 \end{bmatrix}
$$

应用 Matlab 等数学工具，求出一致性矩阵 D 的最大特征值 λ_{max} 及其对应的特征向量 V 分别为

$$\lambda_{max} = 7.0$$

$$V = [0.5004 \quad 0.6659 \quad 0.3760 \quad 0.2826 \quad 0.2124 \quad 0.1596 \quad 0.1199]^T$$

对最大特征值 λ_{max} 及其对应的特征向量 V 行归一化处理，可得到权重系数

$$W = [0.2160 \quad 0.2874 \quad 0.1623 \quad 0.1220 \quad 0.0917 \quad 0.0689 \quad 0.0518]^T$$

得到权重系数矩阵后，将其代入式（7-17）即可计算出加权马氏距离，然后依据加权马氏距离的大小来判别待判样本岩体质量等级。改进的距离判别-层次分析法的岩

体质量分级模型建立示意图见图 7-3。

7.5.4 层状岩体质量分级的改进的距离判别-层次分析法模型及检验

训练样本的合理选择，对于建立的改进的距离判别-层次分析法模型在工程实践中的岩体质量分级的有效性和预测精度是至关重要的。为了较好地训练并检验建立的层状岩体质量分级的改进的距离判别-层次分析法模型，在选择训练样本时主要考虑以下几个方案。方案一：由于该水利枢纽工程尚未进行施工，前期完成的岩体质量分级成果，无法得到工程开挖验证，是否可以考虑选择地质条件类似的相关工程岩体质量分级成果，例如小浪底水利枢纽。然而，尽管小浪底与该水利枢纽工程的地质背景在很大程度上具有可类比性，但是考虑到岩体质量分级的几个主要影响因素，例如岩石强度、地质构造等，二者又有着显著区别，因此采用小浪底的岩体质量分级资料来训练和检验建立的改进的距离判别-层次分析法的岩体质量分级模型，以学习训练后的模型用于预测该工程岩体质量分级，将无法保证预测结果的准确性。方案二：尽管该水利枢纽工程尚未施工，岩体质量分级前期成果无法得到工程开挖验证，没有合适的专门针对水工建筑物的训练样本可供参考使用，但是工程前期（项目建议书阶段等）开挖的多条勘探平硐，揭露了一些有价值的具体地质条件，其围岩质量分级与评价结果可以得到实际开挖揭露情况的有效验证。为此，可以选择合适的勘探平硐岩体质量分级实际成果，对建立的改进的距离判别-层次分析法的岩体质量分级模型进行训练，并将学习训练后的模型用于预测坝址区建筑物部位的岩体质量分级。虽然方案二是较为可行的，但是勘探平硐的跨度与导流洞、排沙洞、地下厂房等水工建筑物相比，要小得多，因此利用勘探平硐岩体质量分级实际成果学习训练后的模型预测得到的坝址区建筑物部位的岩体质量分级，必须考虑地下洞室跨度的影响，根据实际情况进一步调整。

为此，选择在坝址区具有代表性的两个平硐 PD207 和 PD213 的岩体质量分级成果（表 7-7 和表 7-8），作为训练样本对建立的改进的距离判别-层次分析法的岩体质量分级模型进行训练和检验。现场平硐开挖后的围岩显示，平硐围岩主要表现为三个等级：Ⅱ、Ⅲ、Ⅳ级。根据现场判断和前述分析，其中Ⅲ、Ⅳ两个质量等级的岩体又可以细分为Ⅲ_1、Ⅲ_2、Ⅳ_1、Ⅳ_2。因此，可以把五个质量等级的岩体作为五个不同的总体 G_i（i=1，2，3，4，5），分别求出其协方差矩阵。

分别利用平硐 PD207 和 PD213 的岩体质量分级成果（表 7-7 和表 7-8）对训练样本进行学习后，可以得到如下两个判别函数：

$$\begin{aligned}
Y_1(X) &= 6.41\text{E}9x_1 + 6\,446x_2 + 5.29\text{E}10x_3 + 70.83x_4 - 1.98x_5 + 1\,490x_6 \\
&\quad - 2.64x_5 - 6.46\text{E}10 \\
Y_2(X) &= 6.41\text{E}9x_1 + 6\,021x_2 + 5.29\text{E}10x_3 + 51.47x_4 - 1.61x_5 + 1\,571x_6 \\
&\quad - 2\,059x_5 - 6.46\text{E}10 \\
Y_3(X) &= 6.41\text{E}9x_1 + 4\,484x_2 + 5.29\text{E}10x_3 + 53.23x_4 - 0.24x_5 + 1\,199x_6 \\
&\quad - 889.18x_5 - 6.46\text{E}10 \\
Y_4(X) &= 5.45\text{E}9x_1 + 2\,197x_2 + 3.96\text{E}10x_3 + 12.27x_4 - 0.11x_5 + 585.99x_6 \\
&\quad - 1\,019x_5 - 4.39\text{E}10
\end{aligned} \tag{7-25}$$

$$Y_5(X) = 5.45E9x_1 + 2\,236x_2 + 3.96E10x_3 + 7.31x_4 + 1.03x_5 + 605.65x_6 - 1\,417x_5 - 4.39E10$$

判别准则为，当 $Y_i(X) > 0$ 时，$X \in G_i(i = 1,\ 2,\ 3,\ 4,\ 5)$

根据平硐 PD207 建立的改进的层次分析-加权距离判别法岩体质量分级模型得到的判别学习及预测结果及其与其他方法所得结果对比情况，见表 7-7。

$$\begin{aligned}
Y_1(X) &= -4\,338x_1 - 15\,945\,803x_2 - 3\,475\,710x_3 + 569\,417x_4 - 2\,761x_5 \\
&\quad + 2.11E10x_6 + 5\,350\,268x_5 - 1.45E9 \\
Y_2(X) &= -4\,156x_1 - 15\,257\,423x_2 - 3\,325\,711x_3 + 544\,829x_4 - 2\,643x_5 \\
&\quad + 2.11E10x_6 + 5\,350\,268x_5 - 1.45E9 \\
Y_3(X) &= -3\,174x_1 - 11\,686\,015x_2 - 2\,547\,059x_3 + 417\,304x_4 - 2\,023x_5 \\
&\quad + 2.11E10x_6 + 5\,350\,268x_5 - 1.45E9 \\
Y_4(X) &= -1\,041x_1 - 3\,885\,741x_2 - 846\,664x_3 + 138\,772x_4 - 669.35x_5 \\
&\quad + 1.05E10x_6 + 5\,350\,268x_5 - 363\,268\,944 \\
Y_5(X) &= 1\,345x_1 + 4\,823\,209x_2 + 1\,051\,914x_3 - 172\,203x_4 + 842.51x_5 \\
&\quad + 1.05E10x_6 + 5\,350\,268x_5 - 363\,290\,167
\end{aligned} \tag{7-26}$$

判别准则为，当 $Y_i(X) > 0$ 时，$X \in G_i(i = 1,\ 2,\ 3,\ 4,\ 5)$

根据平硐 PD213 建立的改进的层次分析-加权距离判别法岩体质量分级模型得到的判别学习及预测结果及其与其他方法所得结果对比情况，见表 7-8。

由表 7-7 和表 7-8 中给出的对比分析结果，不难发现：①根据式（7-16）利用两个不同的平硐 PD207 和 PD213 的实测资料训练好的不同的改进的距离判别-层次分析法岩体质量分级模型对学习样本进行回代估计判别检验，判别检验结果均与实际结果完全一致，误判率为零。这一点充分说明了建立的层状岩体质量分级的改进的距离判别-层次分析法模型的合理性与有效性。②表 7-7 中给出的对比分析结果表明，传统的距离判别法的综合判别准确率为 80%（对学习样本回代判别时 4、9、18 号样本误判，待判样本中 14 号样本误判）；而改进的距离判别-层次分析法的综合判别准确率为 100%（学习样本的回代判别结果和待判样本的判别预测结果均全部正确）；表 7-8 给出的对比结果表明，传统的距离判别法的综合判别准确率为 77%（对学习样本回代判别时 5 号样本误判，待判样本中 7 号和 12 号样本误判）；而改进的距离判别-层次分析法的综合判别准确率高达 92%（学习训练样本的回代判别结果全部正确，待判样本的 12 号误判）。由此可见，就某大型水利枢纽工程近水平层状岩体质量分级而言，改进的距离判别-层次分析法判别预测结果相比传统的距离判别法更为可靠，预测精度更高。③表 7-7 给出的对比结果表明，对于存在层间剪切带发育的地下洞室围岩，考虑其影响的修正的 BQ 分级法比普通的 RMR 分级法更具准确性；表 7-8 给出的对比结果表明，对于不存在剪切带发育的地下洞室围岩，BQ 分级法与 RMR 分级法的准确性是相当的。④平硐 PD213 的围岩质量分级成果的训练样本相对较少，对改进的距离判别-层次分析法的判断预测精度可能会产生不利影响。⑤综合对比分析表明，基于现场实例数据建立的层状岩体质量分级的改进的距离判别-层次分析法模型具有较高的判别预测精度，

表 7-7　几种方法所得勘探平硐 PD207 围岩质量分级结果及其对比

平硐深度分段/m	单轴抗压强度 R_C/MPa	岩体完整性系数 K_v	结构面间距/m	*RQD* /%	节理产状	地下水	层间剪切带强度	传统距离判别法预测结果	改进的距离判别法预测结果	RMR 法分级结果	修正的 BQ 法分级结果	实际情况判断
0~2.4	58.2	0.24	3	10	60	2	0.29	$Ⅳ_2$	$Ⅳ_2$	$Ⅳ_1$	$Ⅳ_2$	$Ⅳ_2$
2.4~5	58.2	0.45	3	15	40	2	0.32	$Ⅳ_1$	$Ⅳ_1$	$Ⅳ_1$	$Ⅳ_1$	$Ⅳ_1$
5~7.6	68.5	0.59	4	70	60	2	0.29	$Ⅲ_2$	$Ⅲ_2$	$Ⅲ_1$	$Ⅲ_2$	$Ⅲ_2$
7.6~9.5	68.5	0.59	4	70	80	3	0.35	$Ⅲ_1$	$Ⅲ_2$	$Ⅲ_1$	$Ⅲ_1$	$Ⅲ_2$
9.5~12	68.5	0.59	4	72	80	3	0.29	$Ⅲ_2$	$Ⅲ_2$	$Ⅲ_1$	$Ⅲ_2$	$Ⅲ_2$
12~13.1	68.5	0.74	4	71	80	3	0.27	$Ⅲ_1$	$Ⅲ_1$	$Ⅲ_1$	$Ⅲ_1$	$Ⅲ_1$
13.1~15.5	68.5	0.74	4	75	80	3	0.31	$Ⅲ_1$	$Ⅲ_1$	$Ⅲ_1$	$Ⅲ_1$	$Ⅲ_1$
15.5~17	68.5	0.74	4	80	80	3	0.30	$Ⅲ_1$	$Ⅲ_1$	$Ⅲ_1$	$Ⅲ_1$	$Ⅲ_1$
17~23	68.5	0.53	4	72	100	3	0.30	$Ⅲ_1$	$Ⅲ_2$	$Ⅲ_1$	$Ⅲ_2$	$Ⅲ_2$
23~28	68.5	0.53	4	71	60	3	0.27	$Ⅲ_2$	$Ⅲ_2$	$Ⅲ_1$	$Ⅲ_2$	$Ⅲ_2$
28~30	68.5	0.53	4	70	60	3	0.29	$Ⅲ_2$	$Ⅲ_2$	$Ⅲ_1$	$Ⅲ_2$	$Ⅲ_2$
30~33	68.5	0.53	4	72	60	3	0.28	$Ⅲ_2$	$Ⅲ_2$	$Ⅲ_1$	$Ⅲ_2$	$Ⅲ_2$
33~37 *	68.5	0.53	4	75	60	4	0.26	$Ⅲ_2$	$Ⅲ_2$	$Ⅲ_2$	$Ⅲ_2$	$Ⅲ_2$
37~42 *	68.5	0.84	4	89	80	4	0.23	$Ⅲ_2$	$Ⅲ_1$	$Ⅲ_1$	$Ⅲ_1$	$Ⅲ_1$
42~45 *	68.5	0.84	4	90	80	4	0.25	$Ⅲ_1$	$Ⅲ_1$	$Ⅲ_1$	$Ⅲ_1$	$Ⅲ_1$
45~49 *	68.5	0.84	4	85	60	4	0.25	$Ⅲ_1$	$Ⅲ_1$	$Ⅲ_1$	$Ⅲ_1$	$Ⅲ_1$
49~57 *	68.5	0.84	4	92	80	4	0.26	$Ⅲ_1$	$Ⅲ_1$	Ⅱ	$Ⅲ_1$	$Ⅲ_1$
57~60	68.5	0.84	4	91	60	4	0.60	$Ⅲ_1$	Ⅱ	Ⅱ	Ⅱ	Ⅱ
60~68	68.5	0.69	4	63	80	5	0.60	$Ⅲ_1$	$Ⅲ_1$	$Ⅲ_1$	$Ⅲ_1$	$Ⅲ_1$
68~91	68.5	0.82	4	82	80	4	0.60	Ⅱ	Ⅱ	Ⅱ	Ⅱ	Ⅱ

注:(1)地下水情况:1 干燥,2 潮湿,3 滴水,4 线状,5 股状;(2)“ * ”表示待判样本。

表 7-8　几种方法所得勘探平硐 PD213 围岩质量分级结果及其对比

平硐深度分段/m	单轴抗压强度 R_C/MPa	岩体完整性系数 K_V	结构面间距/m	RQD/%	节理产状	地下水	层间剪切带强度	传统距离判别法预测结果	改进的距离判别法预测结果	RMR 法分级结果	BQ 法分级结果	实际情况判断
0~9	56.2	0.18	0.35	10	80	1	0.80	$Ⅳ_2$	$Ⅳ_2$	$Ⅳ_1$	$Ⅳ_2$	$Ⅳ_2$
9~13	60.2	0.23	0.50	25	80	1	0.80	$Ⅳ_1$	$Ⅳ_1$	$Ⅳ_1$	$Ⅳ_1$	$Ⅳ_1$
13~16	72.5	0.98	0.50	89	60	2	0.80	Ⅱ	Ⅱ	Ⅱ	Ⅱ	Ⅱ
16~20	72.5	0.40	0.50	50	80	2	0.80	$Ⅲ_1$	$Ⅲ_1$	$Ⅲ_1$	$Ⅲ_2$	$Ⅲ_1$
20~28	72.5	0.69	0.75	72	80	2	0.80	$Ⅲ_1$	Ⅱ	Ⅱ	Ⅱ	Ⅱ
28~34	72.5	0.45	0.75	51	60	2	0.80	$Ⅲ_2$	$Ⅲ_2$	$Ⅲ_1$	$Ⅲ_2$	$Ⅲ_2$
34~44 *	72.5	0.74	0.75	75	80	2	0.80	$Ⅲ_1$	Ⅱ	Ⅱ	Ⅱ	Ⅱ
44~50	72.5	0.81	1.00	82	100	2	0.80	Ⅱ	Ⅱ	Ⅱ	Ⅱ	Ⅱ
50~55	72.5	0.33	1.00	45	40	2	0.80	$Ⅲ_2$	$Ⅲ_2$	$Ⅲ_2$	$Ⅲ_2$	$Ⅲ_2$
55~62	72.5	0.95	1.00	91	30	2	0.80	Ⅱ	Ⅱ	Ⅱ	Ⅱ	Ⅱ
62~68 *	42.5	0.69	1.00	67	30	2	0.80	$Ⅲ_2$	$Ⅲ_2$	$Ⅲ_2$	$Ⅲ_2$	$Ⅲ_2$
68~78 *	42.5	0.79	1.00	85	30	2	0.80	Ⅱ	Ⅱ	$Ⅲ_1$	$Ⅲ_2$	$Ⅲ_2$
78~88	42.5	0.74	1.50	80	40	2	0.80	$Ⅲ_1$	$Ⅲ_1$	$Ⅲ_1$	$Ⅲ_2$	$Ⅲ_1$

注:(1)地下水情况:1 干燥,2 潮湿,3 滴水,4 线状,5 股状;(2)“ * ”表示待判样本。

为相关工程层状岩体质量分级提供了新的思路，同时为下一步开展工程应用奠定了基础。

7.6 小结

鉴于工程岩体赋存地质环境的复杂性、多样性，岩体质量分级影响因素存在较大的不确定性、随机性和模糊性。以模糊数学、神经网络为代表的智能分级方法为解决岩体质量分级的上述问题提供了新的思路与探索，成为传统分级方法的有益补充。距离判别法由于在类别判定与优化预测方面的优势，逐渐被引入岩体质量分级研究中，成为近年来岩体质量智能分级方法的一种。然而，传统的马氏距离判别法存在指标权重均一化的缺陷，而现有的加权距离判别法在确定指标权重时通常采用的主成分分析方法，对于指标之间并不完全存在相关关系的岩体质量分级问题，其适用性有待进一步商榷。另外，尽管利用层次分析法确定岩体质量分级问题中指标变量的权重系数或权重矩阵是较为理想的，但是，传统的9标度或6标度层次分析法存在主观随意性大、计算效率低等诸多缺陷。

基于此，指出了距离判别法和层次分析法应用于岩体质量分级评价预测方面的缺点和不足，本章在前述常用分级方法的基础上，对传统距离判别法和层次分析法中存在的问题进行了改进，提出了以加权距离判别法为中心，以3标度层次分析法确定权重系数的改进的距离判别法。利用有关文献实测数据验证了改进的距离判别-层次分析法岩体质量分级预测模型的有效性与准确性。根据某大型水利枢纽层状岩体特点，选择合理的分级指标，建立了层状岩体质量分级改进的距离判别-层次分析法预测模型。几种不同方法得到的分级判别预测结果对比表明，建立的层状岩体质量分级的改进的距离判别-层次分析法模型是合理的、可靠的。

第8章　近水平复杂层状岩体质量分级评价体系与实践

8.1　引言

迄今为止，针对岩体质量分级与评价的方法很多，有面向工程岩体的，例如工程岩体分级标准等；也有面向工程对象的，例如坝基工程地质分类、地下洞室围岩分类等；还有专门针对施工方法的，例如TBM施工围岩分级，等等。众多岩体质量分级方法的侧重点既有相似之处，也有不同和差异。例如，岩石强度和岩体完整性一般是基本要素或通用指标，而风化程度、地下水、地应力等则为辅助要素或修正指标。无论是基本要素还是辅助要素，岩体结构特征都是岩体质量分级与评价的控制性因素。岩体结构特征是合理划分岩体质量等级的前提与基础。实际上，由于赋存地质环境、成岩条件以及地质构造运动的影响，不同结构类型的岩体具有不同的质量属性及其表征方法。例如，对于块状岩体，其岩石强度和节理裂隙是岩体质量分级考虑的主要影响因素；对于层状岩体，其单层厚度、岩石强度和节理裂隙三者均显著影响岩体质量等级，其中结构面间距的重要性是其他结构类型的岩体所不具备的。另外，由于层面、层理的存在，受构造运动或剪切作用，层状岩体中往往发育有不同程度的软弱夹层或层间剪切带/泥化夹层。除了地下水、地应力等因素，如何在岩体质量分级方法中考虑软弱夹层或层间剪切带的影响，也是层状岩体质量分级必须面对的一个现实问题。因此，层状岩体质量分级考虑的主要因素和选用的指标，与其余结构类型的岩体相比，既有相同点，也有区别。相同点在于岩石抗压强度、岩体完整性、节理裂隙、节理产状、地下水、地应力等因素，不同点在于层状岩体的单层厚度、各向异性、层面的影响以及软弱夹层或层间剪切带的影响等。为此，有必要基于层状岩体结构特点，开展层状岩体质量分级研究。本章在前述章节有关层状岩体结构特征、结构面间距划分标准、考虑软弱夹层或剪切带影响的分级方法，以及改进的距离判别-层次分析法预测模型等研究成果的基础上，尝试建立近水平复杂层状岩体质量分级与评价体系。基于建立的层状岩体质量分级与评价方法体系，开展某大型水利枢纽坝基与地下洞室岩体质量分级的工程实践，并进一步建立层状岩体质量等级与岩体力学参数取值的关系。

8.1.1　层状岩体质量分级的影响因素

工程岩体的质量及其稳定性，受众多因素的综合影响，如何考虑各因素对岩体质量及其稳定性的影响，选择合理的分级因素，是岩体质量分级与评价研究中的重要内容。一般来讲，这些影响因素可以归纳为两大类：一是自然因素，二是人为因素。其中，自然因素是影响岩体质量等级的主要因素，又可大致分为两种：①与岩石自身有关的要素，包括岩石的坚硬程度（如岩石单轴饱和抗压强度、点荷载强度等）、岩体的完整程度（如岩体波速、完整性系数、*RQD* 值、节理间距或体积节理数等）、岩体的结构面状态（如光滑度、张开度、胶结度、起伏程度、延伸情况以及充填情况等）、岩体的结构面产状（主要结构面走向与隧洞轴线的夹角等）、岩体的其他属性（如风化、卸荷程度等）。②与赋存地质环境有关的要素，主要包括地下水状态（考虑地下水对岩体质量的弱化作用）、初始地应力状态（考虑应力状态对岩体质量及其破坏形式的影响）。人为因素主要涉及岩体中工程建筑物形式与规模或尺寸、工程结构布置和埋置深度以及施工方法等。考虑工程规模，实际上是考虑岩体质量及其力学性质的尺寸效应。沈其中、关宝树等[208]认为，“在同级围岩中，跨度越大，围岩的稳定性就越差。因为岩体破碎程度，相对地说是增大了”。考虑工程布置，则主要是考虑岩体中主要结构面走向与隧洞轴线的夹角带来的影响。

对于层状岩体质量分级与评价而言，其影响因素总体上不外乎上述两大类。然而，层状岩体质量分级考虑的影响因素应与层状岩体结构特点密切相关。

（1）基本要素：鉴于层状岩体结构特征的控制性影响，岩体质量分级的基本要素主要包括：①岩石坚硬程度，与岩性密切相关，以单轴饱和抗压强度表征；②结构面间距，直接影响层状岩体的整体质量和稳定程度，往往与岩体完整性密切相关，有关结构面间距的划分标准详见第 2 章中的论述；③岩体完整程度，可以岩体完整性系数、体积节理数或 *RQD* 值等表征。

（2）辅助要素：辅助要素主要包括①岩体结构面状态，包括节理裂隙充填度、张开度、起伏与延伸情况等；②风化卸荷程度，间接影响坝基、洞室进出口以及浅埋段的岩体质量及其稳定性；③主要结构面走向与隧洞轴线之间的夹角，二者之间的组合不同，其影响程度亦不同；④地下水，地下水的影响与其他类型岩体基本类似；⑤软弱夹层或层间剪切带，其对于坝基、地下洞室顶部等部位岩体稳定性的影响最为明显；⑥初始地应力条件等。

8.1.2 层状岩体质量分级的主要原则

层状岩体质量分级与评价以层状岩体为对象，以岩体工程稳定性为核心，以现有的流行的岩体质量分级方法为基础，采用定性与定量相结合的方法，选择多因素多指标，重点突出层状岩体结构特点，合理划分层状岩体质量等级，为工程设计与施工提供服务。层状岩体质量分级与评价的主要原则有以下几点。

（1）岩体质量分级的目的是合理评价岩体质量，为工程设计与施工提供技术服务。层状岩体质量分级的目的也是如此，所不同的是层状岩体质量分级面向的对象是具有层状结构类型的岩体，服务的对象是建立在层状岩体中的建筑物。

（2）层状岩体质量分级与评价应遵循岩体结构对岩体质量的控制作用，重点突出层状岩体结构的特点，体现层状岩体结构的不同类型（巨厚层状、厚层状以及薄层状

等）在岩体质量分级中的重要影响。

（3）岩体质量分级在总体上遵循定性与定量相结合的多因素多指标综合分级原则，力求较为全面地反映工程岩体的质量特性。其中，能够定量表述的影响因素应尽可能选择测试相对简易的指标，降低岩体质量分级的复杂性。

（4）层状岩体质量分级因素与指标的选择，突出不同因素的影响程度，采用基本要素+修正要素的模式。最能突出反映层状岩体基本特点和层状岩体稳定性的最基本的分级因素为基本要素，主要包括岩石坚硬程度、结构面间距和岩体完整程度三类；在大多数工程中能够遇到的，对层状岩体质量和稳定性影响程度相对比较重要的分级因素为修正因素，主要包括岩体结构面状态、结构面产状、地下水、软弱夹层以及地应力等。基本要素是层状岩体质量分级的通用因素，是不同区域层状岩体的共有属性，是层状岩体质量分级的必选项；修正要素不一定在所有层状岩体中都普遍存在或显著发育，宜根据具体工程区域内层状岩体的发育特点进行合理选择，修正要素是层状岩体质量分级的可选项。

（5）层状岩体质量分级的等级划分与设置。为保证层状岩体质量分级较好地为工程设计与施工服务，加强层状岩体质量分级与现有的其他分级方法之间的联系和对比性，层状岩体质量分级宜分为五级，即从优至劣依次为Ⅰ～Ⅴ级。对于常见的Ⅱ、Ⅲ、Ⅳ级岩体，又可以根据具体情况划分为若干个亚级。

（6）为增强层状岩体质量分级成果的针对性和有效性，应注意强调分级成果与岩体力学参数取值、岩体支护加固处理的联系，做到层状岩体质量分级成果与岩体力学参数取值以及工程处理措施相结合。

8.2　近水平复杂层状岩体质量分级体系

随着岩体质量分级方法越来越细化，专门针对某一个特大型工程（例如三峡YZP法等）或某一种施工方法（例如TBM施工围岩分级等）的岩体质量分级方法开始得到岩石力学与工程界的应用与认可。鉴于层状岩体结构中的软硬岩石相间、横观各向异性、软弱夹层等诸多特殊问题带来的复杂性，考虑到在层状岩体地区拟建或在建的水利水电、公路铁路、矿山、核电等各类工程越来越多，例如清江水布垭水利枢纽、黄河古贤水利枢纽和黄河万家寨水利枢纽等，有必要在现有分级方法的基础上，结合具体工程，专门针对层状岩体开展岩体质量分级与评价研究工作，建立层状岩体质量分级体系，为层状岩体中的工程建设服务。

8.2.1　近水平复杂层状岩体质量分级指标体系

在第5章详细论述了某大型水利枢纽坝址区的工程地质与水文地质条件，包括区域地质、地形地貌、地层岩性、地质构造、水文地质、风化卸荷、初始地应力以及层间剪切带发育特征等，给出了岩土体的物理力学参数以及各类结构面（包括层间剪切带）的物理力学参数指标建议值。结合上述有关层状岩体质量分级考虑的影响因素以及层状岩体质量分级遵循的主要原则，根据坝址区工程地质条件，在现有勘测成果的基础上，选择合理的分级指标体系。

目前，国内外许多学者认为，岩体质量分级的详细程度和指标选择应与工程进展情况联系起来。例如，岩体质量分级工作应分规划、设计、施工三个阶段或者分为设计与施工两个阶段，在工程规划和设计阶段，岩体质量分级工作应以定性评价为主，判别的主要依据来源于地质测绘与勘察资料；而在施工阶段，岩体质量分级是为专门工程对象服务的，依据的资料包括前期勘察资料和施工开挖揭露资料，应以定量为主。岩体质量分级是面向岩体自稳性的分级，它是由岩体本身的特性决定的，与工程进展情况（即设计阶段和施工阶段）无关。因此，无论工程处于哪一个阶段，岩体质量分级均应采用相同的指标体系。所不同的是，不同的阶段获取指标值的手段不同，指标值的精度不同，指标值表达方式（定量值或定性值）也可以不同，但分级方法和采用的指标体系是相同的。

根据前述有关层状岩体质量分级影响因素的分析讨论，结合坝址区具体工程地质条件，近水平复杂层状岩体质量分级考虑的分级指标主要分为三大类，即基本指标、修正指标和辅助指标。

（1）基本指标：基本指标是影响岩体稳定性的最基本属性的指标。对于近水平复杂层状岩体而言，影响岩体质量等级的最显著的基本指标主要有以下几个。

1）岩石单轴饱和抗压强度 R_C：该指标与岩性有关。岩性不同，单轴饱和抗压强度亦不相同。根据该指标可将岩石坚硬程度划分为五级，具体划分情况可参考有关规范。根据第 5 章的论述可知，坝址区岩石强度总体上不高，砂岩属中硬～坚硬岩石，单轴饱和抗压强度为 38.9～97.4MPa，一般为 40～65MPa；粉砂岩主要属较软～中硬岩石，少量属软岩，单轴饱和抗压强度为 12.7～59.8MPa，一般为 25～35MPa；黏土岩属较软～中硬岩类，单轴饱和抗压强度为 10.9～53.8MPa，一般为 20～35MPa。由此可见，“软岩不软，硬岩不硬”是该水利枢纽工程坝址区岩石的最主要特点之一。另外，根据钻孔弹模测试结果，砂岩的弹性模量平均值为 12.85GPa，变形模量平均值为 5.56GPa。粉砂岩的弹性模量平均值为 7.29GPa，变形模量平均值为 3.06GPa。

2）结构面间距 d：直接影响层状岩体的整体质量和稳定性，有关结构面间距的划分标准详见第 2 章；根据坝址区层状岩体的结构特点，巨厚层状岩体可分为两个亚类，即整体巨厚层状（结构面间距>2m）和一般巨厚层状（结构面间距>1m）；其余几种类型，即厚层状、中厚层状、薄层装、夹层状，其结构面间距划分标准分别为 0.5～1.0m、0.3～0.5m、0.1～0.3m 以及<0.10m。对于坝址区层状岩体而言，上述层状结构类型的结构面间距统计结果，见表 2-13 和表 2-14。

3）岩体完整性系数 K_V：结构面间距指标尽管可以在某种程度上体现不同岩石组成的层状岩体层间完整程度，但是无法较为全面地反映层状岩体被各类结构面切割后的完整性。岩体完整性系数可以与结构面间距互为补充，共同构成表征岩体完整程度的有效参数。该指标具有物理意义明确、测试相对简易、指标量化可靠等优点，广泛应用于岩体质量分级与评价方法中。对于岩体完整性系数 K_V 的等级，一般的做法是与岩体完整程度相对应，划分为五个评分级别，即>0.75（完整）、0.75～0.55（较完整）、0.55～0.35（完整性较差）、0.35～0.15（较破碎）、<0.15（破碎）。

（2）修正指标：修正指标是指针对不同类型的工程，对岩体稳定性影响程度不同的指标。修正指标对岩体质量和稳定性的影响不容忽视，也是岩体质量分级的重要指标。对于近水平复杂层状岩体而言，修正指标主要有以下几个：

1）地下水影响修正系数 K_1：地下水状态不仅对岩石强度有一定影响，而且往往加剧岩体风化程度，并影响结构面状态，成为岩体质量分级经常考虑的修正指标之一。国内外常用的岩体质量分级方法基本上都考虑了地下水对岩体稳定性带来的不利影响，参考《工程岩体分级标准》（GB/T 50218—2014）（BQ 法）和《水利水电工程地质勘察规范》（GB 50487—2008）（HC 法）有关规定，对其量化如表 8-1 所示。

表 8-1　地下水影响修正系数 K_1

地下水状态	涌水量 Q［L/（min·10m 洞长）］或压力水头 H/m	K_1 取值			
		$BQ>450$	BQ 为 450~351	BQ 为 350~250	$BQ<250$
干燥~潮湿	$Q<5$ 或 $H<5$	0	0.1~0.3	0.3~0.4	04~0.5
潮湿~点状滴水	Q 为 10~25 或 H 为 10~50	0.2	0.4~0.5	0.5~0.6	0.6~0.7
渗水~串珠状滴水	Q 为 25~50 或 H 为 50~100	0.4	0.5~0.6	0.6~0.7	0.7~0.8
线状流水	Q 为 50~125 或 H 为 50~100	0.5	0.6~0.7	0.7~0.8	0.8~0.9
大量涌水	$Q>125$ 或 $H>100$	0.6	0.7~0.8	0.8~0.9	1.0

2）主要结构面产状影响修正系数 K_2：主要考虑优势结构面走向及倾角对地下工程围岩稳定性的影响。参考《工程岩体分级标准》（GB/T 50218—2014）和《水利水电工程地质勘察规范》（GB 50487—2008）有关规定，对其量化如表 8-2 所示。

表 8-2　主要结构面产状（走向、倾角等）影响修正系数 K_2

结构面走向与洞轴线夹角 β	$90°\geq\beta\geq60°$				$60°>\beta\geq30°$				$\beta<30°$			
结构面倾角 α	$\alpha>70°$	$70°\geq\alpha>45°$	$45°\geq\alpha>20°$	$\alpha\leq20°$	$\alpha>70°$	$70°\geq\alpha>45°$	$45°\geq\alpha>20°$	$\alpha\leq20°$	$\alpha>70°$	$70°\geq\alpha>45°$	$45°\geq\alpha>20°$	$\alpha\leq20°$
影响程度评价	非常有利	有利	一般	不利	有利	一般	不利	不利	一般	不利	不利	非常不利
K_2 取值	0	0.1~0.2	0.2~0.3	0.3~0.4	0.1~0.2	0.2~0.3	0.3~0.4	0.4~0.5	0.2~0.3	0.3~0.4	0.4~0.5	0.5~0.6

3）地应力影响修正系数 K_3：初始地应力状态对岩体稳定性是有直接影响的，例如高地应力岩爆问题。参考《工程岩体分级标准》（GB/T 50218—2014）中有关地应力

影响修正系数的规定对其进行量化处理，如表 8-3 所示。

表 8-3　地应力影响修正系数 K_3

地应力状态	K_3 取值				
	BQ>550	*BQ* 为 550~451	*BQ* 为 450~351	*BQ* 为 350~250	*BQ*<250
极高应力区	1.0	1.0	1.0~1.5	1.0~1.5	1.0
高应力区	0.5	0.5	0.5	0.5~1.0	0.5~1.0

4）层间剪切带的影响修正系数 K_4：剪切带（泥化夹层）是层状岩体中常见的软弱结构面，往往对坝基和其他建筑物部位的岩体稳定性造成不利影响，甚至成为控制性因素，层状岩体质量分级应考虑其影响。由第 5 章的论述可知，对层间剪切带（泥化夹层）影响因素的处理方式为：首先按照其发育厚度进行分类考虑，当其厚度大于 10cm 时，可单独将其作为薄层结构岩体进行质量分级；当其厚度小于 10cm 时，在 BQ 分级法的基础上，则将其作为又一个修正系数 K_4 进行修正，具体量化处理方法详见第 5 章。

（3）辅助指标：由于测试条件的不统一，或测试方法不统一，或测试标准不统一，或不能经常被测试，使得一些分级指标不能经常被采用；或者某些分级指标与上述基本指标和修正指标之间具有较强的相关性，例如岩体波速与岩体完整性系数等指标之间存在换算关系，因此不宜再单独作为上述两类分级指标使用。基于此，提出辅助指标的概念，亦称辅助判断指标。层状岩体质量分级的辅助指标主要有以下几个。

1）岩体风化卸荷：该指标是影响岩石坚硬程度和岩体完整性的因素之一。特别是对于坝基、坝肩浅部的岩体，地下洞室进出口、浅埋段的岩体，受风化卸荷的影响较为明显。风化卸荷通常采用定性描述，主要侧重于岩石新鲜程度或光泽度、组织结构以及矿物成分的变化，辅助以锤击声音判别等。通常情况下，岩体的风化程度等级划分为五个级别，对其量化处理方法，可以参考《水利水电工程地质勘察规范》（GB 50487—2008），采用波速比给出：全风化（波速比<0.4）、强风化（波速比 0.4~0.6）、弱风化（波速比 0.6~0.8）、微风化（波速比 0.8~0.9）和未风化（新鲜的岩体，波速比 0.9~1.0）。由于风化卸荷对岩体稳定性的影响可以在岩石坚硬程度和岩体完整性两个基本指标中得以体现，因此将其列为辅助指标。

2）岩体纵波速度：岩体纵波速度是反映岩石坚硬程度和岩体完整性的又一个有效指标，而且测试相对简单，通常构成其他量化指标的基础参数，例如岩体完整性系数和表征岩体风化程度的波速比等。岩体纵波速度可以从侧面反映岩体质量的优劣。许多岩体质量分级方法考虑了岩体纵波速度的作用，例如《水利水电工程地质勘察规范》（GB 50487—2008）中的坝基岩体工程地质分类。然而，由于其与其他指标之间存在较强的相关性，例如岩体单轴饱和抗压强度、岩体完整性系数以及岩体风化程度等，因此这里将其列为辅助指标。

3）*RQD* 值：*RQD* 值利用钻孔的修正岩芯采取率来评价岩石质量的优劣，主要反映岩体完整性。由于该指标是国际上通用的鉴别岩石工程性质好坏的方法，而且是地

质勘察中容易获取的参数，在表征岩体完整程度方面，*RQD* 值可以作为结构面间距、岩体完整性系数的有益补充和验证指标。参考国际上通用规定，按照 *RQD* 值从高到低依次将岩石质量等级划分为五级，即>90（好）、90~75（较好）、75~50（一般）、50~25（较差）、<25（差）。由于 *RQD* 指标值在表征层状岩体完整程度方面与结构面间距、岩体完整性系数 K_V 等指标之间存在较好的相关性（表 6-25），为此将 *RQD* 指标值列为辅助指标。

4）结构面状态：该指标对节理岩体稳定性有一定影响，主要涉及结构面粗糙程度、节理裂隙张开度（宽度）、结构面起伏程度、结构面充填情况以及结构面延伸长度等几个方面。对于该大型水利枢纽工程而言，坝址区岩体结构面多呈平直粗糙状态，除了受风化卸荷影响较强的区域外，绝大多数结构面的张开度较小，无充填或充填钙质，仅有少数结构面属于长大裂隙，例如 PD207 揭露的几组节理裂隙带。另外，结构面状态指标一般只能定性描述。坝址区节理裂隙状态基本相似，对岩体稳定性影响的变化不大，基于此，将其列为辅助指标。

需要指出的是，上述分级指标体系是针对层状岩体提出的，其中基本指标是影响层状岩体质量的通用指标，因此无论是哪一个工程，哪一个阶段，哪一个工程部位，都是必须首先考虑的，是固定不变的；而对于修正指标和辅助指标，则往往因为工程类型不同或者工程部位不同，层状岩体质量分级考虑的侧重点不同，二者可以根据具体情况进行动态转换。对某一个具体工程或工程部位而言，假如修正指标中的部分指标对岩体质量和稳定性影响不大，则可以将该部分修正指标调整为辅助指标。例如，由于该大型水利枢纽工程属于低地应力区，地应力对岩体质量影响不大，该指标可以从修正指标调整为辅助指标。如果辅助指标中的某些指标对岩体质量和稳定性影响较大，则可以将该部分辅助指标调整为修正指标。例如，对于坝基和边坡岩体分级而言，风化卸荷指标应调整为修正指标。

因此，本课题提出的复杂层状岩体质量分级指标体系，是根据岩体稳定性影响因素，考虑工程实际建立起来的，是面向层状岩体的多梯次动态指标体系（图 8-1）。

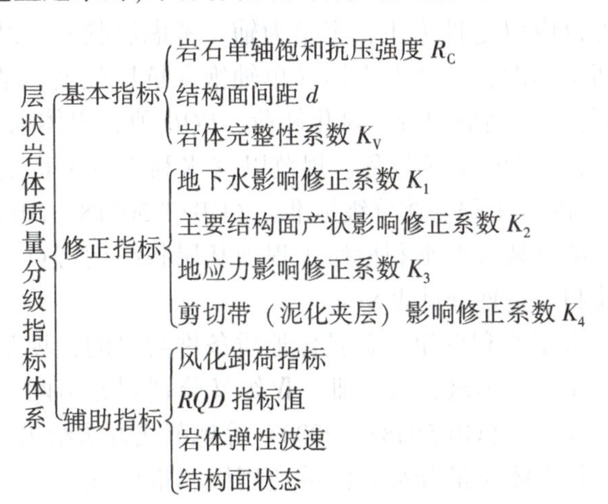

图 8-1　近水平复杂层状岩体质量分级指标体系

8.2.2 近水平复杂层状岩体质量分级方法体系

尽管面向的工程地质对象是层状岩体，但是不同工程类型、不同工程部位的层状岩体质量分级与评价考虑的影响因素和指标是有差异的。因此，对于层状岩体质量分级，应根据不同工程类型、不同工程部位，在前述建立的层状岩体质量分级指标体系中动态选择，并设置梯次合理的分级指标，建立相对具体的层状岩体质量分级体系。结合某大型水利枢纽工程特点和地质条件，层状岩体质量分级宜根据工程建筑物的特点和布置情况，分为坝基和地下洞室两个部分。

8.2.2.1 坝基岩体质量分级

对于坝基岩体质量分级而言，必须考虑坝基岩体所在工程部位的具体情况和特点。首先，抗滑稳定是坝基岩体质量和稳定性的出发点与落脚点。其次，影响抗滑稳定的因素与地下洞室围岩稳定性影响因素不完全一致。因此，坝基岩体质量分级指标体系的选择与设置，应考虑以下几个问题：①坝基岩体属于层状岩体的，岩石单轴饱和抗压强度、结构面间距、岩体完整性系数等三个基本指标仍是评价坝基岩体抗滑稳定性的首要因素；②由于坝基岩体处于河床覆盖层以下，在坝基开挖之前，勘测阶段很难调查清楚结构面的具体状态，因此主要结构面产状修正系数很难给出，不宜将其列为坝基岩体质量分级的修正指标；③坝基岩体由于位于河床以下，岩体长期受地下水浸泡，无法给出地下水对岩体质量影响程度的差异性，因此不宜将地下水影响列为修正指标；④坝址区属于低地应力区，地应力的影响亦不必考虑；⑤层间剪切带的发育特征及其强度参数对坝基抗滑稳定性的影响较为明显，宜作为修正指标使用，不宜再进行量化处理；⑥辅助指标中的风化卸荷程度、岩体纵波速度、*RQD* 值等对坝基抗滑稳定性分析有一定参考价值，因此可以作为辅助指标，甚至修正指标使用；由于坝基岩体结构面状态难以确定，分级指标中可以不再考虑。

基于上述分析，不难发现坝基岩体质量分级的重点与核心问题是抗滑稳定性分析。由于一些分级指标难以确定和量化，例如岩体风化卸荷程度、结构面发育程度等，坝基岩体质量分级与评价应以定性为主，定量为辅。考虑层状岩体结构特性，坝基岩体质量分级指标包括两个梯次，即基本指标（单轴饱和抗压强度、结构面间距、岩体完整性系数），修正指标（层间剪切带、风化卸荷、*RQD* 值、岩体纵波速度）。进行坝基层状岩体质量分级时，参考的有关规程、规范以《水利水电工程地质勘察规范》（GB 50487—2008）为主，以《工程岩体分级标准》（GB/T 50218—2014）为辅。在上述规范、规定的基础上，结合某大型水利枢纽工程坝基层状结构特点，坝基层状岩体质量分级方法的定性描述和定量划分见表 8-4。

表 8-4 是根据某大型水利枢纽工程具体地质条件给出的，坝基层状岩体质量等级主要划分为Ⅱ、Ⅲ、Ⅳ三个等级，其中Ⅲ、Ⅳ级又分别划分出两个亚级。为了与《水利水电工程地质勘察规范》（GB 50487—2008）等规范或方法给出的五级划分法尽量保持一致，扩大坝基层状岩体质量分级方法的适用性和推广性，对其他工程可能涉及的Ⅰ级和Ⅴ级坝基层状岩体分级标准说明如下：①Ⅰ级坝基层状岩体：新鲜的岩石，巨厚层状结构，结构面间距>2.0m；岩石单轴饱和抗压强度>75MPa；岩体完整性系数>

表 8-4　坝基层状岩体质量分级

岩体质量分级级别	层状岩体结构	结构面间距 d /m	单轴饱和抗压强度/MPa	完整性系数 K_V	层间剪切带发育特征	风化卸荷	RQD	岩体波速 V_p /(m·s^{-1})	岩组	岩体工程地质特征定性描述及其评价
Ⅱ	巨厚层状结构	>2.0	50~75	>0.75	层间剪切带不发育	新鲜	>85	>4 000	$T_2er_2^6$、$T_2er_2^8$、$T_2er_2^{10}$、$T_2t_1^{2-2}$、$T_2t_1^{2-4}$	砂岩或钙质粉砂岩；岩体完整，结构面不发育，闭合状，无充填或钙质充填，延伸短，岩体抗滑和抗变形性能较强
Ⅲ：III_1	厚层状结构	0.5~2.0	40~50	0.75~0.55	层间剪切带发育概率较低，以破裂层面为主	新鲜；微风化	65~85	3 200~4 000	$T_2er_2^7$、$T_2er_2^9$、$T_2er_2^{11}$、$T_2t_1^1$	砂岩或粉砂岩；结构面轻度发育，闭合为主，无充填或钙质充填；岩体较完整，抗滑、抗变形性能受结构面和岩石强度控制
Ⅲ：III_2	中厚层状结构	0.3~0.5	30~40	0.55~0.35	层间剪切带发育一般，泥化程度较低，一般随机分布	微风化；弱风化	40~65	2 500~3 200	$T_2er_2^{11}$、$T_2t_1^{2-1}$、$T_2t_1^{2-3}$	砂岩或粉砂岩；结构面中等发育，贯穿性的节理裂隙较少；钙质或碎屑充填；局部完整性较差，抗滑和抗变形性能受结构面和岩石强度控制
Ⅳ：IV_1	中厚层~薄层状结构	0.1~0.3	20~40	0.35 ~0.10	层间剪切带较发育，局部为泥化夹层，连续性较好	弱风化；强风化	15~30	2 000~2 500	$T_2er_2^9$、$T_2er_2^{11}$、$T_2t_1^{2-1}$	泥质粉砂岩或黏土岩；岩体结构面发育，存在贯穿性结构面或层间剪切带；岩体完整性较差，抗滑与抗变形性能明显受结构面和岩石强度控制
Ⅳ：IV_2	薄层状~碎裂状结构	<0.1	≤20	< 0.15	层间剪切带发育，大部分为泥化夹层，连续性好	强风化；局部全风化	< 15	< 2 000	主要为层间剪切破碎带及强风化卸荷带	泥质粉砂岩或黏土岩；岩体呈碎裂状结构，结构面非常发育，且多呈张开状，充填碎屑或泥。完整性差，受风化卸荷或构造剪切影响明显，岩体透水性强，强度或完整性差

0.85；层间剪切带不发育，层面、层理不发育；*RQD* 值 >90；岩体纵波速度 >5 000 m/s；②Ⅴ级坝基层状岩体：岩石接近全风化，一般为碎裂状或散体状结构，结构面间距 < 0.1m；岩石单轴饱和抗压强度<15MPa；岩体完整性系数<0.1；*RQD* 值 <10；岩体纵波速度<1 500 m/s；岩体破碎，以剪切破碎带、泥化夹层以及全~强风化卸荷带等为主，岩体透水性强。

8.2.2.2 地下洞室围岩质量分级

地下洞室围岩质量分级的方法很多，地下工程岩体质量分级起步较早，与坝基和边坡等比较，相对成熟一些。国外常用的围岩质量分级方法有 RMR 法和 Q 系统法，国内常用的有国标 BQ 法、水电以及铁路、公路隧道围岩分级等。其中，BQ 分级法，即《工程岩体分级标准》（GB/T 50218—2014）是基础性的国家标准，适用于全国各行业的一切岩石工程的工程岩体分级，带有一定的强制性。因此，国内各部门和行业在制定、修订相关工程岩体分级规范时，都应尽量向 BQ 法靠拢，分级标准尽量与其一致[2]。另外，BQ 法以定性描述与定量评价相结合为原则，考虑的分级因素全面，而且给出了与分级结果相应的岩体参数和支护措施。

《公路隧道设计规范》（JTG D70—2004）对原有规范有关围岩分级的规定进行了重大修改，将围岩分类更改为围岩分级，采用定性与定量相结合的原则与方法，实现了向 BQ 法靠拢，以 BQ 法为基础对围岩进行综合分级（表 8-5）。

表 8-5 层状围岩质量初步分级

基本质量级别		岩体质量的定性特征	岩体基本质量指标 *BQ* 值	层状结构类型	结构面间距/m
Ⅰ		坚硬岩，岩体极完整	> 550	整体巨厚层状	>2.0
Ⅱ		坚硬岩，岩体较完整；较坚硬岩，岩体完整	550~451	一般巨厚层状	>1.0
Ⅲ	$Ⅲ_1$	坚硬岩，岩体较完整~较破碎；较坚硬岩或软、硬岩互层，岩体较完整；较软岩，岩体完整	450~401	厚层状或中厚层状	0.3~1.0
	$Ⅲ_2$		400~351		
Ⅳ	$Ⅳ_1$	坚硬岩，岩体破碎；较坚硬岩，岩体较破碎~破碎；较软岩或软、硬岩互层，且以软岩为主，岩体较完整~较破碎；软岩，岩体较完整	350~301	薄层状或局部夹层状、中厚层状	<0.3
	$Ⅳ_2$		300~250		
Ⅴ		较软岩，岩体破碎；软岩，岩体较破碎~破碎；全部极软岩或全部极破碎岩	< 250	局部夹层状或薄层状或碎裂状	<0.1

为此，本课题从层状岩体结构特点出发，以某大型水利枢纽工程近水平复杂层状岩体为背景，参考《水利水电工程地质勘察规范》，以 BQ 法为基础，建立适合于近水平复杂层状围岩的质量分级与评价方法。考虑到层状岩体结构特性，围岩质量分级指

标亦包括两个梯次：①基本指标，岩石单轴饱和抗压强度、结构面间距、岩体完整性系数；②修正指标，地下水、主要结构面产状、地应力状态以及层间剪切带。另外，风化卸荷、岩体波速、*RQD* 值等可作为辅助判断指标参考使用。某大型水利枢纽工程近水平复杂层状围岩质量分级指标定量评价方法如下：岩石单轴饱和抗压强度和岩体完整性系数的量化分级情况，见表 6-12 和表 6-13。结构面间距的量化分级情况见表 2-13。地下水、主要结构面产状与地应力状态影响修正系数见表 8-1～表 8-3。层间剪切带的影响修正系数量化处理方案，详见第 4 章有关内容。上述有关指标的定性描述，可参见《工程岩体分级标准》（GB/T 50218—2014）等有关规范。

近水平层状围岩质量分级采用三步分级法：第一步初步分级根据层状结构类型和式（6-2）计算得到的 *BQ* 值，按表 8-5 的划分标准进行围岩质量初步分级。由此可见，结构面间距不参与 *BQ* 值计算，作为层状岩体质量基本判定指标。

第二步详细定级：此时考虑修正指标对层状岩体质量的影响，对岩体基本质量指标 *BQ* 进行修正，并以修正后的 *BQ* 值按表 8-4 重新确定层状岩体质量等级。考虑修正指标的 *BQ* 修正值［*BQ*］按下式计算：

$$[BQ] = BQ - 100(K_1 + K_2 + K_3 + K_4) \tag{8-1}$$

式中，K_1 为地下水影响修正系数，按表 8-1 确定；K_2 为主要结构面产状影响修正系数，按表 8-2 确定；K_3 为初始应力状态影响修正系数，按表 8-3 确定；K_4 为层间剪切带影响修正系数，按第 5 章中的式（5-6）处理。

第三步分级复核：此时已基本确定层状岩体质量等级，对某些特殊洞段或局部对分级结果有争议的洞段，例如隧洞的进出口段、过沟浅埋段等，可采用有效的辅助指标（风化卸荷、岩体波速、*RQD* 值等）对完成的层状岩体质量等级进一步复核检查，以便保证分级成果的准确性与可靠度。

由此可见，以 BQ 法为基础的近水平复杂层状围岩质量分级与评价，既保持了定性与定量相结合的多因素综合分级和分步评价的基本原则，与《工程岩体分级标准》（GB/T 50218—2014）紧密靠拢，同时参考《水利水电工程地质勘察规范》（GB 50487—2008）的某些具体做法，符合国家标准和行业标准的有关规定和要求。另外，近水平复杂层状围岩质量分级方法突出了层状岩体结构特点的影响，在指标体系和划分方法中都有所体现，例如结构面间距基本判定指标和层间剪切带修正指标等。

采用建立的近水平复杂层状围岩质量分级与评价方法，对典型的隧洞围岩进行分级。根据得到的分级结果，利用第 7 章建立的改进的距离判别-层次分析法建立近水平层状围岩质量分级优化预测模型，利用建立的模型可以对相关工程隧洞层状围岩质量进行分级预测，并可以将预测结果与其他分级方法所得结果进行对比，进一步检验近水平复杂层状围岩质量分级方法的有效性和可靠性。近水平复杂层状岩体质量分级方法体系框图，见图 8-2。

8.3　基于层状岩体质量分级方法的岩体力学参数与支护措施

岩体物理力学参数反映了岩体稳定性和质量高低，与岩石坚硬程度和岩体完整程

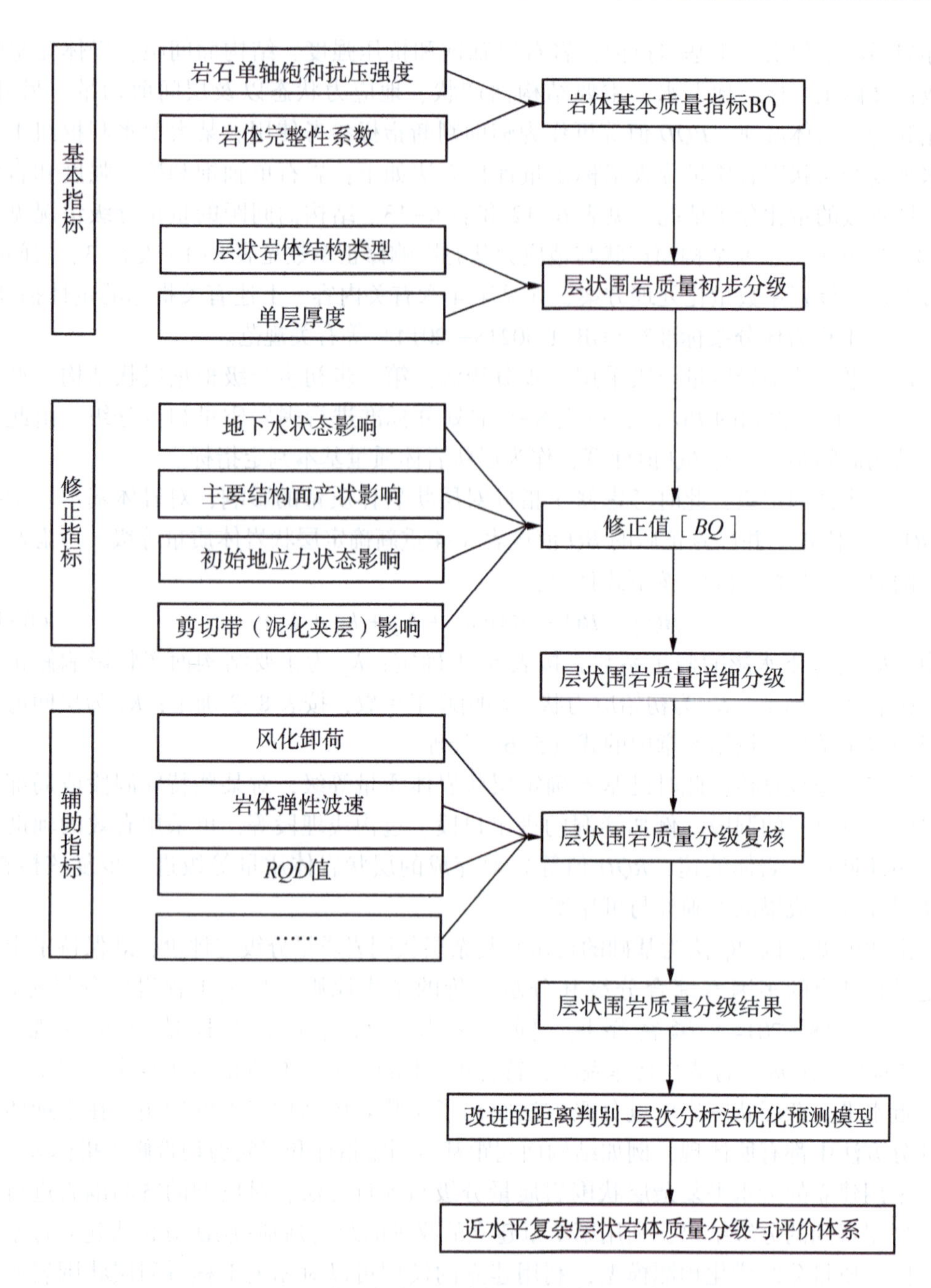

图 8-2　近水平复杂层状岩体质量分级方法体系框图

度密切相关。岩体质量分级的目的之一，就是根据对工程岩体所定的级别直接且迅速地得到岩体的物理力学参数，而不必大量进行试验工作。为了进一步拓展层状岩体质量分级的工程实用性，强调建立层状岩体质量分级与岩体力学参数估算之间的定量联系，与围岩支护方案等工程岩体处理、施工方法相结合[3]，国内外常用的岩体质量分级方法也大都建立了各级岩体质量评价与岩体物理力学参数估算或地质建议值之间的对应关系，以便在设计与施工过程中参考。国内外常用岩体质量分级方法给出的岩体物

理力学参数估算（或地质建议值）见表8-6。另外，为进一步说明地下工程各级岩体的稳定性，BQ法给出了各级围岩自稳能力，RMR法给出了各级围岩的平均稳定时间，HC法给出了各级围岩的稳定性评价和相应的支护措施，《铁路隧道设计规范》（TB 10003—2005）（TB法）也给出了与各级围岩对应的支护类型，见表8-7。

表8-6　国内外常用岩体质量分级方法对应的岩体物理力学参数估算

岩体质量分级方法	岩体物理力学参数	岩体质量等级				
		Ⅰ	Ⅱ	Ⅲ	Ⅳ	Ⅴ
BQ法	密度 ρ /（g·cm^{-3}）	>2.65	>2.65	2.65~2.45	2.45~2.25	<2.25
	内聚力 C/MPa	>2.1	2.1~1.5	1.5~0.7	0.7~0.2	<0.2
	内摩擦角 ϕ/°	>60	60~50	50~39	39~27	<27
	变形模量 E /GPa	>33	33~20	20~6	6~1.3	<1.3
	泊松比	0.2	0.2~0.25	0.25~0.3	0.3~0.35	<0.35
RMR法	内聚力 C/MPa	>0.40	0.40~0.30	0.30~0.20	0.20~0.10	<0.10
	内摩擦角 ϕ/°	>45	45~35	35~25	25~15	<15
	变形模量 E /GPa	>20	20~10	10~5	5~2	2~0.2
HC法	抗剪断 f'	1.60~1.40	1.40~1.20	1.20~0.80	0.80~0.55	0.55~0.40
	抗剪 f	0.90~0.80	0.80~0.70	0.70~0.60	0.60~0.45	0.45~0.35
	内聚力 C'/MPa	2.50~2.00	2.00~1.50	1.50~0.70	0.70~0.30	0.30~0.05

表8-7　几种岩体质量分级方法给出的围岩稳定性评价与支护类型

岩体质量分级方法	围岩稳定性评价与支护措施	岩体质量等级				
		Ⅰ	Ⅱ	Ⅲ	Ⅳ	Ⅴ
BQ法	围岩自稳能力	跨度≤20m，可长期稳定，偶有掉块，无塌方	跨度10~20m，可基本稳定，局部可发生掉块或小塌方；跨度<10m，可长期稳定，偶有掉块	跨度10~20m，可稳定数日至1个月，可发生小至中塌方；跨度5~10m，可稳定数月，可发生局部块体移动及小至中塌方；跨度<5m，可基本稳定	跨度>5m，一般无自稳能力，数日至数月内可发生松动、小塌方，进而发展为中至大塌方；埋深小时，以拱部松动为主，埋深大时，有明显塑性流动和挤压破坏；跨度≤5m，可稳定数日至1个月	无自稳能力

续表

岩体质量分级方法	围岩稳定性评价与支护措施	岩体质量等级				
		Ⅰ	Ⅱ	Ⅲ	Ⅳ	Ⅴ
RMR 法	平均自稳时间	（15m 跨度）20a	（10m 跨度）1a	（5m 跨度）7d	（2.5m 跨度）10h	（1m 跨度）30min
HC 法	围岩稳定性评价	稳定；围岩可长期稳定，一般无不稳定块体	基本稳定；围岩整体稳定，不会发生塑性变形，局部可能产生掉块	局部稳定性差；围岩强度不足，局部会发生塑性变形，不支护可能产生塌方或变形破坏，完整的较软岩可能暂时稳定	不稳定；围岩自稳时间很短，规模较大的各种变形和破坏都可能发生	极不稳定；围岩基本不能自稳，变形破坏严重
	支护类型	不支护或局部锚杆或喷薄层混凝土；大跨度时，喷混凝土，系统锚杆加钢筋网		喷混凝土，系统锚杆加钢筋网。采用 TBM 掘进时，需及时支护。跨度 > 20m 时，宜采用锚索或刚性支护	喷混凝土，系统锚杆加钢筋网。刚性支护，并浇筑混凝土衬砌。不适宜于开敞式 TBM 施工	
TB 法	支护类型	不支护或喷薄层混凝土	喷薄层混凝土或喷薄层混凝土加局部锚杆或喷锚支护	喷锚网或模喷锚	系统锚杆、网喷、加格栅拱（或钢拱）	钢拱、锚杆、网喷、仰拱

根据层状岩体结构特点，参考有关规程、规范和岩体质量分级方法，结合某大型水利枢纽具体地质条件，在室内外岩石试验的基础上，建立层状岩体质量分级与岩体力学参数估算、稳定性评价、支护措施之间的定量联系，见表 8-8。考虑到层状岩体结构的各向异性特征，加载方向对层状岩体变形特征具有显著影响，为此将岩体变形模量的估算区分为平行层面和垂直层面两个方向，分别给出。

表 8-8　层状岩体质量分级方法对应的岩体物理力学参数估算及支护建议

岩体质量等级	岩体物理力学参数估算					支护类型
	密度 ρ /（$g \cdot cm^{-3}$）	抗剪断强度参数		变形模量 E/GPa		
		C/MPa	f'	平行层面	垂直层面	
Ⅰ	> 2.65	>2.00	>1.20	> 20	> 15	不支护或局部锚杆或喷薄层混凝土
Ⅱ	> 2.65	2.00~1.20	1.20~0.90	20~10	15~7	局部锚杆或喷薄层混凝土，或系统锚杆加钢筋网
Ⅲ　$Ⅲ_1$	2.65~2.55	1.20~0.90	0.90~0.80	10~7.5	7~5	喷混凝土，系统锚杆加钢筋网；跨度>20m 时，宜采用锚索或刚性支护
Ⅲ　$Ⅲ_2$	2.55~2.45	0.90~0.60	0.80~0.70	7.5~5	5~3	
Ⅳ　$Ⅳ_1$	2.45~2.35	0.60~0.40	0.70~0.60	5~3	3~2	喷混凝土，系统锚杆加钢筋网。刚性支护，并浇筑混凝土衬砌
Ⅳ　$Ⅳ_2$	2.35~2.25	0.40~0.20	0.60~0.50	3~1.5	2~1	
Ⅴ	< 2.25	< 0.20	< 0.50	< 1.5	< 1.0	刚性支护，并浇筑混凝土衬砌

8.4　近水平复杂层状岩体质量分级的工程实践

在层状岩体结构划分方案研究、含层间剪切带的岩体质量分级方法研究、岩体质量分级的改进的距离判别-层次分析模型研究等研究成果的基础上，结合某大型水利枢纽工程具体地质条件以及近水平复杂层状岩体特点，根据建立的近水平复杂层状岩体质量分级指标体系和方法体系，对坝基岩体和地下洞室围岩质量进行了分级实践。根据坝基层状岩体质量分级得到了较为可靠的坝基岩体质量等级分区、岩体物理力学参数估算及其工程地质特性评价；地下洞室围岩质量分级得到了较为科学的隧洞具体洞段、地下厂房围岩质量等级、岩体物理力学参数估算、工程地质评价及支护措施建议。

8.4.1　坝基岩体质量分级

根据建立的坝基岩体质量分级方法体系，结合重力坝设计方案，对某大型水利枢纽工程坝基层状岩体质量进行了分级实践。在坝基层状岩体质量分级与评价过程中，主要参考项目建议书阶段和可行性研究阶段的工程地质勘察成果资料，综合利用钻孔（包括大口径钻孔）岩芯、物探测试（声波测井、钻孔弹模以及光学成像等）、室内外岩土体试验资料、层间剪切带研究成果等，重点考虑对坝基岩体稳定性具有显著影响的岩石单轴饱和抗压强度、岩体完整性、结构面间距等基本指标，以及风化卸荷特征、层间剪切带发育特征、岩体波速、*RQD* 值等修正指标或辅助指标，完成了重力坝设计方案坝基岩体质量分级与评价，并给出了各级坝基岩体的物理力学参数地质建议值和工程地质评价。某大型水利枢纽工程坝基复杂层状岩体质量分级成果见表 8-4。

8.4.2 洞室围岩质量分级

根据建立的地下洞室层状围岩质量分级方法体系，结合主要建筑物布置，对某大型水利枢纽工程主要隧洞和地下厂房区域近水平复杂层状围岩质量进行了分级实践。该工程以混凝土面板堆石坝为代表坝型，共有左岸直线方案、左岸弯道方案以及右岸直线方案、右岸弯道方案等四种比选方案。其中，左岸方案进水口布置在关里沟，出水口布置在井沟；右岸方案进水口布置在窑子北沟，出水口布置在老爷庙沟。主要建筑物有导流洞、泄洪洞、排沙洞、发电洞、溢洪道和电站厂房等。泄洪洞、排沙洞和发电洞集中布置在同一岸，导流洞和溢洪道布置在另一岸。由于两岸进出口地形条件相似，地层单元相同，节理发育规律基本类似，同类建筑物所处地层也基本相同，部分地下洞室围岩质量分级与评价，仅以左岸方案进行说明。

根据地下洞室区基本地质条件初步分析，洞室围岩主要涉及二马营组地层的 $T_2er_2^{10}$ 和 $T_2er_2^{11}$ 岩组以及铜川组地层的 $T_2t_1^1$ 和 $T_2t_1^{2-1}$ 岩组。各个岩组地层岩性组合见前述章节。根据部分钻孔统计，巨厚层岩石所占比例多数在 70%以上，平均单层厚度 2~5m，厚层和中厚层岩石所占比例 25%~30%，薄层状岩石所占比例小于 5%。根据建立的地下洞室层状围岩质量分级指标体系和方法体系，可以对主要建筑物（导流洞、泄洪洞、排沙洞、发电洞等）近水平复杂层状围岩质量进行分级与评价。分级实践过程中，重点考虑了层状岩体结构特性的特殊性，例如层状岩体结构类型、结构面间距以及层间剪切带的发育特征等。另外，需要说明的是：①由于该水利枢纽目前仍然处于可行性研究的初期阶段，受工程进展和地质勘察深度的限制，一些影响围岩质量分级的因素和指标的获取，还不够精确，对分级结果造成一定影响，应根据工程进展和勘察深度的推进，对得到的地下洞室围岩分级结果进一步校核修正。②层间剪切带是影响层状围岩质量与稳定性的一个特殊因素，与前述第 6 章中的处理方式不同，对于分布稳定、厚度较大（>10cm）的层间剪切带（含层间剪切破碎带和泥化夹层，下同），单独进行质量分级；而对于厚度较小的层间剪切带，则不再单独划分，按照建立的地下洞室层状围岩质量分级方法体系进行修正处理。③当根据修正［*BQ*］值得到的分级结果与工程实际情况不相符时，重新检查各项分级指标，进行定性与定量综合判断，同时利用建立的改进的距离判别-层次分析法建立近水平层状围岩质量分级模型进行预测判断，最后给出符合工程岩体实际的分级结果。

8.4.2.1 导流洞围岩质量分级与工程地质评价

左岸方案的两条导流洞平行布置在右岸，断面形式为城门洞型，断面尺寸为 15m×18m，全断面衬砌。进水口高程 465m，出水口高程 461m。其中，1# 导流洞全长 1 992m，洞内坡降约 0.16%；2# 导流洞全长 2 104m，洞内坡降约 0.15%。

导流洞沿线主要穿过 $T_2er_2^{10}$ 和 $T_2er_2^{11}$ 岩组。其中，$T_2er_2^{10}$ 岩组为巨厚层~中厚层长石砂岩与厚层暗紫红色粉砂岩互层，含少量粉砂质黏土岩，局部相变较大；$T_2er_2^{11}$ 岩组

为巨厚层粉砂岩，夹巨厚层~中薄层长石砂岩及少量粉砂质黏土岩。据岩石试验资料，二马营组上段砂岩单轴饱和抗压强度平均值为 60.40MPa；粉砂岩和粉砂质黏土岩的单轴饱和抗压强度平均值分别为 36.57MPa 和 30.47MPa。

新鲜状态下，岩体完整~较完整，节理裂隙不发育~中度发育；大部分为陡倾角（大于 70°），粉砂岩地层中中等倾角节理较发育；结构面微张~闭合，无充填或充填岩屑、方解石等；地下水以基岩裂隙水为主，洞室围岩基本上处于干燥或潮湿状态，局部存在滴水、渗水现象，个别地段存在线状流水现象，对围岩稳定性影响不大；桩号 0+000~0+577.0m 节理裂隙优势走向与洞轴线夹角小于 30°，对洞室稳定性不利；桩号 0+577.0~0+1992.0m 节理裂隙优势走向与洞轴线夹角大于 60°，对洞室稳定性有利；不存在高地应力岩爆等问题。围岩变形破坏方式主要表现为掉块、局部塌方、弯折变形等。

根据现阶段的勘察深度和表 8-9 中列出的围岩质量初步分级与工程地质评价结果，导流洞围岩质量级别以Ⅲ级为主，Ⅱ级和Ⅳ级围岩所占比例较小，围岩局部稳定性较差；其中Ⅳ级围岩主要分布在过沟浅埋段和剪切破碎带岩体，稳定性差。导流洞过沟浅埋段以及进出口边坡必须做好加固工作。

表 8-9 左岸方案 1# 导流洞围岩质量分级与工程地质评价

洞段编号	分段编号	起止桩号/m	段长/m	围岩级别	埋深/m	工程地质条件与评价
1# 导流洞	1	0+000~0+042.24	42.24	Ⅲ	26~54	穿过地层为 $T_2er_2^{11}$ 和 $T_2er_2^{10}$，岩性以巨厚层~中厚层钙质、泥质粉砂岩为主，夹中厚层~薄层砂岩或少量黏土岩；岩体较完整，节理轻度发育；弱风化卸荷带内围岩完整性较差；该段围岩整体以Ⅲ级为主（约占 93%），围岩局部稳定性较差；破碎软岩及剪切破碎带等为Ⅳ级围岩（<7%），稳定性较差
	2	0+042.24~0+211.03	168.79	Ⅲ	45~90	穿过地层为 $T_2er_2^{11}$ 和 $T_2er_2^{10}$，岩性同前；岩体完整~较完整，节理裂隙不发育~轻度发育；该段围岩整体以Ⅲ级为主（约占 95%），局部稳定性较差；破碎软岩及剪切破碎带等为Ⅳ级围岩（<5%），稳定性较差
	3	0+211.03~0+254.92	43.89	Ⅲ+Ⅳ	32~45	穿过地层为 $T_2er_2^{11}$ 和 $T_2er_2^{10}$，岩性同前；因围岩埋深较浅，岩体较完整~完整性较差，节理裂隙轻度~中等发育；该段围岩整体以Ⅲ级为主（约占 90%），围岩局部稳定性较差；破碎软岩及剪切破碎带等少量Ⅳ级围岩，稳定性较差，需要加强支护

续表

洞段编号	分段编号	起止桩号/m	段长/m	围岩级别	埋深/m	工程地质条件与评价
1#导流洞	4	0+254.92~0+477.65	222.73	Ⅲ	42~108	穿过地层为$T_2er_2^{11}$和$T_2er_2^{10}$，岩性同前；岩体完整~较完整，节理裂隙不发育~轻度发育；该段围岩整体以Ⅲ级为主（约占96%），局部稳定性较差；破碎软岩及剪切破碎带等为Ⅳ级围岩（<4%），稳定性较差
	5	0+477.65~0+577.65	100.00	Ⅲ+Ⅳ	11~42	穿过地层为$T_2er_2^{11}$和$T_2er_2^{10}$，岩性同前；埋深浅，大部分处于弱风化卸荷带内，岩体完整性较差，节理裂隙中等~较发育；该段围岩整体以Ⅲ级为主（约占85%），围岩稳定性局部较差；风化卸荷带内的Ⅳ级围岩（约占15%）稳定性较差，需要加强支护
	6	0+577.65~1+935.50	1 357.85	Ⅱ+Ⅲ	42~200	穿过地层为$T_2er_2^{11}$和$T_2er_2^{10}$，岩性同前；岩体完整~较完整，节理裂隙不发育~轻度发育；围岩整体以Ⅲ级为主（约77%）；Ⅱ级围岩为辅（约20%）；围岩基本稳定~局部稳定性较差。破碎软岩、层间剪切破碎带为Ⅳ级围岩，所占比例很小，稳定性差
	7	1+935.50~1+992.00	56.50	Ⅲ	40~65	穿过地层为$T_2er_2^{11}$和$T_2er_2^{10}$，岩性以巨厚层~中厚层钙质、泥质粉砂岩与巨厚层~中厚层砂岩互层；导流洞出口部位，埋深较浅，岩体完整性较差，节理裂隙轻度~中等发育；该段围岩整体以Ⅲ级为主（约占95%），围岩局部稳定性差；Ⅱ级和Ⅳ级围岩所占比例较小，Ⅳ级围岩稳定性较差

8.4.2.2 泄洪洞围岩质量分级与工程地质评价

左岸方案的3条泄洪洞布置在左岸引水发电洞的左侧，从右向左依次排列为1#、2#和3#泄洪洞。1#、2#泄洪洞为低位泄洪洞，进水口高程为548m，左侧的3#泄洪洞为高位泄洪洞，进水口高程为585m。3条泄洪洞平行布置，其洞身结构形式基本相同，均为城门洞型，净宽分别为10.5m、10.5m和10m，其中直墙段高度10m，拱的高度3m。三条泄洪洞的长度分别为2 112.77m、2 075.59m和2 098.89m，出水口高程分别为481m、479m和523m。

根据钻孔、平硐等地质勘察资料，1#和2#泄洪洞沿线穿过的地层主要为铜川组下段第一岩组（$T_2t_1^1$）地层和二马营组（$T_2er_2^{11}$）岩组。其中，$T_2t_1^1$地层岩性主要为青灰色巨厚层长石砂岩夹厚层~巨厚层紫红色钙质、泥质粉砂岩，局部呈互层状。$T_2er_2^{11}$地层以紫红色粉砂岩为主，夹巨厚层~中薄层长石砂岩及少量粉砂质黏土岩。3#泄洪洞沿

线穿过的地层主要为铜川组下段第一岩组（$T_2t_1^1$）和第二岩组（$T_2t_1^{2-1}$），其中 $T_2t_1^{2-1}$ 地层岩性为暗紫红色钙质、泥质粉砂岩，夹巨厚层～中薄层长石砂岩和少量粉砂质黏土岩。

根据勘探平硐 PD207 和平硐 PD209 等揭露情况，泄洪洞岩体强风化卸荷深度为5～10m，弱风化卸荷深度为30～40m，节理裂隙不发育～较发育，节理间距为0.3～2.5m，优势产状为125°～130°∠74°～84°和310°～320°∠74°～79°，节理裂隙优势走向与洞轴线夹角小于30°，对洞室围岩稳定性不利。节理面一般平直粗糙，张开度一般小于3mm，无充填或部分充填岩屑或钙膜。泄洪洞深埋段为岩体以微风化～新鲜为主，节理裂隙一般不发育，间距大于1.0m，节理面粗糙，多呈闭合状，岩体完整～较完整。沿线地下水受裂隙的发育控制，主要为基岩裂隙水，以弱透水为主。据勘探平硐揭露，洞段内以干燥或潮湿为主，仅局部表现渗水、滴水，个别地段存在线状流水。

据现阶段的勘察深度，泄洪洞围岩质量级别整体以Ⅱ级和Ⅲ级为主，二者所占比例之和一般大于90%。其中，Ⅲ级围岩所占比例整体上大于Ⅱ级围岩。围岩基本稳定～局部稳定性差；Ⅳ级围岩所占比例较小，主要分布在过沟浅埋段和剪切破碎带岩体中，稳定性差。泄洪洞过沟浅埋段以及进出口人工边坡必须做好加固工作。泄洪洞围岩质量初步分级与评价见表8-10。

表8-10　左岸方案1#泄洪洞围岩质量分级与工程地质评价

洞段编号	分段编号	起止桩号/m	段长/m	围岩级别	垂直埋深/m	工程地质条件与评价
1#泄洪洞	1	0+070～0+839.99	769.99	Ⅱ+Ⅲ	70～150	穿过地层为 $T_2t_1^1$，岩性为巨厚层粉砂岩与巨厚层～中厚层砂岩互层。岩体完整～较完整，节理裂隙轻度发育；该段围岩整体以Ⅱ级和Ⅲ级为主（约占95%）；围岩基本稳定～局部稳定性差；破碎软岩、剪切破碎带为Ⅳ级围岩，所占比例很小，稳定较差。进口段人工边坡，需要加强支护
	2	0+839.99～1+260.0	420.01	Ⅱ+Ⅲ	30～110	穿过地层为 $T_2t_1^1$ 和 $T_2er_2^{11}$，存在一个过沟段，埋深较浅；岩性上部为巨厚层～中厚层粉砂岩与巨厚层～中厚层砂岩互层，下部以巨厚层粉砂岩为主夹厚层～薄层砂岩。围岩微风化～弱风化，岩体较完整，节理裂隙轻度～中等发育；该段围岩整体以Ⅲ级（约占35%）和Ⅱ级（约占60%）为主；围岩基本稳定～局部稳定性较差；破碎软岩、层间剪切带为Ⅳ级，所占比例很小，稳定性较差；过沟段需要加强支护

续表

洞段编号	分段编号	起止桩号/m	段长/m	围岩级别	垂直埋深/m	工程地质条件与评价
1#泄洪洞	3	1+410.0~2+052.77	642.77	Ⅱ+Ⅲ	30~85	穿过地层为$T_2er_2^{11}$，埋深较浅，部分位于风化卸荷带内；岩性以巨厚层~中厚层粉砂岩为主，夹巨厚层~薄层砂岩；岩体较完整，节理裂隙轻度~中等发育；该段围岩整体以Ⅲ级为主（约占63%）；Ⅱ级为辅（约占30%）；围岩基本稳定~局部稳定性较差；浅埋段破碎软岩、层间剪切带为Ⅳ级，比例很小（约占7%），稳定性较差；过沟段及出口段需要加强支护

注：桩号0+0~0+070为泄洪洞进口塔基；桩号1+260.0~1+410.0为明流泄槽段，钢筋混凝土衬护；桩号2+052.77~2+112.77为明流泄槽段。

8.4.2.3 发电洞围岩质量分级与工程地质评价

6条引水发电洞布置在左岸，从岸边向山体依次为1#~6#发电洞。发电洞进口高程为545m，出口高程为456m。6条发电洞并行排列，轴线间距26m。断面规格为直径7.5m的圆形，分别由上平段、斜洞段和下平段组成。发电洞全长为1 116.31m，其中桩号0+000~0+517和0+763.56~1+116.31为直线段，桩号0+517~0+637为落差较大的斜洞段。

6条引水发电洞沿线工程地质条件基本相似，综述如下。

桩号0+000~0+517洞段主要穿过铜川组下段第一岩组（$T_2t_1^1$）地层，岩性主要为青灰色巨厚层长石砂岩夹厚层~巨厚层钙质、泥质粉砂岩，局部呈互层状。桩号0+517~0+763.56洞段自上而下穿过铜川组下段$T_2t_1^1$岩组、二马营组上段$T_2er_2^{11}$岩组和$T_2er_2^{10}$岩组。上部$T_2t_1^1$岩组岩性见前述，下部$T_2er_2^{11}$岩组岩性以紫红色粉砂岩为主，夹巨厚层~中薄层长石砂岩及少量粉砂质黏土岩；$T_2er_2^{10}$岩组岩性主要为粉砂岩与长石砂岩的互层，含少量粉砂质黏土岩。桩号0+763.56~1+116.31洞段穿过的地层，主要为二马营组上段$T_2er_2^{10}$岩组地层，岩性见前述。

岩体强风化卸荷深度为5~10m，弱风化卸荷深度为30~40m，节理裂隙不发育，节理间距为0.5~2.0m，优势产状为125°~130°∠74°~84°和310°~320°∠74°~79°。走向与洞轴线夹角小于30°。节理面平直粗糙，张开度一般小于1mm，部分充填岩屑或钙膜等。发电洞深埋段为微风化~新鲜岩体，节理裂隙不发育，节理间距一般0.5~2.0m，节理面粗糙，多呈闭合状，岩体完整~较完整。沿线地下水受裂隙的发育及分布情况控制，主要为裂隙水，岩体总体透水性以弱透水为主。据有关勘探平硐揭露情况，洞段内基本为干燥~湿润状态，局部表现为渗水或滴水，个别为线状流水。

发电洞上覆岩体厚度为30~170m，零星地段分布厚约10m的黄土。根据现阶段的勘察深度和表8-11中列出的3#发电洞围岩质量分级与评价结果，发电洞围岩以Ⅲ级为主（占60%~75%），Ⅱ级次之（占20%~30%）。围岩整体基本稳定~局部稳定性差。

浅部强风化卸荷带以及剪切破碎带为Ⅳ级围岩，所占比例很小，稳定性差。发电洞进出口段，建议加强支护。

表 8-11　左岸方案 3#发电洞围岩质量分级与工程地质评价

洞段编号	分段编号	起止桩号/m	段长/m	围岩级别	埋深/m	工程地质条件与评价
3#发电洞	1	0+071.00~0+517.0	446.00	Ⅱ+Ⅲ	80~120	上平段：主要穿过 $T_2t_1^1$ 岩组，岩性为巨厚层~中厚层钙质、泥质粉砂岩与巨厚层~中厚层砂岩互层，岩体完整~较完整，节理裂隙不发育~中等发育；围岩整体以Ⅲ级（约占 75%）和Ⅱ级（约占 20%）为主，基本稳定~局部稳定性差。局部存在薄层剪切破碎带，为Ⅳ级围岩，所占比例很小，对围岩整体稳定性影响不大
	2	0+517.0~0+763.56	246.56	Ⅱ+Ⅲ	70~170	斜洞段：穿过地层自上而下分别为 $T_2t_1^1$、$T_2er_2^{11}$ 和 $T_2er_2^{10}$ 岩组，岩性以巨厚层~中厚层粉砂岩为主，夹巨厚层~薄层砂岩、黏土岩；岩体完整~较完整，节理轻度~中等发育；该段围岩整体以Ⅲ级（约占 60%）和Ⅱ级（约占 30%）为主；围岩基本稳定~局部稳定性差。软弱破碎黏土岩为Ⅳ级围岩，所占比例很小，稳定性较差
	3	0+763.56~1+116.31	352.75	Ⅱ+Ⅲ	30~170	下平段：穿过地层为 $T_2er_2^{10}$，岩性以巨厚层~中厚层钙质、泥质粉砂岩与巨厚层~中厚层砂岩互层；岩体完整~较完整，节理裂隙轻度~中等发育；该段围岩整体以Ⅲ级为主（约占 60%），Ⅱ级为辅（约占 60%）；软弱破碎黏土岩、层间剪切带为Ⅳ级（约占 10%），所占比例很小。进入厂房前 20m 范围左右，埋深不足 30m，围岩处于强~弱风化卸荷带内，但有混凝土保护层；围岩以Ⅲ类为主，整体稳定性较差，需要加强支护

注：3#发电洞桩号 0+000~0+071.00 为进水口塔基。

8.4.2.4　排沙洞围岩质量分级与工程地质评价

5 条排沙洞间隔布置在六条引水发电洞之间，从岸边向山体依次为 1#~5#。进水口高程 525m，出水口高程 505m。排沙洞均采用压力洞布置形式，洞径为 6.5m，轴线间距为 26m。排沙洞全长为 1 867.42~1 987.07m。以 3#排沙洞为例，桩号 0+064.00~1+719.21 为压力段，1+719.21~1+739.21 为出口渐变段。

5 条排沙洞沿线工程地质条件基本相似，综述如下：

排沙洞段穿过的地层主要为二马营组上段（$T_2er_2^{11}$）地层，岩性以紫红色粉砂岩为主，夹厚层～中薄层长石砂岩，局部含少量粉砂质黏土岩。

岩体强风化卸荷深度为5～10m，弱风化卸荷深度为30～40m，节理裂隙不发育～中等发育，节理间距为0.3～2.5m，节理优势产状为125°～130° ∠74°～84°和310°～320°∠74°～79°，优势走向与洞轴线夹角小于30°。微风化～新鲜状态下，节理面平直粗糙，张开度小于1mm，无充填或局部充填岩屑或钙膜。排沙洞深埋段为微风化～新鲜岩体，节理裂隙不发育，节理间距一般大于1m，节理面粗糙，多呈闭合状态，岩体完整～较完整。过沟浅埋段受风化卸荷强烈，节理裂隙较发育，多呈微张～张开状，充填泥质或岩屑，节理间距一般为0.3～1.0m，节理面多平直粗糙。沿线地下水受裂隙的发育及分布情况控制，主要为基岩裂隙水，总体以弱透水为主。据勘探平硐揭露，洞段内基本为干燥～湿润状态，局部表现为渗水、滴水，个别为线状流水。

排沙洞上覆岩体厚20～150m，零星地段分布厚5～20m的黄土。据现阶段勘察深度和表8-12中给出的分级与评价结果，左岸方案排沙洞围岩以Ⅲ级为主（占65%～75%），Ⅱ级次之（占15%～25%），围岩局部稳定性差；Ⅳ级围岩主要分布在过沟浅埋段和剪切破碎带，建议加强支护。

表8-12　左岸方案3#排沙洞围岩质量分级与工程地质评价

洞段编号	分段编号	起止桩号/m	段长/m	围岩级别	埋深/m	工程地质条件与评价
3#排沙洞	1	0+064.00～0+857.02	793.02	Ⅱ+Ⅲ	70～150	穿过地层为$T_2er_2^{11}$，岩性以巨厚层～中厚层粉砂岩为主，夹厚层～薄层砂岩或黏土岩。岩体完整～较完整，节理裂隙轻度～中等发育；该段围岩整体以Ⅲ级为主（约占70%），Ⅱ级为辅（约占25%）；基本稳定～局部稳定性较差；软弱破碎黏土岩、剪切破碎带为Ⅳ级，稳定性差，所占比例很小。进口处人工开挖边坡，需要加强支护
	2	0+857.02～1+366.0	508.98	Ⅲ	15～110	穿过地层为$T_2er_2^{11}$，存在2个过沟浅埋段；岩性以巨厚层～中厚层粉砂岩为主，夹厚层～薄层砂岩或黏土岩。岩体完整～较完整，节理裂隙轻度～中等发育；该段围岩整体以Ⅲ级为主（约占75%）；Ⅱ级（约占15%）围岩所占比例相对较少；围岩稳定性一般，局部稳定性较差；过沟及出口浅埋段受风化卸荷影响强烈，所处围岩以及剪切破碎带为Ⅳ级围岩（约占10%），稳定性差，需要采取有效加固措施
	3	1+411.0～1+739.21	328.21	Ⅲ	15～85	

续表

洞段编号	分段编号	起五桩号/m	段长/m	围岩级别	埋深/m	工程地质条件与评价
3#排沙洞	4	1+819.0~1+954.0	135.00	Ⅱ+Ⅲ	10~60	穿过地层为$T_2er_2^{11}$，埋深浅，局部处于强风化卸荷带；岩性以巨厚层~中厚层粉砂岩为主，夹巨厚层~薄层砂岩。岩体较完整~完整性较差，节理裂隙轻度~中等发育；该段围岩整体以Ⅲ级为主（约占65%），Ⅱ级次之（约占25%），围岩稳定性一般，局部稳定性差；局部受风化卸荷影响强烈，破碎软岩与剪切破碎带为Ⅳ级围岩（约占10%），稳定性差，需要采取有效加固措施

注：3#排沙洞桩号0~0+064.00为进水口塔基；桩号1+366.0~1+411.0为跨沟处理段。

8.4.2.5　地下厂房围岩质量分级与工程地质评价

（1）左岸方案。左岸方案地下厂房主要由主厂房、主变室、尾水调压室等部分组成，厂房总长度为246m，宽度为27m，总高度为65.6m。主厂房埋深为140~180m，基础高程约430m。围岩主要位于二马营组上段$T_2er_2^{10}$岩组和$T_2er_2^{11}$岩组。围岩岩性为巨厚层~厚层紫红色、灰紫色泥质、钙质粉砂岩夹厚层~中厚层青灰色、浅灰白色钙质长石砂岩和灰紫色钙质细砂岩，部分地段为巨厚层~厚层长石砂岩与粉砂岩互层，该区域岩石局部相变较大。岩体相对较完整。据室内外岩石实验资料，二马营组上段砂岩的单轴饱和抗压强度平均值为60.40MPa；粉砂岩和粉砂质黏土岩的单轴饱和抗压强度平均值分别为36.57MPa和30.47MPa。其中，主厂房拱顶部分主要穿过$T_2er_2^{11}$岩组，边墙主要穿过$T_2er_2^{10}$岩组，主变室围岩主要位于$T_2er_2^{11}$岩组；尾水调压室围岩主要位于$T_2er_2^{10}$岩组。

根据勘探钻孔揭露，在地下厂房基础底部427~432m高程范围内，可能存在对围岩稳定有不利影响的顺层剪切带（含性状更差的泥化夹层），厚度为2~15cm，以岩屑夹泥型和泥夹岩屑型为主，局部为泥型或岩块岩屑型。参考坝址区左岸钻孔ZK275、ZK276、ZK206和平硐PD211等勘察资料，初步统计主厂房拱顶和主变室的围岩以$Ⅲ_1$和$Ⅲ_2$级为主，约占82%，Ⅱ级围岩约占15%，Ⅳ级围岩所占比例小于3%。主厂房边墙和尾水闸室围岩以$Ⅲ_1$级为主，约占70%，Ⅱ级围岩约占20%，$Ⅲ_2$级围岩和Ⅳ级围岩所占比例小于10%。

根据本阶段地质勘察成果，地下厂房围岩以整体基本稳定、局部稳定性较差的Ⅲ级围岩为主，在主厂房边墙下部、底板以下及尾水管前端等位置局部存在稳定性差的Ⅳ级围岩，需要采取适当的工程措施保证围岩的整体稳定（表8-13）。

表 8-13　左岸方案地下厂房具体工程地质条件勘察成果

钻孔编号	钻孔位置	岩性厚度及所占比例						
		深度范围	砂岩		粉砂岩		黏土岩	
			厚度/m	比例/%	厚度/m	比例/%	厚度/m	比例/%
ZK206	主厂房右侧	501.41~443.96	7.8	13.58	36	62.66	13.65	23.76
ZK275	主厂房右侧	531.99~415.72	42.43	36.49	73.84	63.51		
ZK276	主厂房左侧	533.04~411.05	37.76	30.95	84.23	69.05		

注：（1）ZK275 钻孔揭露：在 426.87~427.02m 处夹有层间剪切带，其颜色为灰绿色、紫红色混杂，夹泥类型为泥夹碎屑型。ZK276 钻孔揭露：在 427.24~427.36m 处为灰绿色、灰白色泥夹碎屑型夹泥，含泥量高。

（2）钻孔 ZK206、ZK275 观测揭露地下水位分别为 598.99m、593.12m。因此，地下厂房处地下水位为 590~600m。

（3）根据地表调查及平硐 PD211 测量统计结果，地下厂房厂址处节理裂隙在砂岩和粉砂岩中都有分布，而且不仅发育有陡倾角节理裂隙，还有缓倾角节理裂隙。走向以北偏东 10°~60°为主。

（2）右岸方案。地下厂房洞室群主要位于二马营组上段 $T_2er_2^{10}$ 和 $T_2er_2^{11}$ 岩组中，上覆岩层厚度 160~190m，围岩的岩性为巨厚层~厚层紫红色粉砂岩夹巨厚层~中厚层青灰色钙质长石砂岩和岩屑长石砂岩，部分地段为巨厚层~厚层长石砂岩与钙质、泥质粉砂岩互层，或夹中厚层~薄层粉砂质黏土岩，该区域岩石局部相变较大，岩体相对较完整。其中，主厂房拱顶主要穿过 $T_2er_2^{11}$ 岩组，边墙主要穿过 $T_2er_2^{10}$ 岩组；主变室围岩主要位于 $T_2er_2^{11}$ 岩组；尾水闸室围岩主要位于 $T_2er_2^{10}$ 岩组。

根据钻孔 ZK290、ZK291 和竖井 SJ02 等勘察资料，初步统计主厂房拱顶和主变室的围岩以 $Ⅲ_1$ 级为主，占 70%左右，$Ⅲ_2$ 级围岩约占 10%，Ⅱ级围岩约占 20%。主厂房边墙和尾水闸室围岩仍以 $Ⅲ_1$ 级为主，约占 50%，$Ⅲ_2$ 级围岩约占 30%，Ⅱ级围岩约占 15%，Ⅳ级围岩所占比例小于 5%。

根据本阶段地质勘察成果，地下厂房围岩以整体基本稳定、局部稳定性差的Ⅲ级围岩为主，在主厂房边墙下部、底板以下及尾水管前端等位置局部存在稳定性差的Ⅳ级围岩，需要采取适当的工程措施保证围岩的整体稳定（表 8-14）。

表 8-14　右岸方案地下厂房具体工程地质条件勘察成果

钻孔编号	钻孔位置	岩性厚度及所占比例						
		深度范围/m	砂岩		粉砂岩		黏土岩	
			厚度/m	比例/%	厚度/m	比例/%	厚度/m	比例/%
ZK290	地下主厂房右侧	513.68~467.48	19.95	46.18	23.25	53.82		
ZK291	地下主厂房左侧	516.30~411.10	30.77	32.13	67.47	57.36	0.80	0.76

注：（1）ZK291 钻孔光学成像调查结果显示：在高程 482.46m、469.98m、422.51m 处分布有三层厚薄不均的剪切带/含泥化夹层，厚度分别为 0.51m、0.06m 和 0.13m。

（2）根据 ZK291 钻孔揭露，地下厂房厂址处地下水位约为 476.87m。

8.4.3　岩体力学参数建议值与支护措施

岩体力学参数可以在侧面反映岩体质量的好坏与稳定性。一般而言，岩体质量越好，强度参数越高。另外，质量等级不同的岩体，对支护措施的要求也不同。质量好的岩体可能不需要支护也能自稳；而质量差的岩体不支护则很难自稳。

根据层状岩体结构特点、岩体室内外试验成果，同时参考小浪底、碛口等工程资料，提出了与岩体质量分级结果对应的坝址区岩体力学参数地质初步建议值和围岩支护建议。坝址区各级层状岩体力学参数地质初步建议值见表 8-15。

表 8-15　坝址区各级层状岩体力学参数初步建议值

岩体质量等级		岩体物理力学参数估算						
		抗剪断强度参数		抗剪强度参数 f	弹性模量 E /GPa		变形模量 E_0/GPa	
		C/MPa	f'		平行层面	垂直层面	平行层面	垂直层面
Ⅱ		1.25~0.95	1.05~0.95	0.85~0.70	10.5~9.50	9.50~7.50	7.50~5.50	6.50~5.50
Ⅲ	$Ⅲ_1$	0.95~0.65	0.95~0.75	0.70~0.60	9.50~7.50	7.50~6.00	5.50~4.50	5.50~4.50
	$Ⅲ_2$	0.65~0.45	0.75~0.55	0.60~0.50	7.50~5.50	6.00~4.50	4.50~3.50	4.50~3.50
Ⅳ	$Ⅳ_1$	0.45~0.35	0.75~0.55	0.55~0.45	5.50~3.50	4.50~3.50	3.50~2.50	3.50~2.50
	$Ⅳ_2$	0.35~0.15	0.55~0.45	0.45~0.35	3.50~1.50	3.50~1.50	2.50~1.50	2.50~1.50

根据近水平复杂层状岩体中地下洞室围岩的失稳破坏特点，结合大量工程实践调查结果以及坝址区层状岩体发育特征，为了充分发挥支护措施的有效性，进一步增强支护措施的针对性，不同质量等级的围岩对应的支护措施选取，按如下原则考虑：①Ⅱ级围岩，整体稳定，顶板的局部可能产生掉块，建议采用喷射薄层素混凝土支护；仅当跨度较大（>20m）时，在顶板的局部增加随机锚杆和钢筋网。②$Ⅲ_1$ 级围岩，整体较稳定，顶板稳定性较差，建议在顶板部位采用系统锚杆+钢筋网+喷射混凝土支护措施，其他部位喷射薄层素混凝土。③$Ⅲ_2$ 级围岩，围岩稳定性较差，建议在顶板部位采用系统锚杆+钢筋网+喷射混凝土支护措施，为防止底板产生较大变形，建议底板部位增加随机锚杆；侧墙部位则采用喷射薄层素混凝土。④$Ⅳ_1$ 级围岩，围岩基本不稳定，自稳时间很短，建议在全断面采用系统锚杆+钢筋网+喷射混凝土支护措施，当跨度较大（>20m）或局部出现断层破碎带、大变形时考虑刚性支护措施。⑤$Ⅳ_2$ 级围岩，围岩不稳定，几乎无法自稳，发生围岩塌方或大变形的可能性大，建议在全断面采用刚性支护措施，必要时增加浇筑混凝土衬砌。坝址区围岩稳定性评价及其对应的支护类型建议见表 8-16。

表 8-16　坝址区各级围岩稳定性评价与支护类型建议

岩体质量等级		围岩稳定性评价	支护类型建议
Ⅱ		围岩整体稳定，基本稳定；不会发生塑性变形和塌方，局部可能产生掉块	喷薄层混凝土；当跨度>20m 时，则在顶板部位喷混凝土并增加随机锚杆、钢筋网
Ⅲ	Ⅲ$_1$	围岩整体较稳定，局部稳定性差；不支护可能产生塌方或变形破坏	顶板部位喷混凝土并采用系统锚杆、钢筋网；其他部位则喷薄层混凝土
	Ⅲ$_2$	围岩稳定性较差；产生塌方或变形破坏的可能性较大，完整的较软岩可能暂时稳定	顶板部位喷混凝土并采用系统锚杆、钢筋网；底板部位采用随机锚杆；其他部位则喷薄层混凝土
Ⅳ	Ⅳ$_1$	围岩基本不稳定；围岩自稳时间很短；围岩强度不足时，可能发生大变形破坏	全断面采用系统锚杆+钢筋网+喷混凝土支护措施；当跨度>20m 或局部出现断层破碎带、大变形时，考虑刚性支护措施
	Ⅳ$_2$	围岩不稳定；围岩几乎无法自稳，规模较大的各种变形和破坏都可能发生	建议在全断面采用刚性支护措施，必要时增加浇筑混凝土衬砌

8.5　小结

本章紧紧围绕层状岩体结构特点，结合具体工程地质条件，建立了某大型水利枢纽近水平复杂层状岩体质量分级方法体系，并利用该体系完成了坝基岩体、地下洞室围岩质量分级的工程实践。首先，论述了影响层状岩体质量的主要因素和分级的主要原则，在此基础上参考工程地质勘察成果资料，建立了由基本指标、修正指标和辅助指标等组成的，适用于近水平复杂层状岩体质量分级的多梯次动态指标体系。其次，根据层状岩体结构特点，考虑工程类型和工程部位岩体质量分级指标设置的差异，建立了面向层状岩体的坝基岩体、地下洞室围岩质量分级方法体系，并在总结有关规程、规范和分级方法的基础上给出了基于层状岩体质量分级结果的岩体物理力学参数估算与支护类型建议。最后，在前述章节研究成果的基础上，结合某大型水利枢纽具体地质条件以及近水平复杂层状岩体特点，根据建立的近水平复杂层状岩体质量分级指标体系和方法体系，对坝基岩体和地下洞室围岩质量进行了分级实践，得到了较为可靠的坝基岩体质量等级分区、具体洞段与部位的围岩质量等级、工程地质评价、岩体力学参数地质初步建议值及支护措施建议，为重力坝抗滑稳定性计算、建基面选择与优化、隧洞和地下厂房等建筑物的设计与施工提供了有力支撑。

第9章　结论与建议

9.1　结论

在国家自然科学基金-河南人才培养联合基金（编号：U1504523）和黄河勘测规划设计有限公司自主研究开发项目（编号：2009-ky01）联合资助下，本课题瞄准岩体质量分级与评价研究前沿，立足层状岩体结构类型特点，在系统全面地进行文献综述的基础上，对层状岩体结构类型划分标准、层状岩体结构特征对岩体质量分级的影响、层间剪切带对复合层状岩体稳定性影响机制、含剪切带层状复合岩体质量分级与评价方法、层状岩体质量分级的改进的距离判别法等一系列问题展开了深入研究。在此基础上，紧密结合某大型水利枢纽工程具体地质条件和层状岩体结构特点，建立了适用于近水平复杂层状岩体的质量分级指标体系和评价方法体系，并对坝基层状岩体和地下洞室层状围岩质量进行具体分级实践。本课题研究成果不仅丰富和完善了岩体质量分级理论方法与实践体系，而且为工程设计优化与施工安全等提供了基础支撑，为其他相关工程，特别是黄河中游近水平层状岩体地区的在建和拟建工程提供了参考依据。

通过上述系统研究工作，本课题获得的主要结论与研究成果包含以下几个方面。

（1）提出了基于结构面间距的层状岩体结构类型划分的修正方案，弥补了现行规程、规范中有关层状岩体结构划分标准存在的差异和不足。

在总结现有规范、规程有关层状岩体结构划分标准的基础上，指出了层状岩体结构类型的划分标准存在的差异和不足，综合分析后提出了基于结构面间距的层状岩体结构分类方案。根据结构面间距，将层状岩体结构类型划分为五级，即巨厚层状、厚层状、中厚层状、薄层状和夹层状。其中，巨厚层状结构又进一步分为两个亚级，即层厚大于200cm和大于100cm的，分别称为整体巨厚层状和一般巨厚层状。取消了互层状结构的划分，将结构面间距为10~30cm的层状岩体划归到薄层状结构范畴，将结构面间距小于10cm的层状岩体统称为夹层状结构。根据提出的划分方案，结合建筑物涉及岩组的结构面间距平均值与结构面间距百分比统计资料，初步建立了适用于近水平层状岩体结构类型的划分方案。

（2）论述了层状岩体结构特点，特别是各向异性和层间剪切带发育等特点对岩体质量分级指标和方法的影响。在总结层状岩体结构特点的基础上，指出了岩体质量分级与评价过程中应注意的几个问题。

研究表明：层状岩体中的层面、层理等对 *RQD* 值、岩体波速等分级指标具有明显影响。特别是近水平层状岩体，往往造成 *RQD* 值偏低，以及岩体波速的跳跃性变化等。层状岩体具有典型的横观各向同性特征，其强度和变形性质表现为：在平行于层理方向上比较相近，而在垂直于层理方向上则差异较大。层状岩体中普遍发育的层间剪切带使得复杂的层状岩体质量分级变得更为棘手，而且目前还没有专门针对含层间剪切带的岩体质量分级方法。从地层岩性、岩石相变、层间剪切带、节理裂隙、地下水、岩体力学参数的各向异性等多个方面阐明了坝址区近水平复杂层状岩体结构特点以及由此衍生出诸多的复杂性，指出了岩体质量分级与评价过程中应注意的几个问题：层状复合岩体问题、岩石相变问题、层间剪切带问题以及岩体力学参数取值的各向异性问题等。

（3）论述了层间剪切带对层状复合岩体稳定性的影响，借助突变理论揭示了含层间剪切带的层状复合岩体失稳破坏非线性力学机制。

基于建立的含层间剪切带的层状复合岩体的力学模型，研究发现了层间剪切带与上下盘岩体的强度及刚度之比对系统的稳定性具有显著影响。当层间剪切带与上下盘岩体的强度接近时，其对系统整体稳定最为有利；反之，当层间剪切带与上下盘岩体的强度及刚度差异较大时，组合系统易发生失稳破坏，而且两者强度差异愈大，对含层间剪切带的层状复合岩体系统的稳定愈不利。基于建立的含层间剪切带的层状复合岩体失稳的燕尾形突变模型，深入分析了含层间剪切带的层状复合岩体的失稳机制与动态演化过程。

（4）根据层状岩体结构分类方案和层间剪切带发育特征，建立了含层间剪切带的层状复合岩体质量分级与评价方法。

该方法将含层间剪切带的层状复合岩体质量分级分为两种情况：对于厚度大于10cm 的、连续性较好的、有一定规模的层间剪切带，将其划定为独立的夹层结构类型，单独进行该层岩体的质量分级与评价；同时还可以根据层间剪切带的抗剪强度参数，分为几个亚级。而对于厚度小于 10cm 的、规模相对较小的层间剪切带，则视为工程地质性质较差的薄夹层或透镜体，将其作为一种折减系数，对含层间剪切带的层状复合岩体质量分级进行弱化处理，在国标 BQ 法的基础上，建立了含层间剪切带的层状复合岩体质量分级的修正 BQ 法。最后以某大型水利枢纽工程坝址区平硐 PD207 和 PD302 围岩质量分级为例，将修正 BQ 法所得岩体质量分级结果，与 RMR 法、Q 系统法以及水电规范 HC 法的岩体质量分级结果进行了对比分析和相关性研究，验证了建立的含层间剪切带的层状复合岩体质量分级的修正 BQ 法的可行性与有效性。

（5）结合某大型水利枢纽坝址区具体地质条件和岩体结构特点，对坝基岩体和地下洞室围岩质量进行了初步分级研究，探讨了不同分级方法之间的相关关系，给出了定量关系表达式和相关系数。

在总结分析国内外常用岩体质量分级方法及其适用特点的基础上，论述了分级因素或指标的选取原则、定性描述与定量取值方法以及各因素或指标的权重分配问题。结合某大型水利枢纽工程坝址区具体地质条件，选择多种合适的分级方法和可操作性较强的分级指标，进行了初步分级研究，并给出了坝基岩体和地下洞室围岩质量初步分级结果。最后，基于不同分级方法得到坝址区洞室围岩质量初步分级结果，以左岸

方案排沙洞和右岸方案发电洞为例，探讨了不同分级方法之间的相关关系，给出了定量关系表达式和相关系数，为合理制定某大型水利枢纽工程岩体质量分级评价方案，最终确定坝址区岩体质量等级提供了参考依据。

(6) 指出了传统距离判别法应用于岩体质量分级存在的不足，建立了岩体质量分级的改进的距离判别-层次分析模型。

在详细介绍距离判别法和层次分析法基本原理的基础上，指出了距离判别法和层次分析法应用于岩体质量分级与评价方面存在的不足，提出了以加权距离判别法为中心，以3标度层次分析法确定权重系数的改进的距离判别法。利用有关文献给出的实测数据，验证了改进的距离判别-层次分析法岩体质量分级预测模型的有效性与准确性。根据某大型水利枢纽工程复杂层状岩体特点，选择合理的分级指标，建立了适用于层状岩体质量分级的改进的距离判别-层次分析法预测模型。几种不同方法得到的分级判别预测结果对比表明，建立的层状岩体质量分级的改进的距离判别-层次分析法模型是合理的、可靠的。

(7) 建立了适用于近水平复杂层状岩体的多梯次动态分级指标体系和三步分级方法体系，并利用该体系完成了某大型水利枢纽坝基岩体、地下洞室围岩质量分级的工程实践。

紧密结合层状岩体结构特点，建立了由基本指标、修正指标和辅助指标等组成的适用于近水平复杂层状岩体质量分级的多梯次动态指标体系。考虑工程类型和工程部位岩体质量分级指标设置的差异，建立了面向层状岩体的坝基岩体、地下洞室围岩质量分级方法体系，并在总结有关规程、规范和分级方法的基础上给出了基于层状岩体质量分级结果的岩体物理力学参数估算与支护类型建议。结合某大型水利枢纽具体地质条件以及近水平复杂层状岩体特点，对坝基岩体和地下洞室围岩质量进行了分级实践，得到了较为可靠的坝基岩体质量等级分区、具体洞段与部位的围岩质量等级、工程地质评价、岩体力学参数地质初步建议值及支护措施建议，为重力坝抗滑稳定性计算、建基面选择与优化、隧洞和地下厂房等建筑物的设计与施工提供了有力支撑。

9.2 建议

层状岩体质量分级与评价问题涉及因素众多，是一个复杂的系统工程。本课题虽然在层状岩体结构类型划分标准、层状岩体结构特征对岩体质量分级的影响、层间剪切带对层状复合岩体稳定性的影响机制、含复合的层状复合岩体质量分级与评价方法、层状岩体质量分级的改进的距离判别法等方面，进行了一些有益的探索，取得了一些创新性的成果，并在此基础上形成了适用于近水平复杂层状岩体的质量分级体系。然而本课题有关层状岩体质量分级的研究还是初步的，尚有许多工作需要进一步深入研究。

(1) 建立的含层间剪切带的层状复合岩体质量分级方法、层状岩体质量分级的改进的距离判别法等在相关工程中的适用性，有待进一步检验。

(2) 随着勘测工作深度的逐步推进，地质勘测与试验资料更加丰富，坝基岩体和洞室围岩质量分级的工程实践应及时调整。

（3）层状岩体质量分级与岩体力学参数估算、支护措施建议之间的有机联系的有效性和代表性，有待更多工程实践进行检验。

（4）水库蓄水后，由于工程地质特性很差的控制性层间剪切带引起的坝基、边坡等滑动失稳破坏问题，则属于稳定性评价范畴中的“一票否决”型，对于此类特殊情况下的岩体质量分级研究，有待进一步深入分析。

参考文献

[1] 李兆权．应用岩石力学［M］．北京：冶金工业出版社，1994.
[2] 周思孟．复杂岩体若干岩石力学问题［M］．北京：中国水利水电出版社，1998.
[3] 山口梅太郎，西松裕一．岩石力学基础［M］．黄世衡，译．北京：冶金工业出版社，1982.
[4] HOEK E. Practical Rock Engineering［M］. Rotterdam：A. A. Balkema，2000.
[5] 中华人民共和国水利部．工程岩体分级标准（GB/T 50218—2014）［S］．北京：中国计划出版社，2014.
[6] 谷德振．岩体工程地质力学基础［M］．北京：科学出版社，1979.
[7] 陈志坚，张勤．勘察成果在层状岩体稳定性评价中的应用现状［J］．水利水电科技进展，2001，21（增刊1）：4-6.
[8] 王维纲，单守智．岩石分级的理论与实践［J］．工程地质学报，1993，2（3）：43-53.
[9] BIENIAWSKI Z T. 工程岩体分类［M］．吴立新，等译．北京：中国矿业大学出版社，1993.
[10] 陈德基．三峡工程地质研究［M］．武汉：湖北科学技术出版社，1997.
[11] 杨子文．岩体工程分级-岩石力学的理论与实践［M］．北京：水利电力出版社，1981.
[12] 杜时贵，童宏刚．隧道围岩分类研究现状［A］．龚晓南，俞建霖，严平．第四届浙江省岩土力学与工程学术讨论会论文集［C］．上海：上海交通大学出版社，1999：2-6.
[13] 陈成宗，何发亮．隧道工程地质与声波探测技术［M］．成都：西南交通大学出版社，2005.
[14] 何发亮，谷明成，王石春．TBM 施工隧道围岩分级方法研究［J］．岩石力学与工程学报，2002，21（9）：1350-1354.
[15] BARTON N. TBM tunnelling in jointed and faulted rock［M］. Rotterdam：A. A. Balkema，2000.
[16] BARTON N. Comments on a critique of Q_{TBM}［J］. Tunnels and Tunnelling International，2005，37（9）：16-19.
[17] 李苍松，谷婷，丁建芳，等．TBM 施工隧洞围岩级别划分探讨［J］．工程地质学报，2010，18（5）：730-735.
[18] KAHRAMAN S. Correlation of TBM and drilling machine performances with rock brittle-

ness [J] . Engineering Geology, 2002, 65: 269-283.

[19] BLINDHEIM O T. TBM performance prediction models [J] . Tunnels and Tunnelling International, 2005, 36 (2): 23-27.

[20] BARTON N. Some new Q-value correlations to assist in site characterization and tunnel design [J] . International Journal of Rock Mechanics and Mining Sciences, 2002, 39: 185-216.

[21] 胡卸文，黄润秋．水利水电工程中的岩体质量分类探讨 [J] ．成都理工学院学报．1996, 23 (3): 64-68.

[22] 韩文峰，张咸恭，聂德新．坝基岩体质量分级中的几个基本问题 [J] ．地质灾害与环境保护，1990, 1 (2): 22-29.

[23] 徐卫亚，喻和平，谢守益，等．清江隔河岩坝基工程岩体质量评价研究 [J] ．工程地质学报，1999, 7 (2): 105-111.

[24] 苏生瑞，周志东．溪落渡水电站坝基岩体质量综合分级 [J] ．人民长江，1998, 29 (12): 29-31.

[25] 任自民，马代馨，沈泰，等．三峡工程坝基岩体工程研究 [M] ．武汉：中国地质大学出版社，1998.

[26] 余波，徐光祥．水电工程坝基岩体研究现状与发展的思考 [J] ．贵州水力发电，2007, 21 (1): 1-7.

[27] 韩爱果．坝基岩体质量量化分级及图形展示——以金沙江溪洛渡水电站为例 [D] ．成都：成都理工大学，2002.

[28] 任自民．乌江彭水枢纽坝基岩体结构分类及岩体质量的研究 [J] ．人民长江，1984, 15 (3): 1-8.

[29] 何启标．李家峡水电站坝基岩体质量分级 [J] ．水利水电技术，1992 (10): 42-49.

[30] 黄润秋，王士天，胡卸文，等．高拱坝坝基重大工程地质问题研究 [M] ．成都：西南交通大学出版社，1996.

[31] 胡卸文，黄润秋．西南某电站坝区岩体质量分级与评价 [J] ．水力发电学报．1996 (2): 71-85.

[32] 中华人民共和国水利部．水利水电工程地质勘察规范（GB 50287—99）[S] ．北京：中国计划出版社，1999.

[33] 黄建元．模糊集及其应用 [M] ．银川：宁夏人民教育出版社，1999.

[34] 陆兆溱，王京，吕亚平．模糊模式识别法在围岩稳定性分类上的应用 [J] ．河海大学学报，1991, 19 (6): 97-101.

[35] 傅鹤林．一种新的岩体分类法——模糊分类法 [J] ．湖南有色金属，1995, 11 (3): 14-15.

[36] 王延平，许强，高霞．岩体质量分级的模糊识别 [J] ．水土保持研究，2005, 12 (1): 108-109.

[37] 王锦国，周志芳，杨建，等．溪洛渡水电站坝基岩体工程质量的可拓评价 [J] .

勘察科学技术，2001（6）：25-29.
[38] 周汉民．岩体质量的可拓学评价方法在边坡工程中的应用［J］．矿业快报，2003（12）：13-15.
[39] 贾超，肖树芳，刘宁．可拓学理论在洞室岩体质量评价中的应用［J］．岩石力学与工程学报，2003，22（5）：751-756.
[40] 胡宝清．可拓评价方法在围岩稳定性分类中的应用［J］．水利学报，2000（2）：66-70.
[41] 王广月，刘健．围岩稳定性的模糊物元评价方法［J］．水利学报，2004（5）：20-24.
[42] 原国红，陈剑平，马琳．可拓评判方法在岩体质量分类中的应用［J］．岩石力学与工程学报，2005，24（9）：1539-1544.
[43] 李强．BP 神经网络在工程岩体质量分级中的应用研究［J］．西北地震学报，2002，24（3）：220-224.
[44] 赵红亮，陈剑平．人工神经网络在澜沧江某电站坝基右岸复杂岩体分类中的应用［J］．煤田地质与勘探，2003，31（1）：31-33.
[45] 王彪，陈剑平，李钟旭，等．人工神经网络在岩体质量分级中的应用［J］．世界地质，2004，23（1）：64-68.
[46] 邓聚龙．灰理论基础［M］．武汉：华中科技大学出版社，2002.
[47] 魏一鸣，陶建宝，童光煦．基于灰色关联度的岩体质量评价［J］．有色矿冶，1994（2）：9-13.
[48] 李长洪．岩体分类的灰色聚类理论及应用［J］．冶金矿山设计与建设，1995（2）：20-25.
[49] 冯玉国．灰色优化理论模型在地下工程围岩稳定性分类中的应用［J］．岩土工程学报，1996，18（3）：62-66.
[50] BURGES C J C. A tutorial on support vector machines for pattern recognition［J］. Data Mining and Knowledge Discovery，1998（2）：121-167.
[51] 赵洪波，冯夏庭，尹顺德．基于支持向量机的岩体工程分级［J］．岩土力学，2002，23（6）：698-701.
[52] 王云飞，李长洪，蔡美峰．隧洞岩体质量分级的支持向量机方法［J］．北京科技大学学报，2009，31（11）：1357-1362.
[53] 牛文林，李天斌，熊国斌，等．基于支持向量机的围岩定性智能分级研究［J］．工程地质学报，2011，19（1）：88-92.
[54] 宫凤强，李夕兵．距离判别分析法在岩体质量等级分类中的应用［J］．岩石力学与工程学报，2007，26（1）：190-194.
[55] 王吉亮，陈剑平，杨静．距离判别法在公路隧道围岩分类中的应用［J］．吉林大学学报（地球科学版），2008，38（6）：999-1004.
[56] 赵琳．马氏距离判别法的若干改进及其在旅游信息智能推荐系统中的应用［D］．长沙：湖南大学，2007.

[57] 姚银佩，李夕兵，宫凤强，等．加权距离判别分析法在岩体质量等级分类中的应用［J］．岩石力学与工程学报，2010，29（增2）：4119- 4123.
[58] 杜时贵，李军，徐良明，等．岩体质量的分形表述［J］．地质科技情报，1997，16（1）：91-96.
[59] 刘树新，张飞．三维岩体质量的多重分形评价及分类［J］．岩土力学，2004，25（7）：1116-1121.
[60] 范卫锋，林启太．基于分形理论的岩石质量评价［J］．矿业研究与开发，2005，25（3）：31-33.
[61] 何水源，邓安福，张建辉．关于岩体分级专家系统的几个问题探讨［J］．重庆建筑大学学报，1998，20（4）：51-57.
[62] 孙恭尧，黄卓星，夏宏良．坝基岩体分级专家系统在龙滩工程中的应用［J］．红水河，2002，21（3）：6-11.
[63] 王迎超，孙红月，尚岳全，等．基于特尔菲-理想点法的隧道围岩分类研究［J］．岩土工程学报，2010，32（4）：651-656.
[64] 唐海，万文，刘金海．基于未确知测度理论的地下洞室岩体质量评价［J］．岩土力学，2011，32（4）：1181-1185.
[65] 王广德，石豫川，刘汉超，等．水利水电地下洞室围岩分类［J］．水力发电学报，2006，25（2）：123-127.
[66] 张长亮，蒋树屏，金美海．隧道围岩分级研究现状及发展趋势探讨［A］．2007年全国公路隧道学术会议论文集［C］，重庆：重庆大学出版社，2007.
[67] 储汉东，徐光黎，李鹏鹏，等．大型地下洞室围岩分类相关性分析及应用［J］．工程地质学报，2013，21（5）：688-695.
[68] 孙广忠．岩体结构力学［M］．北京：科学出版社，1988．
[69] 中华人民共和国水利部．水利水电工程地质勘察规范（GB 50487—2008）［S］．北京：中国计划出版社，2009.
[70] 中国电力企业联合会．水力发电工程地质勘察规范（GB 50287—2006）［S］．北京：中国计划出版社，2008.
[71] 中华人民共和国建设部．岩土工程勘察规范（GB 50021—2001）（2009年版）［S］．北京：中国建筑工业出版社，2009.
[72] 中华人民共和国水利部．中小型水利水电工程地质勘察规范（SL 55—2005）［S］. 北京：中国水利水电出版社，2005.
[73] 铁道第一勘察设计院．铁路工程岩土分类标准（TB 10077—2001）［S］．北京：中国铁道出版社，2001.
[74] 中交第一公路勘察设计研究院有限公司．公路工程地质勘察规范（JTG C 20—2011）［S］．北京：人民交通出版社，2011.
[75] 重庆市建设委员会．建筑边坡工程技术规范（GB 50330—2002）［S］．北京：中国建筑工业出版社，2002.
[76] 金德濂．中小型水利水电工程地质勘察经验汇编［C］．长沙：中小型水利水电

工程地质勘察规范编写组，1995：81-103.

[77] 黄向春，骆福英，熊博．层状岩体结构划分与岩体工程地质评价［J］．岩土工程界，2005（7）：30-32.

[78] 胡绍祥，王渭明，张永双．地下工程岩体结构面的统计与应用研究［J］．工程地质学报，2001，9（3）：263-266.

[79] 王明华，冯文凯，刘汉超，等．溪洛渡水电站地下厂房岩体结构特征及围岩分类［J］．山地学报，2003，21（1）：101-105.

[80] 余子华，刘永秋，孟西春，等．岩体结构对大型地下挖掘稳定性的控制作用［J］．地下空间与工程学报，2007，3（6）：1109-1113.

[81] 韩爱果，聂德新，孙冠平，等．岩体结构研究中结构面间距取值方法探讨［J］．岩石力学与工程学报，2003，22（增2）：2575-2577.

[82] 王自高．天生桥一级水电站岩体结构特性分析［J］．云南水力发电，2001，17（2）：29-34.

[83] 徐卫亚，赵立永，梁永平．工程岩体结构类型定量划分问题研究［J］．武汉水利电力大学学报（工学版），1999，32（2）：8-11.

[84] 龙亦安．综合声学参数计分评判坝区工程岩体质量的研究［J］．工程勘察，1990（4）：74-78.

[85] 宋彦辉，聂德新．坝基层状岩体质量评价探讨［J］．长江科学院院报，2005，22（1）：39-42.

[86] NASSERI M H B，RAO K S，RAMAMURTHY T. Anisotropic strength and deformational behavior of Himalayan schists［J］. International Journal of Rock Mechanics and Mining Sciences，2003，40：3-23.

[87] BEHRESTAGHI M H N，RAO K S，RAMAMURTHY T. Engineering geological and geotechnical responses of schistose rocks from dam project areas in India［J］. Engineering Geology，1996，44：183-201.

[88] NASSERI M H，RAO K S，RAMAMURTHY T. Failure mechanism in schistose rocks［J］. International Journal of Rock Mechanics and Mining Sciences，1997，34（3）：219.

[89] BROSCH F J，SCHACHNER K，BLUMEL M，et al. Preliminary investigation results on fabrics and related physical properties of anisotropic gneiss［J］. Journal of Structural Geology，2000，22：1773-1787.

[90] SINGH V K，SINGH D，SINGH T N. Prediction of strength properties of some schistose rocks from petrographic properties using artificial neural networks［J］. International Journal of Rock Mechanics and Mining Sciences，2001，38（2）：269-284.

[91] SINGH J，RAMAMURTHY T，VENKATAPPA R G. Strength anisotropies in rocks［J］. Indian Geotechnical Journal，1989，19（2）：147-166.

[92] RAMAMURTHY T，VENKATAPPA R G，SINGH J. Engineering behavior of phyllite［J］. Engineering Geology，1993，33：209-225.

[93] BADIUZAMAN M Y, SHEHATA W M. Engineering geological aspect of the marble at Wadi Turabah. Saudi Arabia [J]. Egyptian Journal of Geology, 1993, 37 (2): 97-108.

[94] SONBUL A, SABTAN A, SHEHATA W M. On the improving of the marble productivity at Madrakah quarry [J]. Saudi Arabia. Ann. Geol. Surv. Egypt XIX (1003), 1993: 535-543.

[95] AL-LAHYANI K, SHEHATA W M, SABTAN A A. Effects of microfissures on the engineering properties of the marble at Wadi Lisb, Saudi Arabia [J]. Bulletin of the International Association of Engineering Geology, 1995, 52 (1): 33-37.

[96] AL-HARTHI A A, SHEHATA W M AND ABO-SAADA Y E. Anisotropy of Wadi Lisb marble [J]. Arabian Journal Forence & Engineering, 1997, (22): 145-154.

[97] ALLIROT D, BOEHLER J P. Evolution of mechanical properties of a stratified rock under confining pressure [J]. Proc 4th Con of ISRM, Montreux, 1979, 1: 15-22.

[98] MATSUKURA Y, HASHIZUME K, OGUCHI C T. Effect of microstructure and weathering on the strength anisotropy of porous rhyolite [J]. Engineering Geology, 2002, 63: 39-47.

[99] TIEN Y M, TSAO P F. Preparation and mechanical Properties of artificial transersely isotropic rock [J]. International Journal of Rock Mechanics and Mining Sciences, 2000, 37: 1001-1012.

[100] TIEN YONG MING, KUO MING CHUAN, JUANG CHARNG HSEIN. An experimental investigation of the failure mechanism of simulated transversely isotropic rocks [J]. International Journal of Rock Mechanics and Mining Sciences, 2006, 43: 1163-1181.

[101] 林天健. 岩石各向异性力学效应的试验研究. //长江水利水电科学研究院. 应用岩体力学（汇编资料）.

[102] 曾纪全，杨宗才. 岩体抗剪强度参数的结构面倾角效应 [J]. 岩石力学与工程学报，2004，23 (20)：3418-3425.

[103] 周大千. 各向异性岩石的强度方程及其实验研究 [J]. 石油学报，1988 (3)：87-97.

[104] 赵平劳. 层状结构岩石抗剪强度各向异性试验研究 [J]. 兰州大学学报，1990，26 (4)：135-139.

[105] 赵平劳. 层状岩石抗压强度围压效应各向异性研究 [J]. 兰州大学学报，1993，29 (1)：105-109.

[106] 江春雷，苏志敏，GHAFOORI M. 页岩强度准则的一种模式 [J]. 云南工业大学学报，1998，14 (2)：31-35.

[107] 冒海军，杨春和. 结构面对板岩力学特性影响研究 [J]. 岩石力学与工程学报，2005，24 (20)：3651-3656.

[108] 张学民. 岩石材料各向异性特征及其对隧道围岩稳定性影响研究 [D]. 长沙：中南大学，2007.

[109] AMADEI B. Importance of anisotropy when estimating and measuring in situ stresses in rock [J] . International Journal of Rock Mechanics and Mining Sciences & Geomechanics Abstracts. 1996, 33 (3): 293-325.

[110] KWASNIEWSKI M, NGUYEN H V. Experimental studies on anisotropy of the time-dependent behaviour of bedded rocks [C] . Proc of the Int symp on eng in compl rock form. Beijing China, 1986.

[111] DAVOOD F, KHANLARI G R, MOJTABA H. Amir P K-A. Assessment of Inherent Anisotropy and Confining Pressure Influences on Mechanical Behavior of Anisotropic Foliated Rocks Under Triaxial Compression [J]. Rock Mechanics and Rock Engineering, 2016, 49 (6): 2155 -2163.

[112] ESAMALDEEN A, WU G, NUHA M. Assessments of elastic anisotropy of banded amphibolite as a function of cleavage orientation using s- and p-wave velocity [J]. Journal of Geoscience and Environment Protection, 2015, 3 (5) : 62-71.

[113] RAMAMURTHY T. Strength and modulus responses of anisotropic rocks [J] . In: Hudson, editor. Comprehensive rock engineering, Vol. l. Oxford: Pergamon, 1993, 3: 13-29.

[114] 席道瑛，陈林，张涛．砂岩的变形各向异性 [J] ．岩石力学与工程学报，1995，14 (1)：49-58.

[115] 席道瑛，陈林．岩石各向异性参数研究 [J] ．物探化探计算技术，1994 (1)：16-21.

[116] 曹文贵，颜荣贵．小铁山矿各向异性石英角斑凝灰岩力学参数量测与研究 [J]．湖南有色金属，1995，11 (4) ：1-6.

[117] 徐瑞春．红层与大坝 [M] ．武汉：中国地质大学出版社，2003.

[118] 王桂容．关于软弱夹层几个主要工程地质问题的研究现状 [J] ．水利水电技术，1987 (11)：22-28.

[119] 林兰生．软弱夹层的工程特性 [J] ．水力发电学报，1983 (3)：61-67.

[120] 王世梅．我国层间剪切带工程地质研究现状及展望 [J] ．水电科技情报，1996 (1)：6-10.

[121] 马国彦，高广礼．黄河小浪底坝区泥化夹层分布及其抗剪试验方法的分析 [J]．工程地质学报，2000，8 (1)：94-99.

[122] 高义军，高金平．万家寨水利枢纽坝基层间剪切带工程性状研究 [J] ．岩土工程界，2006，9 (11)：72-75.

[123] 王幼麟．葛洲坝泥化夹层成因及性状的物理化学探讨 [J] ．水文地质工程地质，1980 (4)：5-11.

[124] 冯建元，刘基华，吴建中．亭子口水利枢纽软弱夹层特征与分布规律的研究 [J]．资源环境与工程，2008，22 (增刊)：13-15.

[125] 冯明权，刘丽，代晓才，等．彭水水电站软弱夹层特征与分布规律的研究 [J]．人民长江，2007，38 (9)：77-79.

[126] 黎炳燊．公路隧道软硬互层围岩分级探讨［J］．公路交通科技（应用技术版），2010（4）：171-173.
[127] 孙万和．岩体质量的工程地质评价方法［J］．武汉永利电力学院学报（工学版），1984（4）：9-16.
[128] 石长青，赵毅鹏，肖用海．岩体质量工程地质评价［J］．辽宁工程技术大学学报，2001，20（4）：530-532.
[129] 张志强，李宁，SWOBODA G．软弱夹层分布部位对洞室稳定性影响研究［J］．岩石力学与工程学报，2005，24（18）：3252-3257.
[130] 徐彬，闫娜，李宁．软弱夹层对交叉洞稳定性的影响分析［J］．地下空间与工程学报，2009，5（5）：946-951.
[131] 刘红星，苏爱军，王永平，等．软弱夹层对斜坡稳定性的影响分析［J］．武汉理工大学学报（交通科学与工程版），2004，28（5）：766-770.
[132] 金长宇，张春生，冯夏庭．错动带对超大型地下洞室群围岩稳定影响研究［J］．岩土力学，2010，31（4）：1283-1288.
[133] 王在泉，张黎明，贺俊征．泥化夹层对边坡工程稳定性影响及控制方法研究［J］．青岛建筑工程学院学报，2004，25（4）：1-4.
[134] STILLE H，PALMSTRöM A. Classification as a tool in rock engineering［J］. Tunnelling and Underground Space Technology，2003（18）：331-345.
[135] AKSOY C O. Review of rock mass rating classification：historical developments，applications，and restrictions［J］. Journal of Mining Science，2008，44（1）：51-63.
[136] RAHMANNEJAD R，MOHAMMADI H. Comparison of rock mass classification systems［J］. Journal of Mining Science，2007，43（4）：404-408.
[137] 林韵梅．岩石分级的理论与实践［M］．北京：冶金工业出版社，1996.
[138] 王石春，何发亮，李苍松．隧道工程岩体分级［M］．成都：西南交通大学出版社，2007.
[139] 李守定，李晓，张年学，等．三峡库区宝塔滑坡泥化夹层泥化过程的水岩作用［J］．岩土力学，2006，27（10）：1841-1846.
[140] 刘庆军，金义德，孙芳，等．黄河碛口水利枢纽泥化夹层强度及其影响因素［J］．华北水利水电学院学报，2001，22（4）：33-36.
[141] 王幼麟，肖振舜．软弱夹层泥化错动带的结构和特性［J］．岩石力学与工程学报，1982（1）：43-50.
[142] 王先锋，刘万，佴磊．泥化夹层的组构类型与微观结构［J］．长春地质学院学报，1983（4）：73-82.
[143] 肖树芳．泥化夹层的组构及强度蠕变特性［M］．长春：吉林科学技术出版社，1991.
[144] 宋彦辉，聂德新．坝基层状岩体质量评价探讨［J］．长江科学院院报，2005，22（1）：39-41.
[145] 王明华，白云，张电吉．含软弱夹层岩体质量评价研究［J］．岩土力学，

2007，28（1）：185-187.

[146] 石长青. 岩体质量工程地质评价［A］. 第七届全国岩石动力学学术会议文集论文集［C］，辽宁工程技术大学出版社，2001.

[147] 吴政，张承娟 . 单向荷载作用下岩石损伤模型及其力学特性研究［J］. 岩石力学与工程学报，1996，15（1）：55-61.

[148] 张顶立，王悦汉 . 含夹矸顶煤破碎特点分析［J］. 中国矿业大学学报，2000，29（2）：160-163.

[149] 潘一山，章梦涛，李国臻. 洞室岩爆的尖角型突变模型［J］. 应用数学和力学，1994，15（10）：893-900.

[150] 潘岳. 岩石破坏过程的折迭突变模型［J］. 岩土工程学报，1999，21（3）：299-303.

[151] 唐春安. 岩石破裂过程中的灾变［M］. 北京：煤炭工业出版社，1993.

[152] 闫长斌，徐国元. 基于突变理论深埋硬岩隧道的失稳分析［J］. 工程地质学报，2006，14（4）：508-512.

[153] 秦四清 . 斜坡失稳过程的非线性演化机制与物理预报［J］. 岩土工程学报，2005，27（11）：1241-1248.

[154] 秦四清 . 斜坡失稳的突变模型与混沌机制［J］. 岩石力学与工程学报，2000，19（4）：486-492 .

[155] 凌复华 . 突变理论及其应用［M］. 上海：上海交通大学出版社，1988.

[156] 郭富利，张顶立，苏洁，等 . 含软弱夹层层状隧道围岩变形机理研究［J］. 岩土力学，2008，29（增）：247-252 .

[157] 王贵军，常福庆，闫长斌，等 . 黄河古贤水利枢纽项目建议书阶段工程地质勘察报告［R］. 郑州：黄河勘测规划设计有限公司，2009 .

[158] 蔡斌，喻勇，吴晓铭 .《工程岩体分级标准》与 Q 分类法、RMR 分类法的关系及变形参数估算［J］. 岩石力学与工程学报，2001，20（增刊）：1679-1681.

[159] 赵玉绂 . 国内外主要围岩分类换算原则和方法［J］. 工程地质学报，1993，1（2）：24-31.

[160] 陈昌彦，王贵荣 . 各类岩体质量评价方法的相关性探讨［J］. 岩石力学与工程学报，2002，21（12）：1894-1900.

[161] PALMSTROM A，BROCH E. Use and misuse of rock mass classification systems with particular reference to the Q-system［J］. Tunnelling and Underground Space Technology，2006，21（6）：575-593.

[162] TZAMOS S，SOFIANOS A I. A correlation of four rock mass classification systems through their fabric indices［J］. International Journal of Rock Mechanics and Mining Sciences，2007，44：477-495.

[163] 王玉英，阎长虹，许宝田，等 . 某抽水蓄能电站地下洞室围岩岩体质量特征分析［J］. 工程地质学报，2009，17（1）：76-80.

[164] 闫天俊，吴雪婷，吴立 . 地下洞室围岩分类相关性研究与工程应用［J］. 地下

空间与工程学报，2009，5（6）：1103-1109.
[165] 方学东，王士天．模糊聚类分析及在坝基岩体分类中的应用初探［J］．地质灾害与环境保护，1998，9（1）：34-37.
[166] 费为进，经苏龙．多级模糊分级聚类法在地下工程围岩稳定性分类中的应用［J］．勘察科学技术，2002（1）：20-24.
[167] 丁新启，乔兰，朱兰洋．基于模糊聚类分析的回采巷道围岩分类与支护研究［J］．金属矿山，2009（5）：11-15.
[168] 才博．模糊模式识别理论在洞库围岩分类中的应用［J］．河北工业大学学报，2000，29（3）：99-101.
[169] 陈守煜，王子茹，罗宝力，等．可变模糊模式识别方法及在水电站地下厂房岩体稳定性评价中的应用［J］．水利学报，2011，42（4）：396-402.
[170] 刘启千，徐光黎．工程岩体质量分级的模糊综合评判［J］．地球科学-中国地质大学学报，1989，14（3）：291-296.
[171] 许传华，任青文．地下工程围岩稳定性的模糊综合评判法［J］．岩石力学与工程学报，2004，23（11）：1852-1855.
[172] MIKAEIL R，NAGHADEHI M Z，SERESHKI F. Multifactorial fuzzy approach to the penetrability classification of TBM in hard rock conditions［J］. Tunnelling and Underground Space Technology，2009，24（5）：500-505.
[173] HAMIDI J K，SHAHRIAR K，REZAI B，et al. Application of fuzzy set theory to rock engineering classification systems：an illustration of the rock mass excavability index［J］. Rock mechanics and Rock Engineering，2010，43（3）：335-350.
[174] 张庆飞，巫锡勇．灰色聚类法在围岩分级中的应用［J］．西部探矿工程，2005，17（5）：112-113.
[175] 刘康和．试用灰色关联分析评价工程岩体质量［J］．人民黄河，1993（4）：34-36.
[176] 周翠英，张亮，黄显艺．基于改进 BP 网络算法的隧洞围岩分类［J］．地球科学-中国地质大学学报，2005，30（4）：480-486.
[177] 叶宝民，李兴文，张建华．水工隧洞围岩分类的人工神经网络方法研究［J］．东北水利水电，2003，21（8）：1-2.
[178] 黄祥志，余成学．基于可拓理论的围岩稳定分类方法的研究［J］．岩土力学，2006，27（10）：1800-1804.
[179] 黄生文，李森林，鲁长亮．改进的可拓方法在隧道围岩分级中的应用［J］．地下空间与工程学报，2007，3（5）：878-882.
[180] 赖永标．支持向量机在地下工程中的应用研究［D］．泰安：山东科技大学，2004.
[181] 杨小永，伍法权，苏生瑞．公路隧道围岩模糊信息分类的专家系统［J］．岩石力学与工程学报，2006，25（1）：100-105.
[182] 赵志俊，汪明武，王丽君．岩体质量等级评价的改进集对分析模型［J］．安徽

水利水电职业技术学院学报，2009，9（4）：4-6.

[183] 张乐文，邱道宏，李术才，等．基于粗糙集和理想点法的隧道围岩分类研究［J］．岩土力学，2011，32（增刊1）：171-175.

[184] 文畅平．基于属性数学理论的岩体质量分级方法［J］．水力发电学报，2008，27（3）：75-80.

[185] 吕小平．隧道围岩分类的层次类比系统方法［J］．水文地质工程地质，1993（4）：10-13.

[186] 康志强，冯夏庭，周辉．基于层次分析法的可拓学理论在地下洞室岩体质量评价中的应用［J］．岩石力学与工程学报，2006，25（增刊2）：3687-3693.

[187] 谭松林，黄玲，李亚伟．模糊层次综合评价在深埋隧道围岩质量分级中的应用［J］．地质科技情报，2009，28（1）：105-108.

[188] 程丽丽，张健沛，马骏．一种改进的加权边界调节支持向量机算法［J］．哈尔滨工程大学学报，2007，28（10）：1135-1138.

[189] 高惠璇．应用多元统计分析[M]．北京：北京大学出版社，2005.

[190] 丁正生．概率论与数理统计应用［M］．西安：西北工业大学出版社，2004.

[191] LIU Y C，CHEN C S. A new approach for application of rock mass classification on rock slope stability assessment［J］. Engineering Geology，2007，89（1-2）：129-143.

[192] 陈锡康. 经济数学方法与模型［M］. 北京：科学出版社，1996.

[193] 张尧庭，方开泰．多元统计分析引论［M］．北京：科学出版社，1982：194.

[194] 范金城，梅长林．数据分析［M］．北京：科学出版社，2002.

[195] 何桢，吕海利．用加权马氏距离法进行多响应产品设计的一种改进［J］．组合机床与自动化加工技术，2007（2）：88-91.

[196] 赵琳，罗汉，刘京．加权马氏距离判别分析方法及其权值确定——旅游信息服务系统的智能推荐［J］．经济数学，2007，24（2）：185-188.

[197] 孟凡顺，徐会君，朱焱，等．基于主成分分析的距离判别分析方法在岩性识别中的应用［J］．石油工业计算机应用，2011（1）：24-28.

[198] 朱茵，孟志勇，阚叔愚．用层次分析法计算权重［J］．北方交通大学学报，1999，23（5）：119-122 .

[199] 张尧庭，谢邦昌，朱世武．数据采掘入门及应用［M］．北京：中国统计出版社，2001.

[200] 戴华．矩阵论（工科类）/研究生数学教学系列［M］．北京：科学出版社，2001.

[201] 郑汉鼎，刁在筠．数学规划［M］．济南：山东教育出版社，1997.

[202] 宋俊杰．基于改进 AHP 模糊综合评判的洞库围岩质量分级研究［D］．北京：中国地质大学，2010.

[203] 李晓静，朱维申，陈卫忠，等．层次分析法确定影响地下洞室围岩稳定性各因素的权值［J］．岩石力学与工程学报，2004，23（增刊2）：4731-4734.

[204] 秦波涛，李增华．改进层次分析法用于矿井安全性综合评价［J］．西安科技学院学报，2002，22（2）：126-129.
[205] 张彬，张佳．基于最优传递矩阵的层次分析法在桥梁震害评估中的应用［J］．灾害学，2010，25（3）：32-36.
[206] 李天斌，王睿．ART1 神经网络在隧道围岩分类中的应用［J］．成都理工大学学报（自然科学版），2006，33（5）：455-459.
[207] 王彪，陈剑平，李钟旭，等．人工神经网络在岩体质量分级中的应用［J］．世界地质，2004，23（1）：64-68.
[208] 沈其中，关宝树．铁路隧道围岩分级［M］．成都：西南交通大学出版社，2000.